KB198505

미국의 동맹전략

KODEF 안보총서 123

미국의 동맹전략

미국은 왜 한미동맹을 필요로 하는가

이만석 지음

| 일러두기 |

* 이 책의 모든 주장은 저자 개인의 의견이며, 저자가 속한 어떠한 기관이나 조직의 공식 입장이 아님을 밝힙니다.

"한국은 부자나라, 왜 미국이 지키나?"

"미국을 다시 위대하게Make America Great Again"라는 캐치프레이즈를 외치며 재선에 도전한 도널드 트럼프Donald Trump가 2024년 11월 5일 치러진 미국 대선에서 현직 부통령 카멀라 해리스Kamala Harris를 꺾고 제47대 대통령에 당선되었다. 트럼프의 재선은 한미관계에 중대한 변화를 예고한다. 특히 그는 2024년 10월 '시카고 경제 클럽Economic Club of Chicago'과 블룸버그Bloomberg 통신이 공동 주최한 대담에서 한국을 '돈 버는 기계'라는 의미의 "머니 머신Money Machine"이라고 부르며 자신이 백악관에 계속 있었다면 한국이 주한미군 주둔에 대한 방위비로 연간 100억 달러(약 14조 원)를 부담했을 것이라고 말했다. 이와 같은 맥락에서 트럼프는 "한국은 부자 나라인데 왜 미국이 지켜야 하느냐"는 질문을 여러 차례 던지기도 했다.[1] 그는 대선 기간 중에도 이 질문을 반복했다. 존 볼턴John Bolton 전 국가안보보좌관의 회고록에 따르면, 트럼프 1기(2016년~2020년) 동안에도 동일한 문제를 제기했다고 한다.[2]

트럼프는 '특이한no ordinary' 대통령으로 평가된다.[3] 과거의 미국 대통령들과는 다른 면을 많이 가지고 있기 때문이다. 그는 말하는 방법부터 인재를 사용하는 방식, 정책 문제에 대한 접근법에 이르기까지 여러모로 기존의 틀을 깨는 대통령임에는 틀림없다. 다른 국가들을 바라보는 시각도 다르다. 그는 푸틴이나 김정은 같은 독재자들과의 친분을 자랑하는가 하면,[4] 나토NATO와 같은 오래된 동맹의 가치를 의심하며 공격하기도 했다.[5]

따라서 트럼프가 한미동맹을 두고 던진 "미국이 왜 한국을 지켜야 하는가?"라는 질문을 트럼프 개인의 특이한 사고방식에서 비롯된 것으로 생각하기 쉽다. 그러나 트럼프의 이 질문을 '미국 우선주의America First'를 내세운 트럼프와 그의 지지자들만의 독특한 관점으로만 봐서는 안 된다. 이 질문은 미국인이 생각하는 한미동맹의 본질과 목적에 대한 의문을 대변한다. 실제로 이제 한국은 세계 10위권의 경제대국으로 자리잡았는데, 왜 우리가 굳이 부유한 한국을 지켜야 하느냐는 의문이 미국 내부에서 점점 더 자주 제기되고 있기 때문이다.[6] 또한, 이런 질문을 공개석상에서 서슴없이 던지는 트럼프가 압도적인 지지로 또다시 미국 대통령에 당선되었다는 사실은 미국 국민 다수가 그의 생각을 지지한다는 것으로 해석할 수 있다.

"미국이 왜 한국을 지켜야 하느냐?"는 질문은 사실 오늘날 새로 등장한 것도 아니다. 미국은 보수와 진보를 막론하고 오랫동안 한미동맹의 가치를 자신들의 시각에서 끊임없이 재평가해 왔다. 6·25전쟁 이전부터 냉전 초기와 데탕트Detente 시기, 그리고 탈냉전 시기까지 미국의 정책 입안자들은 한미동맹의 필요성과 실익을 지속적으로 점검했다. 그 과정에서 몇 차례 미국은 한국에서 떠나야 한다는 결론에 도달했고, 그 결과 한미동맹이 위기에 빠진 적도 있었다.

요컨대 이 질문은 한미관계가 형성된 이래, 특정 개인이나 정파와 관계없이 미국 내부에서 꾸준히 제기되어온 논제이다. 트럼프 2기 행정부뿐만 아니라 그 이후에도 이 질문은 계속될 것이고, 여기에 분명한 답을 내놓지 못한다면 한미동맹은 또다시 위기를 맞게 될 수도 있다. 따라서 이 질문에 설득력 있는 답을 제시하는 것은 오늘날 한국 안보의 최우선 과제이다. 그래야 미국이 한국을 지키는 이유를 이해할 수 있고, 한국 역시 한미동맹에 대한 신뢰를 강화하고 안보 불안을 줄일 수 있으며, 동맹이 굳건히 유지되는 모습을 보면서 북한도 전쟁에서 승리할 수 있다고 오판하지 않을 것이다.

또한, 이 질문에 대한 답은 미국을 상대하는 외교·안보 전문가들에게 중요한 의미를 지닌다. 미국이 한국을 필요로 한다는 사실은 한국의 협상력을 높여주는 강력한 근거이자 자신감의 원천이 될 수 있기 때문이다. 특히, 트럼프 2기 시대를 맞아 바이든 행정부와 한국 정부가 합의한 모든 것들이 백지화되어 재협상을 해야 하는 것은 아닌가 하는 우려의 목소리가 높다. 한미동맹에서 한국의 역할과 가치를 제대로 알아야 그것을 지렛대 삼아 미국의 요구에 무조건 내주지 않고 국익을 지키면서 우리에게 더 유리한 기회를 만들 수 있다. 트럼프 2기 시대의 위기를 기회로 바꾸는 지혜가 이 질문에 숨어 있는 것이다.

동맹은 서로에게 이익이 되기에 지속된다

"미국이 왜 한국을 지켜야 하는가?"라는 질문에 답하기 위해서는 먼저 '동맹'과 '동맹 이익'이 무엇인지 이해할 필요가 있다. 이 질문은 곧 미국이 한국과의 동맹을 통해 얻는 이익이 무엇인지와 밀접하게 연결되기 때문이다.

아주 간단하게 말해, 동맹은 2개 이상의 국가가 힘을 합치는 것을 말한다. 일반적으로 동맹은 '대칭 동맹'과 '비대칭 동맹'으로 나눌 수 있다.[7] 대칭 동맹은 비슷한 국력을 가진 국가들이 상대적으로 대등한 책임과 의무를 분담하며 상호 이익을 위해 형성하는 관계이다. 제2차 세계대전 당시 미국과 소련이 나치 독일에 맞서기 위해 맺은 동맹이 그 예이다. 반면, 비대칭 동맹은 국력 차이가 큰 국가들, 즉 강대국과 약소국 간의 동맹을 의미한다. 비대칭 동맹의 특징은 각자가 다른 목적을 추구하지만, 서로에게 이익이 되기에 동맹관계가 유지된다는 점이다. 예를 들어, 강대국은 지정학적 요충지 확보, 석유와 같은 중요한 자원 확보, 특정 산업 능력 강화를 위해 약소국과 동맹을 맺는다. 반면, 약소국은 외부 위협에 독자적으로 대응하기 어려운 상황에서 강대국의 군사적·경제적 지원을 얻기 위해 동맹을 맺는다. 비대칭 동맹도 서로에게 필요한 것을 주고받는 관계인 것이다.[8]

이때 강대국이 동맹의 조건과 방향을 주도하는 경우가 많은데, 이는 강대국에게 약소국과의 동맹은 전략적 선택의 문제인 반면, 약소국에게 강대국과의 동맹은 생존에 필수적인 문제이기 때문이다. 따라서 약소국은 자율성을 일부 포기하더라도 강대국과의 동맹을 통해 안보를 확보하고자 한다.[9]

동맹의 조건과 방향을 강대국이 결정한다는 점 때문에, 동맹의 지속과 발전도 강대국이 결정한다고 생각하기 쉽다. 약소국은 동맹관계에서 역할이 미미하고 일방적으로 강대국에 좌지우지되는 수동적인 존재로 보는 경향이 없지 않다는 것이다. 그러나 필자의 생각은 다르다. 앞서 말했듯이 동맹은 서로에게 이익이 되기에 형성되고 유지된다. 설사 비대칭 동맹이라 하더라도 약소국의 역할이 없다면, 또 약소국에게 이익이 되지 않으면 동맹은 오래 지속될 수 없다.

이러한 관점은 한미동맹을 이해하는 데 중요한 의미가 있다. 한미동맹은 본질적으로 비대칭 동맹이다. 한미동맹은 처음부터 한국에 대한 미국의 지정학적 이익과 미국의 지원을 통해 국가안보를 달성하고자 하는 한국의 필요가 일치하면서 형성되었다. 한미동맹이 70년이 넘게 지속되면서 양국 간의 국력 차이와 안보 의존도가 다소 변하기는 했지만, 한미동맹은 여전히 비대칭 동맹의 성격을 띠고 있다.

사람들은 한미동맹이 오랜 기간 지속된 이유를 미국의 관여와 헌신에서 찾기도 한다. 물론 이러한 생각이 틀린 것은 아니다. 실제로 미국의 지속적인 안보 보장과 지원이 동맹 유지에 큰 역할을 해왔기 때문이다. 그러나 이 책은 미국의 관여뿐만 아니라, 한국의 역할이 동맹 유지에 필수적이었다는 사실에 주목한다. 즉, 한미동맹은 시혜동맹이 아니라 호혜동맹이다. 미국이 일방적으로 한국에게 베푸는 동맹이 아니라 서로에게 이익이 되는 동맹이라는 말이다.

앞에서 제기한 "미국이 왜 한국을 지켜야 하느냐?"는 질문에 답하기 위한 단서도 여기에 있다. 그동안 한미동맹을 통해 한국과 미국이 어떤 이익을 얻었는지, 지난 70년간 한국과 미국이 한미동맹의 지속에 어떻게 기여했는지 안다면, "미국은 왜 여전히 동맹국 한국을 필요로 하는가"라는 질문에 답할 수 있을 것이다. 이를 위해 먼저 미국의 전반적인 동맹전략을 이해하고, 동맹을 통해 미국이 추구하는 이익이 무엇인지 명확히 알 필요가 있다. 이어지는 다음 부분에서는 미국의 동맹전략이 발전되어온 과정과 작동원리를 살펴보겠다.

고립주의로는 더 이상 국가안보를 보장할 수 없다

미국의 동맹전략은 미국의 대전략과 밀접하게 연결되어 있다. 대전략이란 국가의 존속과 번영이라는 장기적인 목표를 달성하기 위해 외교·경제·군사적 수단을 통합하여 사용하는 종합적인 계획을 말한다.[10] 전통적으로 미국은 다른 나라와 동맹을 맺지 않는 고립주의Isolationism 대전략을 고수해왔다.[11] 이러한 고립주의 원칙은 초대 대통령 조지 워싱턴George Washington이 남긴 고별사에도 잘 나타나 있다. 워싱턴은 "우리가 대외관계에서 지켜야 할 가장 중요한 원칙은 상업적 관계를 넓히되 정치적인 얽힘은 최소화하는 것"이라고 강조하며, "유럽에서 일어나는 사건들에 미국이 휘말리는 것은 현명하지 않다"라고 말했다.[12] 또한, 미국의 세 번째 대통령인 토머스 제퍼슨Thomas Jefferson도 미국의 "핵심 원칙"은 다른 국가들과 교류와 무역은 하되 "동맹은 맺지 않는 것"이라며, 이를 미국의 좌우명으로 삼아야 한다고 선언했다.[13]

이후, 다른 대통령들 역시 상당수 이 같은 고립주의 원칙을 이어갔다. 특히 1823년 12월 3일, 제임스 먼로James Monroe 대통령은 훗날 '먼로 독트린Monroe Doctrine'으로 불리는 정책을 발표했다. 이 정책이 발표된 시점은 당시 브라질과 아르헨티나 등이 속한 남미 국가들이 스페인과 포르투갈로부터 독립하자, 유럽 열강들이 이들을 다시금 식민지로 되돌리려는 움직임을 보이던 때였다. 먼로 대통령은 만약 유럽 열강들의 식민지화 전쟁이 다시 일어난다면 그로 인해 같은 대륙에 있는 미국까지 원치 않는 전쟁에 휘말릴 수 있다고 보았다. 이에 따라 먼로 행정부는 유럽 국가들에게 더 이상 아메리카 대륙의 문제에 개입하지 말 것을 경고했다. 그리고 이와 동시에 유럽 내 전쟁은 유럽 내부의 문제일 뿐

●●● 전통적으로 미국은 다른 나라와 동맹을 맺지 않는 고립주의 대전략을 지켜왔다. 초대 대통령 조지 워싱턴과 3대 대통령 토머스 제퍼슨, 그리고 이후 다른 대통령들 역시 상당수 이 같은 고립주의 원칙을 이어갔다. 특히 제임스 먼로 대통령은 유럽 국가들에게 더 이상 아메리카 대륙의 문제에 개입하지 말 것을 경고하는 동시에 유럽 내 문제는 미국과 무관하므로 자신들 역시 유럽에 개입하지 않겠는 원칙을 분명히 했다. '먼로 독트린'으로 불리는 이 정책은 이후 100년간 미국의 대외 정책을 대표하는 중요한 원칙으로 자리 잡았다. 빅터 길럼(Victor Gillam)이 1896년에 그린 위 삽화는 미국의 고립주의를 잘 묘사한 작품으로, 이 삽화에서 미국을 상징하는 엉클 샘(Uncle Sam)은 "넘어오지 말 것. 아메리카는 미국인의 것"이라고 적힌 팻말 옆에서 유럽 열강들이 미 대륙을 넘보지 못하도록 대서양을 지키고 있다. 〈출처: WIKIMEDIA COMMONS | Public Domain〉

미국과 무관하므로 자신들 역시 유럽에 개입하지 않겠다는 원칙을 분명히 했다.[14] 이 먼로 독트린은 이후 100년간 미국의 대외 정책을 대표하는 중요한 원칙으로 자리 잡았다.

한편 1914년, 유럽에서 제1차 세계대전이 발발하면서 미국의 고립주의 원칙은 큰 시험대에 올랐다. 독일이 프랑스와 영국을 제압하고 전 유럽을 통일할 경우, 이는 아메리카 대륙에도 언젠가 거대한 위협이 될 것이라는 불안이 팽배했기 때문이다. 과연 미국이 고립주의를 포기할 것인가 여부에 전 세계의 시선이 쏠렸다. 그럼에도 당시 대통령이었던 우드로 윌슨Woodrow Wilson은 중립을 선언했고, 미국은 여전히 전쟁에 나서기를 꺼렸다.

그러나 전쟁이 계속되는 와중에 독일이 비밀리에 멕시코와 접촉하여 미국과의 전쟁을 부추긴 사실이 폭로되면서 사태가 돌변했다. 성공할 경우 미국의 일부 지역을 멕시코에 주겠다는 사전 거래 내용까지 밝혀졌다. 1917년 4월, 결국 미국은 독일에 전쟁을 선포하고 세계대전에 참전했다. 그리고 이듬해 전쟁이 끝나자 윌슨 대통령은 더 이상의 세계대전을 막기 위해 국제연맹League of Nations 설립을 추진한다. 그러나 미국의 고립주의는 여전히 뿌리 깊게 남아 있었고, 그로 인해 미국은 스스로 설립을 제안해 국제연맹을 창설시켜놓고도 거센 국내 반대에 부딪혀 가입하지 못한 채 계속 고립의 길을 걸어갔다.

이후에 벌어진 제2차 세계대전은 미국 지도자들의 생각을 완전히 뒤흔드는 새로운 전기가 되었다. 1940년 5월 10일, 전차부대를 앞세운 독일이 프랑스를 침공했고 한 달 만에 프랑스의 항복을 받아내며 서유럽 대부분을 점령했다. 이어서 독일 공군은 7월부터 10월까지 영국 본토를 연이어 폭격하며 자신들의 세력 확장 야망이 유럽 대륙에만 그치지 않음을 여실히 보여주었다.

미국에 더 큰 위기감을 안겨준 사건은 1941년 12월 7일, 일본이 하와이 진주만의 미국 해군기지를 기습 공격한 것이었다. 이전의 시간을 되돌려보면, 사실 1937년 일본이 중국을 침공했을 때만 해도 미국은 중국을 돕는 한편 일본에는 전쟁에 필요한 항공유와 철강 등을 수출하

●●● 1941년 12월 7일, 일본의 진주만 기습공격으로 크게 피해를 입은 미 해군 웨스트버지니아함(USS West Virginia). 항공모함을 동원한 일본군의 공격으로 미군 2,400여 명이 죽고 미 전함 4척이 침몰했으며, 미 항공기 180여 대가 파괴되었다. 일본의 진주만 기습공격은 그동안 고립주의를 고수하던 미국을 완전히 뒤흔들어놓았다. 일본의 진주만 기습으로 미국 본토가 직접적인 공격을 받자, 그동안 전쟁을 다른 나라의 일로만 여겼던 미국인들은 엄청난 충격에 빠졌다. 참전에 소극적이던 미국은 1941년 12월 8일 압도적인 찬성과 지지 속에 일본에 대해 선전포고를 하기에 이른다. 그리고 얼마 지나지 않아 독일과 이탈리아에 대해서도 전쟁을 선포한다. 그토록 전쟁에 미온적이던 미국이 스스로 제2차 세계대전에 직접 뛰어든 것이다. 고립주의만으로는 더 이상 미국의 안전을 보장할 수 없다는 것을 분명하게 깨달은 것이다. 〈출처: WIKIMEDIA COMMONS | Public Domain〉

고 있었다. 그러나 1940년 7월, 제국주의 일본의 과도한 군사적 행동과 팽창을 지켜보면서 일본에 대한 군수물자 수출을 전면 중단했다. 이로 인해 큰 압박을 받게 된 일본은 전쟁물자를 다시 확보하기 위해 항공모함 전단을 동원해 하와이에 있는 미국 해군기지를 공습하기로 결정했던 것이다.

일본의 진주만 기습으로 미국 본토가 직접적인 공격을 받자, 그동안 전쟁을 다른 나라의 일로만 여겼던 미국인들은 엄청난 충격에 빠졌다. 이전까지 참전에 항상 소극적이었던 미 의회마저 태도를 바꾸어, 1941년 12월 8일 압도적인 찬성과 지지 속에 대일 선전포고를 하기에 이른다. 그리고 얼마 지나지 않아 독일과 이탈리아에 대해서도 전쟁을 선포한다. 그토록 전쟁에 미온적이던 미국이 스스로 제2차 세계대전에 직접 뛰어든 것이다. 그 결과, 약 1,600만 명의 미군이 이 전쟁에 참전했고, 그중 29만 명 이상이 목숨을 잃었으며, 전쟁 비용으로만 약 3,200억 달러(현재 한화 가치로 약 4,400조 원)가 사용되었다.[15]

이 전쟁 경험을 통해 미국은 중요한 교훈을 얻게 된다. 그것은 바로 유럽과 아시아의 전쟁은 언제든 미국으로도 번질 수 있다는 것이다. 고립주의만으로는 더 이상 미국의 안전을 보장할 수 없다는 것을 분명하게 깨달은 것이다.

미국의 대전략 변화와 동맹관계의 시작

여느 국가들과 마찬가지로, 미국의 최우선 목표는 자국민의 안전과 영토 수호, 경제적 번영이다.[16] 이러한 대전략 목표는 변함없이 유지되어 왔지만, 그 목표를 달성하는 방법은 제2차 세계대전을 기점으로 크게 바뀌었다. 종전의 고립주의에서 벗어나 미국 중심의 자유주의 질서를 구축하고,[17] 중요 지역에서 세력균형을 유지하는 방식으로 전환된 것이다.[18]

미국은 미국 중심의 자유주의 질서를 구축하는 데 필요한 핵심 요소를 다음 두 가지로 보았다. 첫 번째는 유엔UN, United Nations을 통해 집단안보Collective Security를 추구하는 것이다. 유엔은 집단안보 정신에 의해 창설된 기구로, 제2차 세계대전 종전 이후 출범한 이래로 줄곧 국제 평화 유지 활동과 국제법 및 관련 규범 수립, 그리고 다자간 협력을 통해 세계 평화와 안보를 유지하는 데 중요한 역할을 하고 있다. 두 번째는 달러 중심의 국제통화체제, 무역 협정 및 조약, 세계은행 등을 통해 자유무역을 촉진하는 것이다. 이러한 기구들은 국제금융의 안정과 경제 개발 지원, 거래의 원칙과 규칙을 제시함으로써 국가 간 신뢰를 구축하고 무역을 활성화하는 기반이 된다. 이러한 체제를 통해 미국은 경제적 번영을 달성하면서 국제적 분쟁 발생을 완화할 수 있다고 보았다.

한편, 세력균형 전략의 핵심은 각 지역에서 새로운 패권국의 부상을 사전에 막는 데 있다.[19] 지역 강국이 부상하여 패권국이 되면 미국 본토에도 큰 위협이 될 수 있기 때문에, 미국은 패권국의 등장을 사전에 막는 세력균형 전략을 안전한 대비책으로 생각했다.[20] 역사적으로 패권국이 등장할 가능성이 가장 높은 곳은 유럽과 아시아였다. 이들 지역은 군사적·경제적으로 우세한 국가들이 밀집해 있고, 이들이 치열한 패권 싸움을 벌이기에 유리한 환경이 갖춰져 있었다. 특히, 전후 중국과 소련은 각자 군사력을 강화하며 지역 내 영향력을 넓히고 있었고, 이는 미국의 전략적 이익에 큰 위협이자 도전이 될 수 있었다. 이러한 이유에서 미국은 유럽과 아시아에서 새로운 패권국의 등장을 막겠다는 대전략 목표를 세운 것이다.[21]

이 두 대전략을 수행하기 위해 미국은 동맹국이 필요했다. 자유주의 질서를 구축하기 위해서는 미국이 주도하는 질서의 규칙을 따르는 동맹국, 즉 질서의 참여자들이 있어야 했다.[22] 또한, 세력균형 전략을 수행하기 위해서도 동맹국이 필요했다.[23] 아무리 미국이 강대국이라 해도, 유럽과 아시아 곳곳의 모든 경쟁국을 상대하기란 현실적으로 어려운 일이다. 군사적으로 지나치게 개입할 경우 경제적으로 큰 손실이 뒤따를 뿐 아니라 이로 인해 나라가 쇠망할 수도 있기 때문이다. 이것이 바로 폴 케네디Paul Kennedy가 말한 '제국의 과도한 확장Imperial Overstretch'이다. 너무 많은 곳에 군사적으로 개입하면 필요 이상의 자원을 소모하게 되고, 이는 결국 미국의 국력을 약화시킨다는 것이다.[24]

이런 이유로 전후 미국은 적극적으로 동맹 맺기에 나섰다. 이 시기(1949년~1954년)에 미국의 주요 동맹 대부분이 체결되었다. 미국은 1949년에 북미 지역의 캐나다, 유럽 지역의 영국, 프랑스, 이탈리아, 네덜란드 등 11개국과 집단방위 동맹을 맺고 북대서양조약기구NATO, North Atlantic Treaty Organization를 창설했다. 1951년에는 아시아 지역의 필리핀과 공식적인 군사동맹인 상호방위조약을 체결한 데 이어 호주 및 뉴질랜드와 집단안보체제를 구축하는 3자 동맹도 결성했으며, 같은 해 일본과 안보조약도 체결했다.[25]

확장억제는 미국 동맹전략이 작동하는 핵심 요소이다

미국은 과거의 제국들처럼 동맹국들을 강제로 복속시키지 않았다. 그보다는 동맹국들이 미국 중심의 세계 질서에 동참하고 그 규범과 가치를 받아들이면 동맹국의 안전과 경제적 발전의 토대를 보장해주겠다고 설득했다.[26] 이것이 협의와 약속에 기초한 미국 동맹체제의 중요한 특징이다.[27]

따라서 미국은 동맹국들이 미국의 가치와 질서를 수용할 때 주변 적대국의 위협으로부터 자신들이 안전해진다는 믿음을 갖게 할 일련의 장치가 필요했다. 이를 가능케 할 최적의 수단이 바로 '확장억제'이다. 확장억제란 미국이 동맹국을 지키기 위해 그 동맹국을 위협하는 적에게 맞서는 것을 뜻한다. 보통 미국과 동맹을 맺는 국가들은 혼자만의 힘으로 자국을 방어하기가 쉽지 않다. 그래서 미국은 동맹국을 향해 "우리가 너희를 적으로부터 지켜줄 것"이라는 약속, 즉 '보장Assurance' 메시지를 보낸다. 동시에 적대국에게는 "우리 동맹국을 공격하면 반드시 응징할 것"이라는 경고, 즉 '억제Deterrence' 메시지를 보낸다. 이러한 약속을 믿고 지역 국가들은 미국과 동맹을 맺으며 미국이 정한 질서를 따르기로 한다. 결과적으로 이 두 가지 메시지가 동시에 정확히 전달될 때, 전쟁의 위험은 줄어들고 동맹은 더욱더 굳건해진다.

반대로 이 메시지들이 명확하게 전달되지 않으면 상황이 달라진다. 적대국은 미국의 의지를 시험해보려 들 것이고, 동맹국은 스스로를 보호할 다른 방법을 찾기 시작할 것이다. 그러면 동맹의 결속력도 약해질 수밖에 없다. 따라서 확장억제는 단순한 방어 조치가 아니라, 미국의 동맹전략이 작동하는 핵심 요소이다.

하지만 미국의 확장억제는 단순히 말로 된 약속만으로 끝나지 않는다. 약속은 지킬 만한 능력이 뒷받침되어야 신뢰를 얻는 법이다. 따라서 미국은 적대국의 공격을 막아주겠다는 확장억제 약속을 지키기 위해 막대한 군사력과 자원을 본토에 준비해놓아야 한다. 또한 동맹국을 방어하기 위해 미군 병력과 첨단 무기를 동맹국에 배치하고, 이를 유지하는 데 천문학적인 비용을 사용한다. 이에 더해 동맹관계를 이어가기 위해 복잡다단한 외교적 · 정치적 노력도 기울여야 한다.

이처럼 동맹 유지에 막대한 비용과 노력이 들기 때문에, 미국의 입장에서는 해당 동맹이 얼마나 '가치 있는지'를 끊임없이 평가하고 계산할 수밖에 없다. 동맹의 가치를 평가할 때는 먼저 동맹에서 얻는 이익과 동맹국을 지키는 데 드는 비용을 고려해야 한다. 만약 동맹에서 얻는 이익이 줄거나 그 유지에 드는 비용이 너무 늘어난다면, 미국은 그 동맹관계에 부담을 느낄 것이다. 반대로 동맹에서 얻는 이익이 크다면, 미국은 더 큰 비용도 기꺼이 감수하려 할 것이다.

이와 더불어 동맹국의 지역 분쟁에 얽혀들어갈 연루Entrapment 위험도 고려해야 한다.[28] 특히, 미국은 여러 지역 국가들과 동맹을 맺기 때문에, 동맹국들이 개별적으로 분쟁을 일으키고 미국이 이에 연루되면 자원이 빠르게 소진될 수 있다. 따라서 역사적으로 미국은 어느 한 지역에 지나치게 연루되는 상황을 피하고자 했다.[29]

이 책의 논리

이 책의 논리는 간명하다. 미국은 특정 동맹에서 얻는 이익, 비용, 그리고 위험을 고려하여 그 동맹의 가치를 지속적으로 평가한다. 그렇다면 미국의 이익, 비용, 그리고 위험 인식을 결정하는 요인은 무엇일까? 이 책은 그 요인으로 위협의 양상, 미국의 정치 · 경제적 상황, 그리고 동맹국의 역할에 주목한다.

첫째, 위협의 양상이란 미국의 질서와 세력균형에 영향을 미치는 위협을 의미한다. 그 위협은 소련이나 중국 같은 강대국일 수도 있고, 북한이나 이란, 이라크 같은 지역 국가일 수도 있으며, 알카에다나 ISIS 같은 테러 조직일 수도 있다. 위협의 양상이 변화할 때마다 미국이 각 동맹에서 얻는 지정학적 이익이 달라졌고, 이는 그 동맹에 들어가는 비용과 위험에도 영향을 미쳤다. 따라서 미국은 각 동맹의 이익 구조에 영향을 미치는 위협의 변화에 기민하게 대응할 수밖에 없다.

둘째, 미국의 정치·경제적 상황은 특정 동맹에 대한 국민의 지지 여부와 관련이 있다. 미국 국민이 어느 나라와의 동맹을 지지할 경우, 미국 정부는 병력을 파견하거나 지원하는 데 큰 부담을 느끼지 않는다. 그러나 동맹국 국민이 독재 정권으로부터 탄압받는다면, 미국 국민과 정치인들은 그러한 국가와의 동맹을 지지하지 않고, 때로는 동맹관계의 단절을 요구하기도 한다. 또한, 미국의 경제 상황도 동맹관계에 중대한 영향을 미친다. 경제가 호황일 때는 동맹국에 대한 지원 부담이 적지만, 경제가 불황일 때는 지원 비용뿐 아니라 동맹국의 분쟁에 연루되는 것 또한 회피하려 한다. 따라서 미국의 정치·경제적 상황은 동맹 유지에 따른 비용과 위험에 중대한 영향을 미친다.

셋째, 동맹국의 역할이란 공통의 이익을 위해 동맹국이 비용과 위험을 분담하는 것을 의미한다. 동맹국이 강력한 군사력을 보유하고 있으면, 미국은 확장억제를 위해 대규모 병력을 배치할 필요가 줄어든다. 또한, 동맹국이 미군 주둔 비용을 분담하면 미국의 재정적 부담도 줄어든다. 더 나아가 동맹국이 미국과 효과적으로 연합 작전을 수행할 수 있다면, 전쟁이 발생했을 때 최소한의 피해로 신속하게 승리를 거둘 수 있으므로 미국의 전쟁 부담도 줄어든다.

지금까지 한미동맹이 변화 속에서도 유지되었던 것은 이러한 세 가지 요인이 상호작용했기 때문이다. 지난 70년 동안 위협의 양상과 미국의 국내 정치와 경제 상황은 시대에 따라 변해왔다. 각 시기별로 미국이 인식한 주요 위협의 변화를 살펴보면, 미국을 중심으로 한 자유주의 진영과 소련을 중심으로 한 공산주의 진영이 대결한 냉전 시기에 미국의 주요 위협은 소련이었다. 이후 소련이 붕괴해 냉전이 종료된 뒤에는 테러리스트와 불량국가들이 새로운 위협으로 떠올랐고, 2010년 이후에는 중국, 러시아와 같은 강대국과 북한, 이란 등과 같은 지역 국가들이 새로운 위협으로 부상했다. 미국의 국내 정치·경제적 상황과 관련해서는 여러 차례의 경제위기로 인해 미국 국민들이 군사비 삭감을 요구하기도 하고, 정치적으로 과도한 동맹 관여를 경계하기도 했다. 이러한 요인들은 한국에 대한 미국의 이익과 비용, 위험 인식에 영향을 미쳤다. 그때마다 미국은 한국에 대한 관여 수준을 조정했으며, 때로는 한미동맹을 위기로 몰아가기도 했다.

한편 한미동맹에서 한국의 역할 분담이 꾸준히 증가했다는 것은 한미동맹이 변화 속에서도 견고히 지속될 수 있었던 원인이었다. 한국의 역할 증대로 인해 한미동맹을 통해 얻는 미국의 지정학적·경제적 이익은 증가했다. 한국은 역할 분담 이외에도 계속해서 방위비와 군사적 책임을 분담하고 전쟁 위험을 감소시켰다. 결과적으로 미국은 한미동맹의 가치를 점점 더 높이 평가하게 되었고, 한국이 미국을 필요로 하는 것만큼이나 한국을 필요로 하게 되었다. 이런 이유로 탈냉전기에도 미국은 한미동맹을 '핵심 동맹Linchpin Alliance'으로 인식한다. "미국이 왜 한국을 지키는가?"라는 질문에 관해 이 책이 가장 강조하고 싶은 부분도 바로 여기에 있다.

이 책의 전개

앞으로 펼쳐질 9개 장은 앞에서 설명한 이 책의 논리와 주장을 한미동맹의 역사를 통해 검증한다. 특히, 이 책은 미국 백악관, 국무부, 국방부, 미 의회 등의 사료와 공식 문서를 근거로 미국의 동맹전략 변화에 따른 한미동맹의 가치 변화와 한국의 역할 변화, 그리고 양국의 위협 인식 차이와 한미동맹을 통해 미국이 얻는 실익 등을 자세하게 설명했다. 이 책은 철저하게 미국의 시각에서 한미동맹을 이야기한다. 특별히 미국의 시각을 강조한 이유는 미국을 설득해 우리의 입장을 관철시키려면 먼저 한미동맹을 보는 그들의 시각을 알아야 하기 때문이다. 이는 미국의 주장을 무조건 받아들이지 않고, 또 한국의 위상이 높아졌다고 해서 우리의 입장만을 주장하지 않기 위해서도 반드시 필요하다.

먼저, 제1장에서는 한미동맹의 시작과 그 배경에 주목한다. 1949년 한국에서 철수했던 미국은 1950년 6·25전쟁이 발발하자 왜 다시 한국에 개입하게 되었는가? 그리고 전쟁이 끝난 후 한국을 떠나는 대신 한미동맹을 체결한 것은 무엇 때문인가? 이러한 질문은 한미동맹의 형성 과정과 미국의 초기 이익 판단을 이해할 수 있는 중요한 실마리를 제공한다. 특히 주목할 점은 당시 미국이 한국의 전략적 가치를 어떻게 평가했는가이다.

제2장에서는 1960년대 케네디John F. Kennedy 행정부와 존슨Lyndon B. Johnson 행정부 시기에 나타난 한미동맹의 변화를 중점적으로 다룬다. 특히 제2장에서는 베트남 전쟁을 배경으로 한국의 비용 및 위험 분담이 한미동맹에 대한 미국의 이익 인식을 어떻게 변화시켰는지 집중적으로 살펴본다. 이를 통해 1960년대 한미동맹의 가치에 대한 재평가

가 미국의 한반도 정책에 얼마나 중요한 역할을 했는지를 이해할 수 있을 것이다.

제3장은 1970년대 초 닉슨Richard Nixon 행정부 시기를 중심으로 미국의 동맹전략을 살펴보고 그에 따른 한미동맹의 변화와 그 배경을 다룬다. 제3장의 요점은 경제위기에 봉착한 닉슨 행정부가 미국의 패권 질서를 유지하기 위해 동맹의 가치를 재평가하고 동맹의 실익이 작다고 판단된 동맹국에 대해서는 비용을 과감히 줄이려 했다는 사실이다. 결과적으로 미국의 확장억제 신뢰성이 약화할 때 지역 동맹국들은 자신을 스스로 지키려는 방법을 모색하며 미국의 질서에서 이탈하려는 경향을 보인다는 점 또한 주목할 만하다.

제4장에서는 카터Jimmy Carter 행정부 시기의 한미동맹 위기와 극복 과정을 다룬다. 이 시기에 카터 대통령은 주한미군 지상군의 완전 철수를 추진했으나, 미국 행정부 내부와 의회의 강한 반발에 부딪혀 주한미군 철수 계획을 철회하기에 이른다. 제4장은 이처럼 미국 내 정치가 미국의 동맹 이익 구조에 어떻게 영향을 미치는지 그 인과를 분석하고, 이를 통해 당시 한미동맹에 불어닥친 위기에도 불구하고 어떻게 동맹관계가 지속될 수 있었는지 이에 대한 이해를 돕고자 한다.

제5장에서는 냉전 종식 이후 미국의 동맹전략의 변화에 따른 한미동맹의 변화와 지속성에 대해 살펴본다. 특히 주목할 점은 이 시기부터 한국과 미국 사이에 위협 인식의 차이가 발생했다는 것이다. 그럼에도 탈냉전기 동안 한미동맹은 변함없이 유지되었을 뿐만 아니라, 오히려 더 안정적인 관계로 발전하는 모습을 보였다. 제5장에서는 그 배경에 한국의 지속적인 역할 강화와 위험 분담이 있었다는 점을 설명한다.

참고로 제1장부터 제5장까지는 비대칭 동맹관계에서 약소국의 역할이 동맹의 지속과 발전에 중대한 영향을 미친다는 이 책의 논리를 검증하는 데 초점을 맞추었다. 제6장부터는 2010년 이후 미국이 중국의 부상을 어떻게 인식했고, 이러한 전략적 격변이 미국의 동아시아 확장억제 전략과 한미동맹에 어떤 영향을 미쳤는지를 앞서 밝힌 논리를 중심으로 설명할 것이다.

중국의 부상으로 인해 동아시아에 대한 미국의 확장억제 구조도 바뀌고 있다. 즉, 미국의 확장억제 전략이 중국의 패권 도전에 대응하는 '패권 억제'와 기존의 지역 내 적대국들에 대한 '지역 억제'의 두 축으로 나뉜 것이다. 제6장에서는 이렇게 위협 양상의 변화에 따라 미국의 확장억제 구조가 변화하는 과정을 집중적으로 살펴보았다.

한편, 중국이 부상하는 과정에서 대만 문제가 핵심 문제로 떠올랐다. 중국의 입장에서 태평양에 진출하기 위해서는 대만을 확보해야 하고, 반대로 미국의 입장에서 중국의 태평양 진출을 막기 위해서는 대만을 지켜야 하기 때문이다. 이와 관련해, 제7장에서는 대만이 왜 미국과 중국 간 경쟁의 초점이 되었는지, 그리고 이것이 미국의 동아시아 확장억제 전략에 어떤 영향을 미쳤는지 설명한다.

이러한 동아시아 전략 환경의 변화로 인해 한국과 미국의 위협 우선순위 간에는 점점 더 큰 차이가 생기고 있다. 제8장에서는 한국과 미국의 위협 인식의 간극Gap에 대해 논의한다. 한국 안보에 가장 중요한 위협은 여전히 북한이다. 그러나 미국이 최대 위협으로 인식하는 상대는 중국이다. 이러한 위협 인식의 간극은 미국의 확장억제 신뢰성에 대한 한국의 의문을 증폭시키고, 한국 내 핵무장 요구의 증가로 이어지고 있다. 제8장에서는 이러한 상황을 미국이 어떻게 인식하고 있고, 어떻게 대응하고 있는지 살펴본다.

마지막으로 제9장에서는 이 책의 핵심 논리를 바탕으로 트럼프 2기 시대의 동맹전략을 분석하고, 주요 이슈에 대한 대응책을 제시한다. 트

●●● 트럼프 2기 시대를 맞아 전 세계적으로 우려의 목소리가 높다. 동맹국에 대한 막대한 방위비 분담금, 높은 관세 등 한국 역시 예외는 아니다. 또한, 바이든 행정부와 힘들게 달성한 합의들이 제자리로 돌아가고 재협상을 해야 하는 것이 아닌가 하는 우려도 있다. 그러나 이미 합의된 사항에 대한 재협상의 가능성이 높다는 것은 한국이 어떻게 대응하느냐에 따라 위기가 기회가 될 수도 있다는 것을 의미한다. 중국의 부상, 북한의 핵 위협, 트럼프의 재집권으로 인한 불확실성 속에서 우리는 무엇을 주고 무엇을 얻을 것인가? 〈출처: WIKIMEDIA COMMONS | Public Domain〉

럼프 2기 시대를 맞아 전 세계적으로 우려의 목소리가 높다. 동맹국에 대한 막대한 방위비 분담금, 높은 관세 등 한국 역시 예외는 아니다. 또한, 바이든 행정부와 힘들게 달성한 합의들이 제자리로 돌아가고 재협상을 해야 하는 것이 아닌가 하는 우려도 있다. 그러나 이미 합의된 사항에 대한 재협상의 가능성이 높다는 것은 한국이 어떻게 대응하느냐에 따라 위기가 기회가 될 수도 있다는 것을 의미한다. 협상이란 주고받는 것이다. 만약 재협상을 통한 방위비 분담금 증액과 중국 부상으로 인한 주한미군의 역할 변화 등을 피할 수 없다면, 미국의 요구를 적절한 선에서 받아들이되 그 대신 국가안보를 확실하게 강화할 수 있는 대안을 제시하고, 미국이 이것을 받아들이도록 설득해야 한다. 또한, 미국의 모든 요구를 우리가 수용할 필요는 없다. 예를 들어, 미국의 대중국 견제 정책을 우리가 무조건 지지하며 따를 필요는 없는 것이다. 더불어, 제9장에서는 트럼프 2기 시대를 맞아 최근 부상하는 한국의 핵무장론에 대해서도 평가하고 그 가능성을 전망한다. 요컨대, 필자는 한국이 미국을 필요로 하듯, 미국도 한국을 필요로 하기에 국익에 따라 우리도 요구할 것은 당당히 요구해야 한다는 점을 강조한다.

CONT

AMERICAN ALLIANCE STRATEGY

미국의 동맹전략

ENTS

CONT

AMERICAN ALLIANCE STRATEGY

미국의 동맹전략

ENTS

CONT

AMERICAN ALLIANCE STRATEGY

미국의 동맹전략

ENTS

★ CHAPTER 1 ★

한미동맹의 시작

미국이 왜 한국을 필요로 하는지 답하기 위해 필자는 먼저 한미관계가 시작된 1940년대로 시간을 돌리고자 한다. 이 시기는 특히 주목할 만하다. 1940년대 말 미국은 한국을 지키는 것이 중요하지 않다고 결론을 내리고 한반도에 주둔 중이던 미군을 거의 다 철수시켰기 때문이다. 이러한 결정은 결과적으로 북한의 오판과 남침으로 이어졌다. 그러나 6·25전쟁이 발발하자 미국의 생각은 바뀌었다. 미국은 한국을 지켜야 한다고 판단하고 전격적으로 전쟁에 뛰어들었다.

미국은 왜 한반도로 돌아온 것일까? 그리고 미국은 왜 한국을 지킬 필요가 있다고 판단한 것일까? 이 질문들은 한미관계에서 미국의 생각을 비추는 중요한 거울이다. 중요한 사실은 미국이 1950년 이전까지 한반도가 미국의 질서와 세력균형이라는 새로운 대전략을 위해 얼마나 중요한지 제대로 알지 못했을 뿐 아니라 소련과 중국, 북한 등 공산주의 세력의 위협을 과소평가함으로써 오판했다는 것이다. 따라서 한국에 대한 북한의 예상치 못한 공격에 미국은 적지 않게 당황할 수밖에 없었다. 결국, 미국은 한국에 걸린 미국의 이익을 지키기 위해 대규모 병력을 파병했고, 전쟁이 끝나자 한국과 동맹을 맺었다. 그 과정에서 적절한 동맹 비용과 연루 위험을 관리하는 것이 중요하다고 미국은 생각했다. 이익이 있더라도 비용과 위험이 너무 커진다면 실익이 줄어들기 때문이다. 이는 미국의 군사 원조를 통한 한국군의 증강과 작전통제권의 이양과 같은 한미동맹만의 특징을 만들어냈다.

제1장은 한미동맹이 시작된 시기를 배경으로 미국의 대전략 맥락에서 한미동맹의 의미를 추적해볼 것이다. 이를 통해 한미동맹은 미국이 한국에 일방적으로 호의를 베푼 것이 아니라 한국과 미국, 양국의 이익을 위해 맺은 중요한 전략이었음을 이야기하고자 한다. 이제 여러분을 한미동맹의 역사 속으로 초대한다.

제2차 세계대전 이후 한반도가 분단되다

일본이 패망하고 제2차 세계대전이 끝나기 전까지 한반도에 대한 세계의 관심은 크지 않았다. 미국과 연합국들은 주로 유럽과 태평양 전선에 집중해야 했기 때문이다. 그러다가 1943년 11월, 이집트 카이로Cairo에서 프랭클린 루스벨트Franklin Roosevelt 미국 대통령, 윈스턴 처칠Winston Churchill 영국 총리, 그리고 장제스蔣介石 중화민국 총통이 만나 전후 아시아의 질서를 논의하고 공동 선언문을 발표한다. 이 '카이로 선언Cairo Declaration'에는 전후 한국의 독립을 보장하는 내용이 포함되어 있었다.

카이로 회담에서 장제스 총통은 일본이 한반도를 토대로 중국을 침공했다는 것을 강조하며 반드시 한국을 독립시켜야 한다고 주장했다. 그래야 또다시 일본이 중국을 침공할 일이 없을 것이기 때문이다. 결국 카이로 회담 선언문은 "한국 민중이 노예 상태에 처해 있음을 인지하여 적절한 시기에 한국을 해방·독립시킨다"라고 명시하게 되었다.[1]

1945년 전쟁이 끝나자, 미국은 승전국으로서 한반도의 미래를 결정하게 되었다. 이 결정에는 미 육군 대령인 찰스 본스틸Charles Bonesteel III과 딘 러스크Dean Rusk가 깊숙이 관여되어 있었다. 이들은 훗날 각각 주한미군 사령관과 미국 국무장관이 될 인물들로, 한반도에서 일본군의 항복과 무장해제를 어떻게 처리할지에 관한 계획을 담당했다.[2]

사실 한반도 문제에는 미국뿐만 아니라 소련도 깊숙이 관여하고 있었다. 어찌 보면 당시 한반도는 소련이 마음대로 할 수도 있는 상황이었다. 1945년 8월 일본군이 항복했을 때, 소련군은 이미 만주에 주둔하고 있었고, 미군은 아직 한반도에 상륙하지 못한 상황이었다. 미군이 한반도에 도착하기까지는 몇 주가 더 걸렸다. 만약 이러한 상황에서

●●● 1945년 8월 10일 일본이 항복 의사를 밝히면서 이미 한반도 국경에 도착한 소련이 한반도 전역을 점령할 가능성이 매우 커지자, 미국 전쟁부 작전국 산하 전략정책단의 정책과장이었던 찰스 본스틸 대령(왼쪽)과 정책과장보였던 딘 러스크 대령(오른쪽)이 서울과 인천을 미국의 통제 하에 두기 위해 38선을 기준으로 북쪽은 소련군이, 남쪽은 미군이 점령하자고 소련에 제안했고, 이 제안을 소련이 받아들임으로써 한반도는 38선을 기준으로 분단되었다. 〈출처: WIKIMEDIA COMMONS | Public Domain〉

소련이 단독으로 한반도를 점령한다면 미국이 손을 쓸 수 없는 상황이 초래될 것이 틀림없었다.

본스틸과 러스크 대령은 선심이라도 쓰듯이 소련에 일단 한반도에 있는 일본군의 항복을 받으라고 하면서, 일본군의 항복을 받으면 한반도 북위 38도선(현재의 휴전선 인근)을 기준으로 북쪽은 소련군이, 남쪽은 미군이 점령하자고 소련에 제안했다. 돌이켜보면 소련의 입장에서 이는 황당한 제안일 수도 있었다. 38도선이 미국이 현실적으로 점령할 수 있는 지역보다 더 북쪽에 있었기 때문이다. 그럼에도 본스틸과 러스크는 한국의 수도인 서울을 확보하는 것이 무엇보다 중요하다고 생각했기 때문에 이 무모한 계획을 밀어붙였다.[3]

사실 이들은 소련의 이오시프 스탈린Iosif Stalin 서기장이 미국의 제안을 거부할 수도 있다고 생각했다. 그래서 러스크는 미 합참에 보낸 보고서에서 "소련이 38도선을 수용한 것에 약간 놀랐다. 소련은 우리의 군사적 위치를 고려했을 때 더 남쪽의 선을 요구할 수도 있었기 때문이다"라고 회고하기도 했다.[4] 소련이 마음만 먹었다면 38도선보다 훨씬 더 이남까지 내려올 수 있었다는 것이다. 결과적으로 소련은 이들의 제안을 받아들였고, 수도 서울은 미국의 점령 지역에 남게 되었다. 생각해보면 이는 한국의 미래를 바꾸는 가장 중요한 순간이었는지도 모른다. 만약 이들이 이러한 무모한 주장을 하지 않았다면, 그리고 소련이 이 제안을 받아들이지 않았다면, 오늘날까지 서울과 경기도는 북한 지역에 속했을지 모르기 때문이다.

이후 3년 동안 미국과 소련은 한반도를 남과 북으로 나누어 점령했다. 그 사이 한반도의 통일을 위한 몇 번의 시도가 있었지만 모두 실패로 끝나고 만다. 교착상태가 지속되자 한 가지 묘안이 떠올랐다. 제2차 세계대전 이후 또 다른 세계전쟁을 방지하기 위해 만들어진 국제기구인 유엔이 한반도 문제를 처리하도록 하는 것이었다. 그리고 1947년 11월 14일, 유엔에서 열린 총회에서 회원국들은 48 대 6이라는 압도적인 차이로 한반도 전체에서 총선거를 실시하라는 결의안 112호를 통과시킨다.

그러나 한반도를 양분하여 점령하고 있던 미국과 소련의 생각이 근본적으로 달랐기 때문에 한반도 통일은 어려운 측면이 있었다. 미국은 한반도 전체에 대한 단일 정부를 지지했지만, 소련은 한반도를 영구히 분단시키려 했기 때문이다. 결국, 소련과 북한은 유엔이 결의한 총선거 제안을 거부했고, 남한은 하는 수 없이 한반도 남쪽에서의 단독 선거를 실시한다. 그 결과 1948년 8월 15일, 한반도 남쪽에는 이승만을 초대 대통령으로 하는 대한민국 정부가 수립되었고, 북쪽에는 1948년 9월 9일 김일성을 초대 수상으로 하는 조선민주주의인민공화국이 수립되었다.

미국이 한반도의 전략적 가치를 오판하다

한편, 당시 미국은 내부적으로 여러 가지 문제에 봉착해 있었다. 1945년 제2차 세계대전이 끝났을 때, 미군의 수는 1,200만 명에 달했다. 이는 미국 인구 12명 중 1명이 군인이었음을 의미한다. 전쟁이 끝나자마자 미국은 급격하게 군대를 감축했고, 단 2년 만에 1,100만 명에 가까운 군인이 전역했다. 문제는 전역한 군인들이 고향으로 돌아왔을 때 일자리를 찾기가 매우 어려웠다는 것이다. 1945년 1%대였던 실업률이 1947년에는 4%, 1950년에는 6%까지 치솟았으며, 경제는 점차 침체에 빠졌다. 이와 더불어 전쟁 전 GDP(국내총생산) 대비 40%대였던 미국 정부의 부채는 GDP 대비 120%까지 급증한 상태였다. 이러한 경제적 상황은 전 세계에 주둔하던 미군을 대대적으로 감축하고 재배치하는 정책으로 이어진다.

전 세계에 배치된 미군을 감축하고 조정하던 시기에 한국의 전략적 중요성에 대해 당시 트루먼Harry S. Truman 행정부는 심도 깊게 논의하고 있었다. 그 결과 1948년, 미국 전략가들은 이른바 '한국정책검토Korea Policy Review'를 완료했고, 이를 바탕으로 작성한 NSC-8 문서를 발간한다. 특히, 이 문서는 한반도에서 미군의 역할이 단순히 소련의 위협을 억제Deterrence하는 것에 그치지 않음을 강조했다. 즉, 한국에 미군을 주둔시키는 것이 한국뿐만 아니라 다른 동맹국에 미국의 확장억제 신뢰

●●● 해리 트루먼 대통령(왼쪽에서 두 번째)이 1950년 10월 자신의 외교안보 참모들을 만난 사진. 맨 왼쪽이 국방장관 조지 마셜(George Marshall), 트루먼 대통령의 오른쪽이 국무장관 딘 애치슨(Dean Acheson), 맨 오른쪽이 재무장관 존 스나이더(John Snyder)이다. 트루먼과 마셜, 애치슨은 전후 미국 대전략의 기초를 닦은 핵심적인 인물들이었다. 그러나 이들은 한반도가 미국의 새로운 대전략, 즉 자유주의 질서와 세력균형을 만드는 데 얼마나 중요한지 간과하는 실수를 범한다. 이러한 실수는 북한의 남침이라는 결과로 이어졌다. 참고로 조지 마셜은 제2차 세계대전 동안 미국의 육군참모총장으로 전쟁을 지도했고, 이후 1947년부터 1949년까지 미국의 국무장관으로 유럽에서 '마셜 플랜(Marshall Plan)'이라는 전후 복구 계획을 수행했다. 이후 에치슨에게 국무장관직을 물려줬다. 애치슨은 한국과 대만을 미국의 방위 구역에서 제외한 것으로 잘 알려져 있다. 〈출처: WIKIMEDIA COMMONS | Public Domain〉

성을 보여주는 중요한 보장Assurance 메시지라고 생각한 것이다. 만약 미군이 한반도에서 철수할 경우, 이는 미국의 안보 공약이 약해졌다는 부정적인 메시지를 줄 수 있었다. 특히 갑작스러운 철수는 미국의 위신을 떨어뜨리고, 한국 선거를 감독하고 있던 유엔의 역할에도 악영향을 미칠 수 있다고 NSC-8 문서는 경고했다.[5]

하지만 한국에서 미군을 철수해야 한다는 주장도 강하게 제기되었다. 대부분의 미국 국민과 국회의원들은 당시 심각한 경제 문제로 인해 국방예산 축소와 미군 규모 감축을 원하고 있었다.[6] 심지어 합참의장도 한반도에 대규모 미군을 주둔시키는 것에 반대하며 "한국에 현재 수준의 병력과 기지를 유지할 전략적 이익이 거의 없다"라고 평가했다.[7] 중요한 것은 소련이나 중국과 군사적 분쟁이 발발할 경우 한반도에 주둔 중인 미군이 고립될 위험이 있다는 것이다. 만약 이들과의 전쟁에서 패배한 뒤 철수하게 된다면, 이는 다른 동맹국들에게 미국이 한국을 버렸다는 더더욱 잘못된 메시지를 줄 수 있으며, 패권국가인 미국의 위신에도 큰 타격을 입힐 수 있었다. 따라서 어차피 철수하게 될 것이라면 지금 철수하는 편이 낫다고 생각한 것이다. 결국 트루먼 행정부는 한국에서 미군을 모두 철수하기로 결정한다. 당시 한국에는 7개 미 육군 사단이 주둔하고 있었는데, 1949년 6월 이후 500명 미만의 군사고문단만 남기고 모두 철수해버렸다.

물론 미국이 한국을 완전히 버린 것은 아니었다. 미국은 한국이 스스로 공산주의에 맞설 수 있도록 상당한 경제 및 군사 원조를 제공했다.[8] 하지만 미국은 전투기와 전차 같은 중화기를 제외하고 소총이나 수류탄과 같은 소형 화기만 줄 뿐이었다. 이에 이승만 대통령은 한반도가 여전히 분단되어 있고, 미군이 철수하면 아직 군사력이 제대로 갖추어지지 않은 한국이 북한의 기습공격에 크게 취약해질 것이라고 걱정했다. 그래서 중화기를 제공해달라고 미국에 요청했지만,[9] 미국은 최신 무기를 제공할 경우 한국이 먼저 북한을 공격할 수 있다고 우려해 끝내 거부한다.[10]

이와 더불어, 이승만 대통령이 미국과의 공식적인 방위조약을 요청했지만, 미국은 이것도 받아들이지 않았다. NSC-8/2 문서에 따르면, 미국의 전략가들은 이 정도의 지원만으로도 한국이 북한의 위협을 상대하기에는 충분하다고 판단했기 때문이다.[11] 반면, 1948년 10월 소련은 북한에서 철수하면서 전차와 대포 같은 중화기를 지원했다. 결국, 한반도의 군사력 균형은 북한 쪽으로 크게 기울게 된다.

6·25전쟁이 발발하다

이승만 대통령의 걱정은 현실이 되었다. 미군이 철수한 지 1년 만인 1950년 6월 25일, 북한이 38선을 넘어 남한을 기습공격한 것이다. 북한의 갑작스러운 공격은 한반도를 미국의 최우선 정책 문제로 끌어올렸다. 당시 미국의 전략가들은 소련이 이 공격의 배후에 있다고 확신했다. 미국 국무부는 "북한 정부는 완전히 크렘린(소련 정부)의 통제하에 있으며, 북한이 소련의 사전 지시 없이 행동할 가능성은 없다"고 단정지었다.[12] 따라서 "남한에 대한 공격은 소련의 결정으로 간주해야 한다"고 생각한 것이다.[13]

북한의 공격은 단지 한반도만의 문제가 아니었다. 이것은 소련의 공격성을 보여주는 상징적인 사건이었다. 이미 미국의 전략가인 조지 케넌George Kennan은 소련의 팽창 의도를 경고한 바 있었다. 그는 미국 국무부 보고서와 《포린어페어스Foreign Affairs》에 기고한 글을 통해 소련의 위협을 알리려 했지만, 미국은 경제 위기와 전쟁 피로감 때문에 소련에 적극적으로 대비하지 못하고 있었다. 그런 사이에 소련은 서베를린을 봉쇄하는 등 위협 수위를 점점 높이고 있었고, 1949년에는 핵실험에 성공하여 역사상 두 번째 핵보유국이 된다.

소련의 위협에 대비해야 한다는 위기의식은 미국의 전후 세계 질서와 안보정책을 구상했던 폴 니체Paul Nitze의 기밀 보고서인 NSC-68에도 담겼다. NSC-68은 소련의 팽창을 저지하기 위해 미국의 방위비 지출을 과감히 늘리고 군사력을 증강해야 한다고 주장했다. 특히 이 문서는 소련이 "세계의 절반에 대한 절대적 패권을" 추구하고 있기 때문에 미국은 필연적으로 소련과 대립하게 될 것이라고 예견했다.[14] NSC-68이 완성된 지 불과 몇 달 만에 발발한 6·25전쟁은 공산주의 세력의 팽창 의욕을 지적한 NSC-68의 분석이 현실 상황과 맞아떨어진다는 것을 증명한 것이다.

사실 미국은 북한의 공격을 예상하지 못했다. 따라서 전쟁이 발발하자 신속하게 대응해야 한다고 생각했다. 이에 미국은 유엔 안전보장이사회UN Security Council(이하 유엔 안보리)에 제안해 "대한민국에 대한 북한군의 무력 공격"을 규탄하고 적대행위 중단, 북한군의 철수, 그리고 현상 복원을 요구하는 결의안 82호를 통과시켰다.[15] 그러나 북한이 결의안 82호에도 불응하자, 안보리는 이어서 결의안 84호를 채택했고, 북한의 공격을 격퇴하는 데 유엔 회원국들이 도움을 줄 것을 요청했다. 이 조치를 실행하기 위해 유엔군사령부가 설립되었고, 미국이 유엔 연합군을 지휘할 권한을 부여받았다.[16] 이후 미국과 영국, 프랑스, 캐나다, 호주, 태국, 남아공, 그리스를 비롯한 16개국이 전투병력·의료부대·무기 지원 등 여러 형태의 군사 지원을 제공해 북한의 무력 공격에 맞서 싸운다.

전쟁 초기 몇 달 동안 한국군 및 유엔군은 제대로 힘을 발휘하지 못했다. 북한군은 1950년 8월까지 연속된 승리를 거두었고 한국군과 유엔군을 낙동강까지 밀어붙였다. 그러나 시간이 갈수록 북한군도 지쳐가기 시작했다. 보급선이 길어지자 제대로 된 보급과 병력 보충이 이루어지지 않았고, 북한군은 절망적인 상황에서 낙동강 전선을 돌파하고자 여러 차례 시도했으나 한국군과 유엔군의 방어에 막혀 번번히 실패할 뿐이었다. 이러한 상황에서 유엔군 총사령관이었던 더글러스 맥아 더Douglas MacArthur 장군은 인천에 상륙작전을 수행하여 서울을 탈환한다.

1950년 10월, 전세를 뒤집은 한국군과 유엔군은 38선에 도달했다. 이제 38선에서 진격을 멈추고 현상 유지를 할지, 아니면 공산주의 세력을 물리치고 한반도를 통일할 기회를 잡을지를 선택해야 했다. 결국, 한국과 미국은 북진을 계속하기로 선택했고, 한국군 6사단은 압록강에 도달한다. 그러나 전쟁의 완전한 승리가 눈앞에 있던 때에 중국이 개입했다. 1950년 10월, 중국 마오쩌둥毛澤東이 보낸 '인민지원군人民志願軍'이 압록강을 넘어 북한으로 진격하여 한국군과 유엔군을 남쪽으로 밀어내고 서울을 다시 점령한다. 이것이 '1·4 후퇴'이다.

1951년 7월부터 전쟁은 점점 교착상태에 빠지기 시작했다. 양쪽 모두 결정적인 승리를 거두지 못한 채, 고지 쟁탈전과 같은 지루한 전투가 계속되었다. 이와 동시에 북한, 중국, 그리고 유엔군사령부 사이에서는 전쟁을 멈추기 위한 협상이 시작된다.

협상이 진행될수록 이승만 대통령의 걱정은 늘어만 갈 뿐이었다. 사실, 이 순간까지도 한국은 미국과 어떠한 방위조약도 맺고 있지 않았다. 미국이 한국을 위해 싸우는 것은 오로지 유엔 결의안에 기초한 것이었다. 따라서 전쟁이 끝난 후에도 미국이 한국을 계속 지켜줄 것인지 장담하기 어려운 상황이었다. 만약 정전협정이 체결된 후 미군이 철수해버린다면, 1950년 6월처럼 북한이 다시 남침할 수도 있었다. 그렇다면 한반도가 영영 공산화되는 것이다. 그래서 이승만 대통령은 반드시 미국과 동맹을 맺어야 한다고 생각했다. 그래야 미국으로부터 공식적으로 확장억제를 보장받고 북한의 오판을 방지하며 한국을 지킬 수 있다고 믿은 것이다. 이에 이승만은 1952년 3월 21일, 트루먼 대통령에게 편지를 보내 동맹조약 체결과 한국군 증강이 공산주의 공격을 막는데 필수적이라고 강력히 주장한다.[17]

당시 한국과 미국의 국력 차이는 말로 표현하기 어려울 정도였다. 미국은 전 세계에서 가장 강력한 나라였고, 한국은 가장 가난한 나라 중 하나였기 때문이다. 이런 상황에서 미국이 굳이 한국과 동맹을 맺고 또다시 한반도 분쟁에 휘말릴 위험을 감수할 이유가 없다고 이승만 대통령은 판단했다. 그래서 그는 정전 협상을 방해하는 것이 미국을 동맹관계로 끌어들이기 위한 중요한 지렛대가 될 수 있다고 생각했다. 한국이 계속해서 정전 협상을 방해한다면 미국이 어쩔 수 없이 한국의 요구를 받아들일 수도 있기 때문이다.

이승만은 정전 협상 방해 계획을 실행에 옮겼다. 1953년 6월 18일, 포로수용소에 있던 북한 '비송환' 반공포로 2만 7,000명을 일방적으로 석방한 것이다. 포로 송환 문제는 공산 측과의 정전 협상에서 중요한 쟁점 중 하나였기 때문에, 이승만 대통령의 이러한 행동은 정전 협상을 망칠 위험이 있었다.[18] 따라서 미국은 반공포로 석방을 매우 불쾌해했다. 트루먼 대통령은 이승만 대통령이 "전쟁을 명예롭고 만족스러운 결말로 이끌려는 노력에 공개적으로 반대하고 있다"고 불만을 토로하기도 했다.[19]

한반도에 대한 전략적 이익 재평가와 한미동맹의 체결

이승만 대통령은 이러한 과감한 조치로 미국을 압박하여 미국과 동맹을 맺을 수 있다고 생각했다. 실제로 한미동맹이 체결된 데에는 이러한 이승만 대통령의 결단이 영향을 미친 측면도 있다. 그러나 미국이 한국과 동맹을 체결한 배경에는 한반도에 걸린 미국의 전략적 이익에 대한 재평가도 중요한 역할을 했다. 6·25전쟁 이전 미국은 한국이 미국의 대전략인 자유주의 질서 구축과 세력균형에 얼마나 중요한지 제대로 평가하지 못했다. 더불어 미국은 소련과 북한, 중국 등 공산 세력의 공격성을 정확히 평가하는 데도 실패했다.

그러나 6·25전쟁이 시작되자 미국의 전략가들은 한국이 공산주의 팽창을 저지하는 데 중요하다고 인식했고, 한국을 지키는 것이 미국의 핵심적인 이익이라고 생각하기 시작했다. 이러한 관점은 1950년 7월에 보고된 캐나다의 전략 문서에 잘 드러나 있다. 이 문서는 유엔의 정당성, 동맹국에 대한 미국 확장억제의 신뢰성, 그리고 일본의 방위 측면에서 한국이 전략적으로 중요하다고 평가한다.

> **한국의 정치적 중요성은 유엔이 한국을 독립국가로 승인했다는 사실에 기인한다. 따라서 한국에 대한 침략은 유엔에 대한 침략으로 간주된다. 한반도에 대한 군사개입은 새로 독립한 국가들을 돕겠다는 미국의 약속을 실천하는 것으로, 특히 동남아시아에서 그 중요성이 크다. 또한, 미국은 서방 국가 중 한국의 독립에 가장 깊이 관여한 국가이기 때문에, 한반도에 대한 군사개입은 이 지역에서 미국이 영향력을 유지하는 데도 필수적이다. 서방이 도덕적 책임을 다하고 공산주의 확산에 단호하게 대응하는 모습을 보이는 것은 매우 중요하다.**[20]

또한, 이 캐나다의 전략 문서는 공산 세력이 한국을 점령하면 일본을 침공하기에 유리한 발진기지를 확보하는 것이라고 언급했다.[21] 반면, 서방 세력이 한국을 지키면 중국을 겨냥한 공군 및 미사일 부대를 배치할 수 있다고 보았다. 요컨대, 공산 세력이 한국을 아시아 국가들에 대한 발진기지로 사용하는 것을 막고, 한반도를 공산주의 위협을 억

●●● 드와이트 아이젠하워 대통령(왼쪽)과 그의 핵심 외교안보 조언자인 존 포스터 덜레스 국무장관(오른쪽). 덜레스는 냉전 초기 미국의 대전략을 설계한 인물로, 오늘날 미국이 패권국가가 되는데 핵심적인 기반을 만들었다. 특히, 덜레스는 자유주의 질서를 구축하고 세력균형을 유지하는 미국의 대전략을 달성하기 위해 한국이 전략적으로 매우 중요하다고 평가하고, 이후 미국이 한국과 동맹관계를 맺는 과정에서 중요한 역할을 했다. 덜레스는 한미동맹의 목적이 "1950년에 전쟁을 일으켰던 북한이 다시 오판하지 않도록" 두 나라가 힘을 합치는 데 있다고 강조했다. 〈출처: WIKIMEDIA COMMONS | Public Domain〉

제하기 위한 전진기지로 활용할 수 있다는 것이다. 따라서 서방 세력이 한국을 확보하고 방위하는 것이 매우 중요하다고 결론 내리고 있다.[22]

한편, 미국이 한국의 전략적 중요성을 재평가한 데에는 존 포스터 덜레스John Foster Dulles라는 인물의 역할도 빼놓을 수 없다. 1952년 미국 대통령 선거에서 공화당의 드와이트 아이젠하워Dwight D. Eisenhower가 민주당의 애들레이 스티븐슨Adlai Stevenson을 압도적인 표 차이로 이기고 승리함에 따라 정권 교체가 일어났다. 1953년 9월, 아이젠하워 행정부의 국무장관이었던 덜레스는 6·25전쟁에서 미국이 억제에 실패한 이유가 미국이 한국을 지킬 의지가 있음을 소련과 북한에 분명히 알리지 못했기 때문이라고 비판했다. 특히 그는 1949년 트루먼 행정부의 갑작스러운 주한미군 철수 결정이 적들의 오판을 불러일으키기에 충분했다고 지적하면서 "적들이 올바른 계산을 할 수 있도록 [미국이 한국을 지킬 의사가 있음을] 확실히 알렸어야 했다"며 개탄했다.[23] 그리고 더 나아가 한반도에서 공산 세력의 위협을 저지하지 못하면 미국 본토까지 위태로워질 수 있다고 주장하면서 한국의 전략적 중요성을 강조했다.

한편, 한국이 미국과 동맹을 맺으려는 이유는 명확했다. 당시 북한의 군사적 위협에 홀로 대응하기에는 역부족이었던 한국은 미국의 확장억제를 통해 안보를 보장받고, 미국의 군사 및 경제적 지원을 확보하려 한 것이다. 결국, 공산주의 세력의 침략을 억제하고 북한의 재침공을 막는 것이 한국과 미국의 공통이익이 되었고, 한국과 미국이 동맹을 맺은 계기가 되었다. 즉, 덜레스가 강조한 것처럼 한미동맹의 목적은 "1950년에 전쟁을 일으켰던 북한이 다시 오판하지 않도록" 두 나라가 힘을 합치는 데 있었다.[24]

한미동맹의 핵심적인 합의는 1953년 6월에서 7월 사이, 월터 로버트슨Walter Robertson 국무부 차관보가 서울을 방문하는 동안 이루어졌다. 이후 동맹조약인 한미상호방위조약을 체결하기 위한 협상은 비교적 신속하게 진행되었다. 이는 한국과 미국 모두 동맹의 필요성에 대해 충분히 공감하고 있었기 때문이다. 양국은 동맹으로 인해 감수해야 할 비용과 위험보다 얻게 될 이익이 훨씬 크다는 것을 이해하고 있었다. 따라서 로버트슨 차관보의 방문을 통해 큰 방향이 정해진 지 약 4개월이 지난 1953년 10월 1일, 한국과 미국은 한미상호방위조약을 체결하여 공식적인 한미동맹관계를 맺게 된다.

한미상호방위조약은 한국과 미국이 외부의 공격을 억제하기 위해 필

●●● 1953년 8월 8일, 서울 경무대에서 열린 한미상호방위조약 가조인 과정을 지켜보는 이승만 대통령(뒷줄 가운데). 서명하는 사람은 한국의 변영태 외무장관과 미국의 덜레스 국무장관이다. 이승만 대통령은 한반도가 해양세력(미국)과 대륙세력(소련, 중국)의 교두보로서 전략적 가치가 크다고 주장하면서 한미상호방위조약 체결을 미국 행정부와 의회에 설득하려 했다. 이는 당시 미국의 전략적 이해관계와 일치하는 것으로, 미국이 상호방위조약 체결에 동의하는 데 영향을 미친다. 1953년 7월 27일 정전협정이 체결된 직후인 1953년 8월 3일에 한미 양국은 한미상호방위조약 체결을 위한 협상을 시작했고, 1953년 8월 8일에 한미상호방위조약의 최종안을 서울에서 가조인했다. 협상이 이렇게 빨리 진행될 수 있었던 것은 이미 중요한 합의가 로버트슨 차관보 방한 시 이루어진 데다가, 동맹 체결에 대한 한국과 미국의 이익이 맞아떨어졌기 때문이다. 〈출처: WIKIMEDIA COMMONS | Public Domain〉

요한 수단을 유지하고 개발하며, 조약 의무를 이행하기 위한 적절한 조치를 취할 것을 요구하고 있다(제2조). 또한, 미국이 한국 영토와 그 주변에 군대를 배치할 권리를 부여하고(제4조), 한 국가에 대한 공격을 모두에 대한 위협으로 인식하는 집단 방위Collective Defense 조항을 명시하고 있다(제3조). 이 조항들은 한국과 미국이 서로의 안보를 위해 협력하고, 필요할 때 공동으로 방어에 나설 것을 다짐하는 내용이다.[25]

한편, 한국은 북한이 다시 공격할 경우 미국이 즉각적이고 자동적으로 도와주겠다는 확답을 받고자 했다.[26] 그러나 미국은 이를 명확히 약속하지 않았다. 그 대신, 미국은 상황에 따라 조약상의 의무를 평가한 후 적절히 대응한다는 원칙을 고수했다. 특히 이승만 대통령을 고뇌하게 만든 것은, 전쟁이 발발할 경우 미국의 군사개입이 헌법적 절차, 즉 미국 의회의 승인을 필요로 한다는 것이었다. 반면, 나토 조약 제5조는 동맹국이 공격을 받으면 다른 동맹국에 대한 공격으로 간주해 군사적 개입을 포함한 집단적 조치 의무를 명시하고 있었다. 따라서 한미상호방위조약이 나토 조약보다 미국의 군사개입이 유보적인 성격을 지닌 것으로 보였다.[27]

이러한 배경에서 이승만 대통령은 덜레스 국무장관에게 서한을 보내 "상호방위협정에 대한민국이 외부의 적에게 공격을 받을 경우 미국이 즉각적이고 자동적으로 군사지원을 한다는 조항을 포함시켜달라"고 재차 요청했다. 그는 이어서 "[자동군사개입 조항이 빠진다면] 우리의 필요를 충분히 충족하지 못할 것"이라고 강조하며 한국의 안보 우려를 명확히 전달하고자 했다.[28]

미국의 전략가들은 이러한 한국의 우려에 공감했다. 덜레스 국무장관은 서한에서 "대한민국이 정전협정을 위반한 부당한 공격을 받을 경우, 우리는 즉각적이고 자동적으로 군사적 대응을 할 것을 약속한다. 그러한 공격은 대한민국에 대한 공격일 뿐 아니라, 유엔군사령부 및 유엔군사령부 내의 미군에 대한 공격이다"라며 이승만 대통령을 안심시켰다.[29] 그러나 이러한 덜레스의 공감에도 불구하고, 한미상호방위조약에는 즉각적이고 자동적인 군사개입을 의무화하는 조항이 포함되지 않았다. 사실, 아이젠하워 행정부가 한미상호방위조약에 자동군사개입 조항을 넣지 못한 것은 앞서 체결한 나토 조약에서 자동군사개입 조항을 넣었다가 미 행정부가 미 의회의 뭇매를 맞은 경험 때문이었다.[30] 따라서 한미동맹뿐만 아니라, 1949년 나토 조약의 체결 이후 체결된 미

나토 조약의 군사 원조 조항

나토 조약의 군사 원조 조항과 그 조건은 나토 조약 제5조에 명시되어 있다. 제5조는 "유럽 또는 북미 지역에서 한 국가에 대한 무력 공격은 모든 당사국에 대한 공격으로 간주된다"고 규정하며, 공격받은 당사국을 돕기 위해 회원국이 협력하여 무력 사용을 포함한 필요한 조치를 신속히 취할 것을 명시했다. 이는 나토 회원국 간의 집단방위를 명시하는 것이다.

이러한 나토 조약의 군사 원조 조항은 한미동맹 조약과 비교했을 때, 더 즉각적이고 자동적이며, 의무적인 성격을 갖는다고 볼 수 있다. 예를 들어, 나토 조약 제5조는 "한 국가에 대한 공격을 모든 당사국에 대한 공격"으로 명시하지만, 한미상호방위조약은 한 국가에 대한 공격을 "자국의 평화와 안전에 대한 위험dangerous to its own peace and safety"으로 간주한다고만 명시하고 있다. 또한, 나토 조약의 경우 "헌법적 절차"라는 말 자체가 포함되어 있지 않지만, 한미상호방위조약의 경우 "헌법적 절차에 따라in accordance with its constitutional process" 행동한다는 문구가 포함되어 있어 더욱 유보적인 성격을 지닌 것으로 해석할 수 있다.

국-일본 동맹이나 미국-호주/뉴질랜드, 미국-필리핀 동맹에서도 자동 군사개입 조항은 포함되지 않았다.

한국에 대한 미국의 원조가 한반도 확장억제 체제를 만들다

한국은 한미동맹 체결 이후 1970년대까지 미국의 막대한 원조의 혜택을 누렸다. 이 원조는 한국에 대한 미국 확장억제의 핵심 요소로, 크게 세 가지로 구성된다. 첫째, 미국이 제공한 경제 및 군사 원조, 둘째, 한국에 주둔한 미국의 재래식 군사력, 셋째, 미국의 핵우산이 그것이다.

미국의 경제 및 군사 원조

1950년대에 소련은 자유주의와 공산주의 진영 어디에도 속하지 않는 제3세계 국가들에 대한 경제 원조를 늘렸다. 소련은 이를 통해 자국이 이끄는 공산주의 체제가 미국이 이끄는 자유주의 체제보다 우월하다는 것을 보여주고자 했다.[31] 미국은 소련의 이러한 세계 전략에 위기감을 느꼈다. 만약 소련의 지원으로 제3세계에서 공산주의 혁명이 성공을 거둔다면, 제3세계가 미국이 구상한 전후 세계 질서에서 이탈할 수도 있기 때문이었다.[32] 따라서 공산주의 팽창을 억제하기 위해 미국 행정부는 전략적으로 중요한 동맹국과 우방국들에 전폭적인 군사 및 경제 원조를 제공했다.

특히 미국은 한국이 중국과 소련을 견제하기 위한 전초기지이며, 유엔의 노력으로 탄생한 국가이기 때문에 전략적으로 매우 중요하다고 생각했다. 그러나 6·25전쟁 직후 한국의 상황은 참혹했다. 한국의 국가 GDP는 13억 5,000만 달러에 불과했고, 1인당 국민소득은 65.7달러에 불과했다.[33] 비교하기는 힘들지만, 참고로 당시 미국의 GDP는 3,892억 달러로, 한국보다 288배 많았다. 한국의 GDP는 필리핀, 태국, 인도네시아, 스리랑카와 같은 다른 아시아 국가들보다도 낮았다.[34] 사실상 아시아에서 가장 가난한 나라였던 것이다.

이러한 배경에서 1953년 7월 23일, NSC National Security Council(국가안전보장회의)에서 아이젠하워 대통령은 한국에 대한 군사 및 경제 원조를 늘려야 한다고 강조했다. NSC 회의록에 따르면, 아이젠하워 대통령은 6·25전쟁이 끝난 뒤 여기서 절약된 국방비를 한국에 대한 경제 지원을 확대하는 데 사용하고 싶다고 말했다. 또한 "전 세계가 전후 한국의 회복을 주시할 것이므로, 미국은 명확한 목표를 세우고 지체하지 말고 빠르게 전진해야 한다고 언급했다."[35] 이후 23년 동안 미국은 한국에 57억 5,000만 달러 이상의 경제 원조와 68억 5,000만 달러의 군사 원조를 제공했다. 이는 엄청난 규모의 원조액이었다. 예를 들어, 1961년 이전 미국이 한국에 제공한 원조액은 같은 기간 동안 동아시아 및 태평양 지역에 제공한 미국 원조 총액의 27%를 차지했다.[36]

미국의 원조는 전후 한국의 회복에 매우 중요했다. 1957년과 1958년에 한국의 수출액은 각각 7,600만 달러와 9,500만 달러에 불과했는데, 수입액은 각각 4억 5,000만 달러와 3억 1,600만 달러였다. 1년 동안 1,000만 원을 벌었는데 지출은 7,000만 원이었던 셈이다. 이는 미국의 원조가 한국의 무역 적자를 보완해주었음을 의미한다.[37] 따라서 미국이 1958년~1961년에 경제침체로 인해 원조액를 감축했을 때, 남한은 심각한 경기침체를 겪어야 했다.

〈표 1-1〉 시기별 미국이 한국에 제공한 경제 및 군사 원조액

(단위: 달러)

	1945–1952 (트루먼)	1953–1960 (아이젠하워)	1961–1968 (케네디/존슨)	1969–1976 (닉슨/포드)	합계
경제 원조	6.67억	25.79억	16.58억	9.63억	57.45억
군사 원조	0.12억	15.61억	25.01억	27.97억	68.47억
총액	6.79억	41.40억	41.60억	37.61억	125.93억

〈표 1-1〉의 연도는 미 대통령 행정부 시기를 나타낸다. 왼쪽부터 트루먼 행정부 시기, 아이젠하워 행정부 시기, 케네디/존슨 행정부 시기, 닉슨/포드 행정부 시기이다. 이 중 트루먼 행정부 시기의 원조액이 가장 작지만, 여기에는 6·25전쟁(1950–1953) 동안 미국이 지원한 막대한 규모의 병력 및 장비에 대한 원조액이 포함되어 있지 않다.[38]

미국이 막대한 원조 비용을 치른 이유는 한국 사회를 재건하고 한국의 국방력을 강화하기 위해서였다. 미국의 원조는 공산주의 세력의 위협을 억제하려는 미국의 강한 의지를 보여주는 것이었다. 미국의 원조 덕분에 한국의 경제와 군사력이 강화됨으로써, 북한이 공격할 경우 한

한미동맹은 누구를 위협으로 생각했나

6·25전쟁 이후 한국과 미국의 위협 인식은 시간이 지남에 따라 조금씩 변화했다. 6·25전쟁이 시작될 때, 주요 위협은 소련의 군사 지원을 받는 북한군이었다. 그러나 1950년 10월 중국이 개입한 후, 주요 위협은 북한과 중국의 연합군, 즉 북·중 연합군으로 바뀌었다. 전쟁이 끝난 후에도 중국은 100만 명 이상의 병력을 북한에 주둔시켰을 정도였다. 이러한 중국군 규모는 점차 감소하여 1958년 1월 1일에는 29만 1,000명으로 줄었고, 1958년 이후에는 중국군이 북한에서 완전히 철수했다. 그러나 북·중 연합군의 위협은 여전히 남아 있었다. 이러한 이유로 1950년대 내내 한국과 미국은 북한군과 중국군의 연합 공격을 억제하기 위해 노력했다. 이후 1960년대부터는 북한의 독자 공격을 주요 위협으로 인식했다. 동시에 북한이 붕괴하는 상황에서는 중국이 현상 유지를 위해 개입할 가능성이 있다고 판단했다.

국이 어느 정도 자력으로 방어할 수 있게 되었고, 이는 미국의 확장억제 부담, 즉 비용과 위험을 줄이는 결과를 가져왔다.

미국의 재래식 전력 배치

토머스 셸링Thomas C. Schelling은 "우리는 분명히 전쟁을 원하지 않으며, 불가피한 상황에서만 싸우고자 한다. 문제는 우리가 그러한 불가피한 상황에 처하게 되었다는 것을 입증하는 것이다"라고 말했다.[39] 셸링의 이 말은 억제Deterrence 전략이 어떻게 작동하는지를 설명해준다. 억제 전략은 상대방이 공격하거나 도발할 경우 막대한 보복이 있을 것임을 분명히 하여, 그들이 처음부터 공격을 감행하지 않도록 만드는 것이다. 즉, 전쟁을 피하려면 우리가 전쟁을 불가피하게 치를 준비가 되어 있다는 사실을 상대방이 확신하게 만들어야 한다는 뜻이다. 이러한 논리에서 보면, 한미상호방위조약은 미국이 한국을 방어하기 위해 싸울 의지를 가지고 있음을 공산주의 세력에게 보여주는 중요한 억제 신호로 작용한다.

그러나 위기 상황에서는 이러한 동맹의 약속이 깨질 수도 있다. 약속 이행에 막대한 비용이 발생할 때, 동맹국은 평판Reputation이 다소 손상되더라도 지원 약속을 철회하는 것을 선택할 수 있기 때문이다. 따라서 확장억제의 가장 중요한 요소는 동맹국에 실제 전투에 투입될 수 있는 군사력을 미리 배치하는 것이다. 이렇게 하면, 전쟁이 발발했을 때 미국의 군사력이 자동적으로 개입하게 되어, 약속을 지킬지 말지 고민할 필요가 없어진다. 북한의 입장에서 한국에 배치된 미군만큼 확실한 확장억제 신호는 없다. 이를 통해 북한은 전쟁 시 한국과 미국을 동시에 상대해야 한다는 결론에 이르게 되고, 전쟁을 일으킬 생각을 단념하게 된다. 따라서 한국에 주둔한 미군은 한국에 대한 미국의 안보 보장을 가장 명확하고 강력하게 보여주는 존재이다.

6·25전쟁이 끝난 후, 미국은 1954년 3월부터 7개 사단을 철수시키면서 한반도에 약 7만 명의 병력을 남겨두었다. 이는 해외 주둔 미군 중 세 번째로 큰 규모였다. 이 병력은 비무장지대DMZ 일대와 서울 방어의 핵심 지역에 배치되어 전쟁이 일어나면 미국이 자동적으로 개입하도록 만드는 역할을 했다. 이러한 배치는 1949년의 갑작스런 미군 철수가 이듬해 북한의 남침을 초래한 경험을 교훈 삼아 이루어진 것이다.[40]

이와 더불어 미국은 미군의 방위 부담을 줄이기 위해 한국군을 강화할 필요가 있었다. 이 문제는 1954년 7월 이승만 대통령이 미국을 방문한 자리에서 논의되었고, 1954년 11월 그 논의 결과를 담은 한미동맹 "합의 의사록"이 만들어진다.[41] 이 합의에 따라 미국은 한국군이 72만 명의 병력과 20개 현역 사단을 갖출 수 있도록 무기와 비용을 지원하기로 했다.[42] 한국군 규모를 미국과 합의한 것은 한국군의 규모에 따라 미국의 군사 원조액이 결정되기 때문이다.

이와 더불어 한국군은 유엔군사령부의 작전통제를 따르기로 합의했다.[43] 미국이 이러한 작전통제권을 요구한 데에는 한국군이 강화될 경우 독자적으로 북한을 공격할 가능성이 있다고 생각했기 때문이다. 이승만 대통령은 이를 내켜하지 않았지만, 미국의 원조를 제공받기 위해 유엔군사령부에 작전통제권을 이양하는 데 마지못해 동의했다.

미국의 이러한 우려는 한편으로는 이해가는 측면도 있다. 이승만 대통령은 이미 2만 7,000명의 포로를 일방적으로 석방하여 정전협정을 뒤집을 뻔한 사례가 있었고, 1954년 7월 28일 미국 의회에서 연설할 때도 한국, 대만, 미국이 힘을 합쳐 북한을 공격해야 한다고 주장한 바 있다. 이러한 발언에 아이젠하워 대통령은 이승만 대통령을 "고집스러운 노인a stubborn old fellow"이라고 부르기도 했다.[44] 따라서 미국으로서는 이승만 대통령이 미국의 안보 지원을 받는 대신 '자제Restraint'를 선택하도록 하는 것이 연루 위험을 관리하는 데 무엇보다 중요하다고 생각한 것이다.[45] 결국, 한미동맹은 유엔군사령부를 통해 미국이 재래식 확장억제를 제공하고, 동시에 한국은 작전통제권을 양도하고 자제를 선택함으로써 지역 안보라는 공통의 이익을 달성하는 구조가 되었다.

한반도에 배치된 미국의 전술핵무기와 핵우산

한미동맹 확장억제의 세 번째 요소는 한국에 배치한 미국의 전술핵무기였다. 1958년, 미국은 처음으로 한국에 핵무기를 배치하기로 결정한다. 이는 아이젠하워 행정부의 '뉴룩New Look' 정책과 맞물려 있었다. '뉴룩' 정책은 동맹국을 지키기 위해 고비용의 재래식 전력보다 저비용의 핵 전력을 통한 대규모 보복전략을 수행하는 정책이었다.[46] 한반도의 경우, 미군과 한국군의 병력을 다 합쳐도 북한-중국 연합군의 막대한 지상군(100만 명 이상)에 비해 부족했다. 이에 따라 한국에 배치된 미군을 핵전쟁을 상정하고 '펜토믹 사단Pentomic Division'으로 전환하기로 한다. 물론 그렇다고 주한미군이 직접 핵무기를 운용한 것은 아니었다. 핵무기의 사용 권한은 미국 대통령에게 있었고, 미국 대통령이 결정을 내리면 한국에 배치된 핵포병대나 핵미사일부대가 핵무기를 발사하는 방식이었다.

한국에 핵무기를 배치하기로 한 결정은 아이젠하워 행정부 내에서 격론 끝에 이루어진 것이었다. 사실 덜레스 국무장관은 한국에 핵무기를 배치하는 것에 반대했다. 덜레스는 "핵무기 배치는 아시아 전역에서 심각한 정치적 파장을 불러일으킬 것"이라며 이를 "서구 및 백인 우월주의의 산물로 인식할 수 있다"고 우려했다.[47] 반면, 국가안보보좌관 로버트 커틀러Robert Cutler는 핵무기를 배치하면 주한미군의 규모를 줄여 비용을 절감할 수 있다고 주장했다. 덜레스는 이에 대해 "핵무기 도입과 병력 감축 사이에 필연적인 상호 의존성이 있다고 확신할 수 없다"라며 핵무기 배치를 끝까지 반대했다.[48]

반면, 미국 합동참모본부(이하 합참으로 표기)는 핵무기 배치를 강력히 지지했다. 이는 북한이 또 다른 기습공격을 감행하는 것을 막기 위한 군사적 필요 때문이었다. 합참의장 아서 래드포드Arthur Radford는 "핵무기 없이는 공산주의자의 공격을 막을 수 없다"며 핵무기를 배치해야 주한미군의 안전을 보장하고 공산주의 세력의 공격을 초기 단계에서 저지할 수 있다고 강조했다.[49] 또한 래드포드는 한국의 지리적 조건도 고려해야 한다고 지적했다. 서울은 국경에서 불과 40km 떨어져 있었고, 이미 두 차례나 점령당한 경험이 있어, 한국 사람들은 최전방에 강력한 군사력이 필요하다고 믿고 있었다.

결국, 아이젠하워 대통령은 미 합참의 제안을 받아들여 1958년부터

●●● 1953년 미국 네바다주에서 280mm 원자포를 시험하는 장면. 1958년부터 한국에 배치되기 시작한 전술핵무기 중 하나는 위의 사진에 있는 280mm 원자포였다. 그 외에도 핵포탄, 핵지뢰, 단거리 핵미사일, 보병대대용 핵무기 등 총 11종의 전술핵무기가 한반도에 배치되었다. 이러한 전술핵무기들은 북한의 군사적 위협을 억제하고, 전쟁 시 미국의 신속한 대응을 보장하기 위한 목적으로 배치되었다가, 1991년에 조지 H. W. 부시(George H. W. Bush) 행정부가 전 세계에 있던 미국의 전술핵무기를 철수하기로 결정하면서 전부 철수되었다. 〈출처: WIKIMEDIA COMMONS | Public Domain〉

다양한 종류의 전술핵무기를 한국에 배치하기 시작했다.[50] 여기에는 핵포탄, 핵지뢰, 단거리 핵미사일, 보병대대용 핵무기 등이 포함되었다. 이 전술핵무기들은 많게는 900발 이상이 한국에 배치되었는데, 저위력 핵폭탄으로부터 고위력 열핵폭탄에 이르기까지 그 폭발력이 다양했다. 그러나 1970년대부터 미국은 한국에 배치된 핵무기 규모를 줄이기 시작했으며 1991년을 기점으로 완전히 철수하여 오늘날에 이르고 있다.

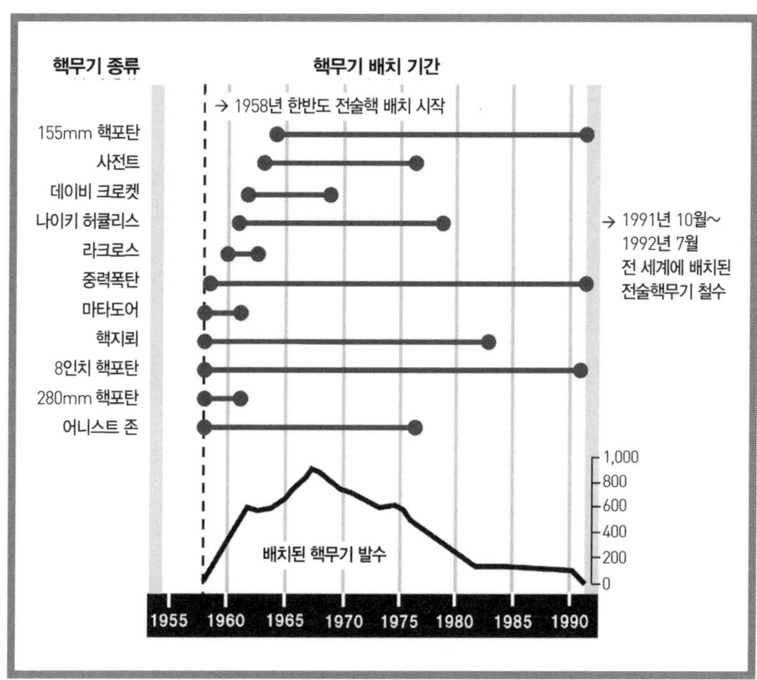

〈그림 1-1〉 한반도에 배치된 미군 핵무기의 종류와 기간, 규모[51]

한때 한국에는 900발이 넘는 미국의 핵무기가 배치되어 있었다. 이렇게 많은 핵무기를 배치한 것은 당시 합참의장이었던 아서 래드포드 장군이 말한 바와 같이 핵무기 없이는 소규모의 병력(약 7만 명)으로 북한-중국 연합군의 막대한 병력(약 100만 명)을 효과적으로 대응하기 어렵다고 생각했기 때문이다. 또한, 수도 서울이 휴전선에서 불과 40km밖에 떨어져 있지 않다는 사실 때문에 군사전략가들은 강력한 억제력과 대응능력을 갖춘 무기를 전방에 배치할 필요성을 느꼈다.

***

요컨대, 1950년 이전, 한국의 전략적 가치에 대해 오판한 미국은 6·25 전쟁을 계기로 한국에 걸린 전략적 이익을 재평가했고, 팽창하는 공산주의 세력으로부터 한국을 지키기 위해 한국과 동맹을 맺었다. 따라서 한미동맹은 미국의 일방적인 호혜나 한국 외교술의 승리라기보다는 한국과 미국이 한반도의 안정이라는 공통의 이익을 공유했기 때문에 가능했다고 보는 것이 더 균형잡힌 시각일 것이다.

미국은 한반도에 걸린 전략적 이익을 지키기 위해 동맹비용과 연루 위험을 관리하는 것이 실익을 달성하는 데 핵심이라고 인식했다. 따라서 한국이 단독으로 북한을 공격하지 않도록 자제시키는 데 많은 노력을 기울였고, 그 결과 한국군의 작전통제권을 유엔군사령부가 행사하는 형태의 동맹 구조가 만들어지게 된다. 더불어 장기적으로 미국은 대규모 원조를 통해 한국의 경제력을 키우고 국방력을 강화함으로써 확장억제 비용과 위험을 줄여나가는 전략을 추구했다. 이러한 배경을 바탕으로 이어지는 제2장에서는 1960년대 한국과 미국의 전략적 이익 계산이 한미관계에 어떤 영향을 미쳤는지 살펴볼 것이다.

★ CHAPTER 2 ★

베트남 전쟁과 한국의 역할 분담

제1장에서는 1950년대 미국의 이익과 위험 관리에 초점을 맞춰 한미동맹을 설명했다면, 제2장에서는 동맹 비용의 변화와 한국의 역할이 한미동맹의 가치에 어떻게 영향을 미쳤는지를 설명하고자 한다. 이를 설명하기에 1960년대의 한미관계만큼 적절한 사례는 없을 것이다.

1960년대에는 미군이 처음으로 한국 철수를 고려했고, 이로 인해 한미동맹이 위기에 빠진 적이 있다. 이에 따라 1960년대부터 한국은 한미동맹에서 자신의 역할을 분담하기 시작했으며, 이는 동맹의 회복과 지속에 중요한 기여를 했다. 흔히 1960년대 한미동맹에 대해 한국이 너무 가난해서 일방적으로 미국의 원조에 의존했다는 오해가 있지만, 한국도 동맹의 공통 이익을 위해 많은 역할을 했다. 한국은 한미상호방위조약에 명시된 대로 '태평양에서의 공산 세력 위협'을 '한국 안보에 대한 위험'으로 인식하고, 미국과 함께 베트남에서 싸웠다.

동맹은 양국이 공통의 이익을 위해 함께 노력할 때 그 가치가 더 커진다. 한국의 역할 분담은 미국이 평가한 한미동맹의 가치를 높였으며, 이로 인해 양국 관계는 크게 개선되었다. 결국 한국의 베트남 전쟁 참전은 미국의 인식을 변화시키고 한미관계를 개선시키는 중요한 전환점이 되었다. 이번 장에서는 이러한 맥락에서 한미동맹의 변화를 살펴보고자 한다.

쿠바 공산화가 가져온 충격

냉전이 가장 치열했던 1950년대와 1960년대, 미국과 소련은 자유 진영이나 공산 진영에 속하지 않은, 이른바 제3세계에서 누가 더 큰 영향력을 가질지를 두고 경쟁하고 있었다. 소련은 국가 주도로 급속한 경제 성장을 이루는 '계획경제 모델'을 제시했다. 이는 전후 빠른 경제 발전을 꿈꾸던 제3세계 국가들에 매우 매력적인 방안이었다. 심지어 미국의 동맹국들조차 소련과 관계 개선 및 경제 교류를 시도했다. 이러한 동맹국들의 이탈 움직임은 미국의 패권이 쇠퇴하고 있다는 불안감을 키우기에 충분했다.[1]

1961년 1월 출범한 케네디John F. Kennedy 행정부는 이 상황을 매우 심각하게 받아들이고 제3세계와 관련된 과제들을 대외 정책의 최우선 순위로 삼았다.[2] 케네디 행정부는 우선 미국의 원조 정책을 전면 재검토했다. 그 결과, 아이젠하워 행정부가 대외 원조의 초점을 공산주의 봉쇄를 위한 군사적 세력균형에 지나치게 맞춘 나머지 가난한 동맹국들과 제3세계 국가들의 경제 성장 요구를 충분히 충족시키지 못했다는 결론에 이르렀다. 실제로 월트 로스토Walt Rostow는 케네디 대통령에게 보낸 메모에서 이러한 문제를 지적했다.

현재 진행 중인 대외 원조 프로그램에는 몇 가지 문제가 있습니다. 원조 자금의 대부분이 방위비 지원, 군사기지 사용, 군사력 유지 또는 단기적인 정치·경제적 불안정을 막는 데 쓰이고 있습니다. 아이젠하워 행정부가 마지막으로 요청한 비군사 원조 예산 22억 달러 중 경제 개발에 실제로 사용된 금액은 5억 달러도 되지 않았습니다. 우리는 많은 자금을 투입하고 있지만, 명확한 목표도 없고, 그 목표를 달성할 추가 자본도 부족한 상황입니다. 현재 운영되고 있는 프로그램은 거의 군사적인 성격만을 띠고 있으며, 개발도상국을 지속 가능한 경제 성장으로 이끌 수 있는 자원, 관리, 기준이 부족한 상태입니다.[3]

로스토는 대외 원조 정책에도 '뉴룩New Look', 즉 새로운 접근이 필요하다며 군사적 지원을 줄이고, 경제 개발에 힘쓰려는 국가에 자원을 집중해야 한다고 강조했다.[4] 그는 저개발 동맹국들과 제3세계 국가들이 지속 가능한 경제 성장을 이루는 것이 결국 미국의 장기적인 국가안보 목표에 기여할 것이라고 보았다. 이들 국가가 겪는 주요 위협이 외부의 군사적 공격이 아니라 경제적 어려움 속에서 공산주의 세력이 지지를 받는 내부 반란일 가능성이 더 컸기 때문이다.[5] 즉, 군사적 힘뿐만 아니라 경제적 역량도 공산권과의 세력균형에서 중요한 역할을 한다는 것이다. 이는 경제적 논리를 전략적 차원으로 끌어들인 발상의 전환이었다. 따라서 로스토는 제3세계 국가들이 공산주의의 유혹에 빠지지 않도록 경제적 지원을 통해 '공산주의에 대한 면역력'을 갖추는 것이 중요하다고 강조했다.[6]

이 시기에 미국 전략가들이 특히 주목한 지역은 중남미였다. 1959년 피델 카스트로Fidel Castro가 쿠바 공산혁명에 성공해 친미 독재자 풀헨시오 바티스타Fulgencio Batista 정권을 전복한 사건은 미국에 충격을 안겨주었다.[7] 특히 쿠바의 지리적 위치가 미국 본토와 가까웠기 때문에, 이 사건은 미국의 국가안보에 심각한 위협으로 여겨졌다. 또한, 중남미 다른 국가들에서도 급진적 공산주의 혁명의 조짐이 나타나면서 미국의 우려는 더욱 커졌다.

이러한 상황에서 미국은 중남미 지역의 발전을 돕고 변화를 지원하기 위해 '진보를 위한 동맹Alliance for Progress'이라는 야심 찬 정책을 시작했다. 이 정책은 중남미의 빈곤과 정치적 불안정을 해결하고, 공산주의 운동의 확산을 막기 위해 설계되었다. 이를 위해 대규모 재정 지원이 필요하게 되자, 케네디 대통령은 중남미에서 문맹, 기아, 질병을 극복하기 위한 원조 자금으로 5억 달러를 의회에 요청했다. 결과적으로

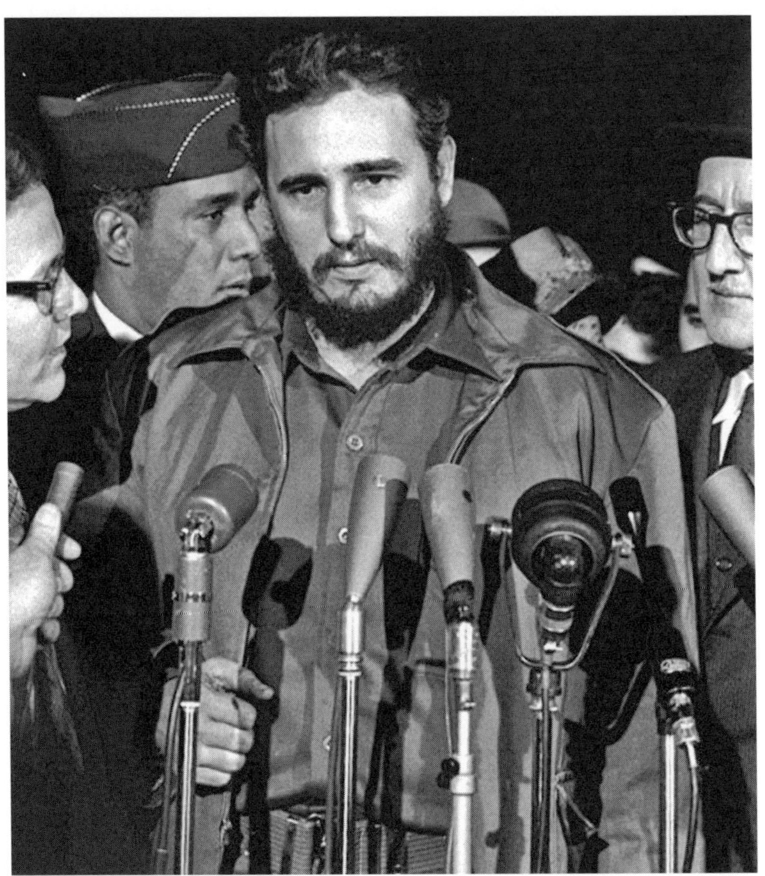

●●● 1959년 쿠바 공산혁명을 이끈 피델 카스트로(가운데). 쿠바와 미국 플로리다주 키웨스트 간 거리는 약 145km에 불과하다. 쿠바가 공산화되자, 미국은 1961년 쿠바 출신 망명자들로 구성된 군대를 창설해 쿠바 피그만에 상륙작전을 감행했는데, 이것이 바로 '피그만 침공(Bay of Pigs Invasion)'이다. 그러나 피그만 침공 작전은 큰 실패로 끝났고, 이듬해 소련이 쿠바에 핵미사일을 배치하면서 '쿠바 미사일 위기'가 발생했다. 쿠바 공산화로 미국 본토가 공산주의 위협에 직접적으로 노출되는 것을 우려한 미국은 중남미 지역에 대한 개입을 크게 강화했다. 〈출처: WIKIMEDIA COMMONS | Public Domain〉

1961년부터 1968년까지 미국은 중남미 국가들에 거의 70억 달러에 달하는 원조를 제공했는데, 이는 이전 8년 동안의 원조 금액보다 4.5배나 증가한 금액이었다.[8] 사실 1961년 이전에는 한국이 중남미 전체를

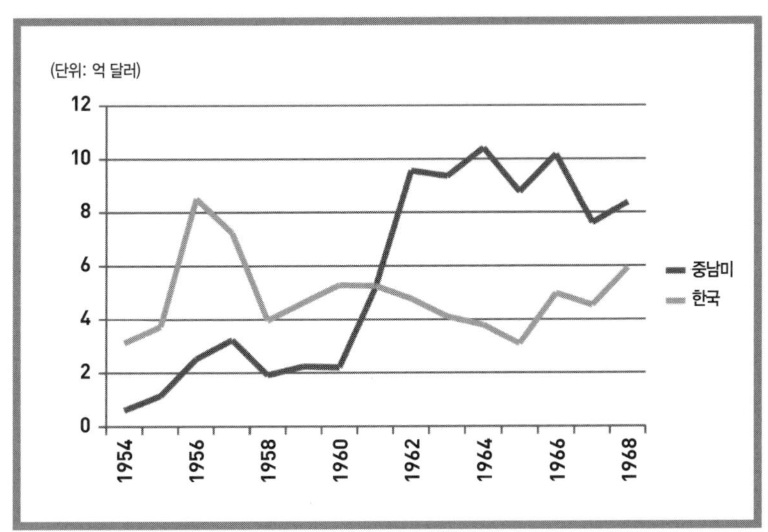

〈그림 2-1〉 1954년~1968년 한국과 중남미 지역에 대한 미국의 원조액 비교

1961년까지 한국에 대한 미국의 원조액이 중남미 33개국에 제공한 총원조액보다 더 많았다. 이는 미국이 한국을 전략적으로 얼마나 중요하게 여겼는지 보여주는 대목이다. 〈출처: 미국 국제개발국 해외원조 데이터[9]〉

합친 것보다 많게는 3배에 달하는 미국 원조를 받았으나, 이로써 중남미에 대한 미국의 원조액이 한국을 넘어섰다.

딜레마에 빠진 미국, 자유주의 질서냐, 세력균형이냐

전후 미국 대전략의 핵심 목표 중 하나는 자유로운 국제무역 확산을 바탕으로 질서를 구축하는 것이었다. 이런 전략을 추구한 것은 국가들이 경제적으로 밀접하게 연결되면 전쟁 가능성이 줄어들 것이라고 믿었기 때문이다. 국가들이 물건을 사고팔려면 기준이 되는 통화(기축통화)가 필요했는데, 미국은 자국 통화인 달러가 그 역할을 하도록 했다. 그러나 달러 가치가 불안정할 경우, 무역 기업들은 환율 변동에 따른 위험을 떠안게 되어 거래 비용이 증가하고 경제적 예측이 어려워진다. 이를 해결하기 위해 미국은 달러를 금에 연동하고, 다른 국가들은 자국 통화를 달러에 고정시켰다. 이 국제통화체제를 브레턴우즈 체제Bretton Woods system라고 부른다. 당시 금 가격을 온스당 35달러로 고정했는데, 이렇게 하면 달러의 가치가 안정될 것이라고 생각한 것이다. 브레턴우즈 체제는 당시 세계 경제 질서의 핵심 기반으로 자리 잡았다.[10]

브레턴우즈 체제의 유지는 시중에 유통되는 달러 양을 적절히 조절하는 것에 달려 있었다. 미국이 달러를 과도하게 발행해 달러 가치가 하락하면, 약속한 금 교환 비율(온스당 35달러)을 지킬 수 없게 된다. 그러면 다른 국가들이 보유한 달러를 금으로 바꾸려 할 것이고, 이는 미국의 금 보유고를 빠르게 소진시켜 체제 붕괴를 초래할 위험이 있었다.

1960년대 미국의 대외 원조 정책이 위기에 처한 이유는 과도한 달러 발행 때문이었다. 미국은 동맹국의 재건과 질서 구축을 위해 대량으로 달러를 발행하여 원조를 제공했지만, 이것이 오히려 달러 가치를 떨어뜨리고 미국이 주도하는 국제 질서를 위협했다.[11] 더욱이 1960년대에 유럽과 일본의 산업이 발달하면서 미국은 이 국가들로부터 자동차나 전자기기 같은 상품을 수입하기 시작했고, 달러 유출은 더욱 심화되어 미국의 국제수지가 적자로 돌아섰다. 이런 상황에서 사람들은 달러 약세를 예상해 금 매입을 시작했으며, 미국의 금 보유고는 1950년 228억 달러에서 1960년 178억 달러로 약 30% 감소했다.[12]

그러나 미국은 대외 원조를 쉽게 줄일 수 없었다. 대외 원조는 확장억제와 세력균형을 유지하는 핵심 요소였다. 그래서 '제국의 부담Imperial Burden'이 오히려 미국을 패권에서 끌어내리고 있다는 비유도 등장했다.

국제수지란?

국제수지Balance of Payment란 한 나라가 다른 나라와 주고받은 돈의 흐름을 정리한 것이다. 쉽게 말해, 한 나라가 외국과 경제적으로 주고받은 모든 활동을 기록한 장부와 같다. 이 장부에는 일정 기간 동안(주로 1년) 외국과 주고받은 물건과 서비스의 값, 해외에서 번 돈, 해외로 보낸 돈 등이 포함된다.

국제수지는 크게 세 부분으로 나눌 수 있다. 첫 번째는 경상수지로, 물건을 수출하거나 수입해서 번 돈과 쓴 돈, 해외에서 벌어들인 소득, 그리고 해외로 보낸 송금이 포함된다. 두 번째는 자본수지로, 재화와 서비스의 이동을 필요로 하지 않는 자본의 이동에 의한 결과를 나타낸 것으로, 해외로 유출된 국내 자본이나 국내로 유입된 해외 자본에 관한 기록이다. 세 번째는 금융계정으로, 거주자와 비거주자의 모든 대외 금융자산 및 부채의 거래 변동을 기록하는 것으로, 직접 투자, 증권 투자, 파생금융상품, 기타 투자 및 준비 자산 등으로 구성된다. 국제수지가 균형을 이루면 그 나라가 외국과의 거래에서 균형을 잘 맞추고 있다는 뜻이다. 하지만 국제수지가 적자를 기록하면 외국에 빚을 지게 되거나 외환 보유액이 줄어들 수 있으며, 통화 가치가 하락할 위험이 있어 주의가 필요하다.

이런 상황에서 케네디 행정부는 달러 가치를 지키기 위해 유럽의 동맹국들과 아시아의 동맹국 일본에 방위비를 분담하라고 요구했다. 그러나 동맹국인 유럽 국가들과 일본은 미국의 요구에 냉담했다. 소련과의 패권 경쟁이 계속되던 상황에서 가만히 있어도 미국이 스스로 방위비 부담을 짊어질 것으로 생각했기 때문이다.[13]

케네디 행정부는 딜레마에 빠졌다. 해외 주둔 병력과 군사 원조 지출을 줄이면 확장억제에 대한 신뢰가 약화되고 동맹체제가 흔들릴 위험이 있었다. 이에 따라 미국은 덜 긴급한 지역의 자원을 더 긴급한 지역으로 재배치해야 했다. 당시 가장 긴급한 지역은 분명했다. 바로 미국의 턱밑에 있는 중남미 지역이었다. 이 지역에 대한 원조를 줄이면 공

●●● 존 F. 케네디 대통령(왼쪽)과 그의 외교안보 참모들이 1962년 쿠바 미사일 위기 당시 백악관에서 상황점검회의를 하고 있다. 중남미 다른 국가들에서도 급진적 공산주의 혁명의 조짐이 나타나면서 미국의 우려는 더욱 커졌다. 이러한 상황에서 미국은 중남미 지역의 발전을 돕고 변화를 지원하기 위해 '진보를 위한 동맹'이라는 야심 찬 정책을 시작했다. 이 정책은 중남미의 빈곤과 정치적 불안정을 해결하고, 공산주의 운동의 확산을 막기 위해 설계되었다. 이를 위해 대규모 재정 지원이 필요하게 되자, 케네디 대통령은 중남미에서 문맹, 기아, 질병을 극복하기 위한 원조 자금으로 5억 달러를 의회에 요청했다. 대외 원조 부담이 커지고 미국의 국제수지가 적자로 돌아서자, 케네디 행정부는 유럽의 동맹국들과 아시아의 동맹국 일본에 방위비 분담을 요구하는가 하면, 중남미를 제외한 다른 지역 중 어디에서 자원과 예산을 줄일지를 두고 치열하게 논의했다. 〈출처: WIKIMEDIA COMMONS | Public Domain〉

산혁명이 다시 확산될 것이 분명했다. 이제 남은 문제는 중남미를 제외한 다른 지역 중 어디에서 자원과 예산을 줄일지를 결정하는 것이었다. 1960년대 초 케네디 행정부 내에서는 이를 두고 치열한 논의가 이어졌다.

주한미군을 동아시아의 전략적 예비대로 전환하자

1960년대 미국이 직면한 정책적 고민은 한국 정책에도 큰 영향을 미쳤다. 케네디 행정부가 출범했을 당시, 한국은 미국의 최대 원조 수혜국 중 하나였으며 6만 명 이상의 미군이 주둔하고 있었다. 60만 명에 이르는 한국군도 미국의 지원에 거의 전적으로 의존하고 있었다. 따라서 한국은 미국에 큰 재정적 부담을 안기고 있었다.

미 행정부 내에서는 "중국과 북한의 연합공격 가능성이 낮은데도 불구하고 한국에 대규모 병력을 유지하는 것은 비효율적"이라는 주장이 제기되었다.[14] 이에 따라 한국군 규모를 60만 명에서 35만 명으로 줄이고 경제개발 원조를 늘리자는 제안이 나왔다.[15] 나아가 주한미군 철수를 요구하는 목소리도 있었다. 국무장관 딘 러스크는 미군을 오키나와沖縄로 재배치하면 군사적 유연성이 증가하고 국제수지 문제가 완화될 것이라고 예상했다.[16] 국무부 차관보 알렉시스 존슨Alexis Johnson도 전면전 가능성이 낮으므로 1개 사단만으로도 충분히 억제할 수 있다고 주장했다.[17]

그러나 미국 합참은 중국과 북한의 연합공격 가능성을 경계하며 병력 감축에 강하게 반대했다. 특히 중국이 핵무기 개발에 성공하면, 소련처럼 중국도 북한을 앞세워 무모한 도전을 할 위험이 있다고 보았다. 더불어 한국군의 봉급이 매우 낮아 병력을 줄여도 절약되는 비용이 크지 않다고 지적했다.[18]

이러한 논쟁 속에서 로버트 맥나마라Robert McNamara 국방장관이 어떤 최종 결정을 내릴지 귀추가 주목되었다. 맥나마라는 한국에서 1개 사

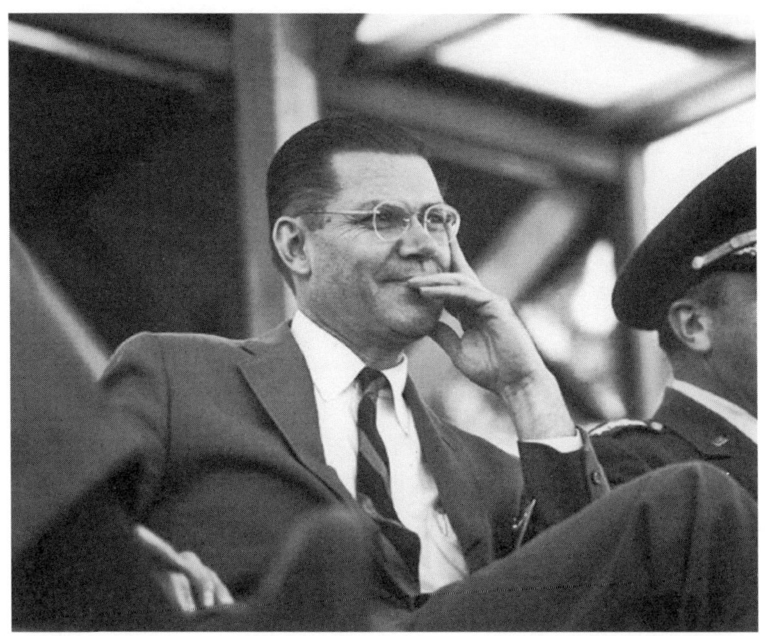

●●● 로버트 맥나마라 국방장관은 1961년부터 1968년까지 재임하며, 베트남 전쟁과 냉전 시기 미국의 방위 정책을 이끌었다. 그는 한미동맹과 미군 철수 논의에서 중요한 역할을 맡았다. 특히 최신 수송기 C-130을 활용해 기동력을 높이면, 주한미군 1개 사단을 오키나와 등으로 옮기더라도 북한의 도발에 대한 억제력을 유지할 수 있다고 판단했다. 그러나 맥나마라가 계획한 주한미군 철수는 즉시 이루어지지 않았다. 1963년 11월 22일, 케네디 대통령이 텍사스주 댈러스에서 퍼레이드 중 리 하비 오스월드가 쏜 총에 맞아 사망했기 때문이다. 〈출처: WIKIMEDIA COMMONS | Public Domain〉

단을 철수시켜 태평양 사령부의 전략예비군으로 전환하는 방안을 선호했다. 그렇게 해도 최신 수송기인 C-130을 활용하면 신속한 병력 전개가 가능하기 때문에 확장억제에 문제가 없다고 그는 판단했다.[19] 기술이 인력을 대체할 수 있다고 본 것이다. 이러한 판단에 근거해 1963년 6월, 미 국방부는 한국군의 단계적 감축과 주한미군 철수를 위한 계획을 발전시키기 시작한다.[20]

그러나 맥나마라가 계획했던 주한미군 철수는 즉시 이루어지지 않았다. 1963년 11월 22일, 케네디 대통령이 텍사스주 댈러스Dallas에서 퍼

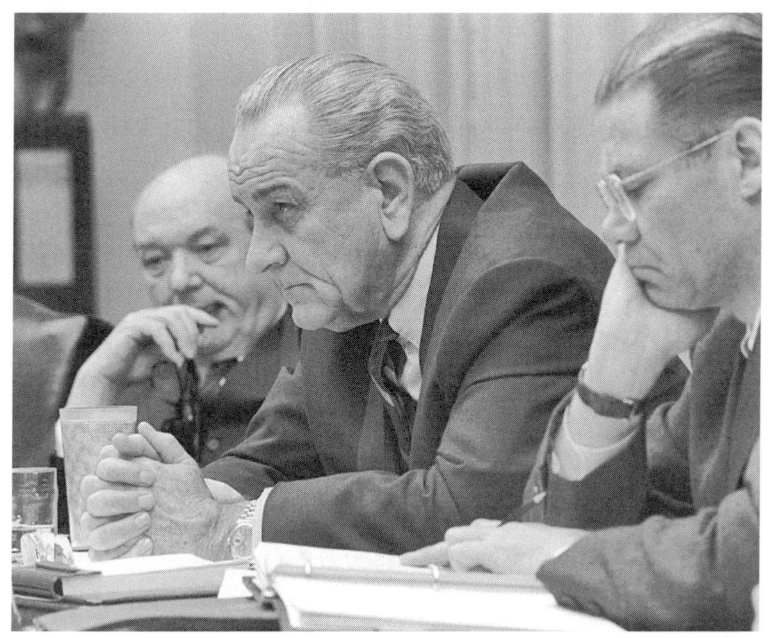

●●● 케네디 대통령 서거 후 부통령으로서 대통령직을 승계한 린든 B. 존슨 대통령(가운데)은 케네디 대통령의 동맹정책을 그대로 이어받아 한국군 감축, 주한미군 철수, 한국에 대한 군사원조 감축 문제를 지속적으로 검토했다. 경제적 압박을 받고 있던 존슨 대통령은 이 문제들을 신속히 해결하려 했다. 그러나 각 부처의 의견 차이로 결정은 계속 미뤄졌다. 이는 미국 행정부 내에서 중요한 정책 결정이 부처 간 합의에 달려 있다는 것을 보여주는 사례이다. 〈출처: WIKIMEDIA COMMONS | Public Domain〉

레이드 중 리 하비 오스월드Lee Harvey Oswald가 쏜 총에 맞아 사망했기 때문이다. 케네디 대통령 서거 후 부통령이었던 린든 존슨Lyndon Johnson이 즉각 대통령직을 승계했다.

존슨 대통령은 케네디 행정부의 동맹정책을 이어받아 한국군 감축, 주한미군 철수, 군사 원조 감축 문제를 지속적으로 검토했다. 경제적 압박을 받고 있던 존슨 대통령은 이 문제들을 신속히 해결하려 했다. 그의 참모인 맥조지 번디McGeorge Bundy가 "한국 문제를 가장 빨리 처리하고 싶어 하는 사람은 대통령이다"라고 말할 정도였다.[21] 그러나 각 부처의 의견 차이로 결정은 계속 미뤄졌다. 이는 미국 행정부 내에서 중요한 정책 결정이 부처 간 합의에 달려 있다는 것을 보여주는 사례이다.

맥나마라 국방장관의 입장은 분명했다. 그는 한반도와 같은 하위 지역Sub-region의 확장억제에 지나치게 집중하면, 베트남을 포함한 동아시아 전체의 확장억제에 실패할 수 있다고 우려했다. 그래서 한국군 병력을 7만 명, 주한미군 병력을 1만 2,000명 줄이자는 입장을 고수했다. 이는 동아시아에서 전략적 예비대를 확보하기 위한 것이었다. 백악관 국가안보실의 로버트 코머Robert Komer도 국방부 입장에 동의하며 "한국은 군사적으로 과도하게 보장되어 있으며, 우리는 다른 곳에 더 많은 병력이 필요하다. 현재 가장 위험한 지역은 동북아시아가 아닌 동남아시아이고, 6·25전쟁 이후 계속 그랬다"고 말했다.[22]

그러나 한국의 상황을 잘 알고 있던 주한미국대사관은 한국군 감축과 미군 철수에 반대했다. 새로 들어선 박정희 정부가 정치적·경제적 안정을 이뤄야 하는데, 미군 철수가 한국 사회에 심각한 충격을 줄 수 있다는 것이었다.[23] 따라서 주한미국대사관은 주한미군 감축과 한국군 감축 정책을 신중히 재고할 것을 권고했다.

이제 결정권은 존슨 대통령에게 넘어갔다. 부처 간 의견이 첨예하게 갈리자, 존슨 대통령은 국무부와 국방부를 포함한 범부처 공동 연구를 다시 지시했다.[24] 이번 연구의 초점은 한국군 감축과 주한미군 철수가 가져올 긍정적·부정적 영향을 평가하는 것이었다.[25] 특히 부정적 영향에 대한 분석은 한국 정부에 미칠 정치적 파장과 동맹국들에게 미국의 의도가 어떻게 전달될지에 중점을 두었다. 이는 미국이 일방적으로 한국에서 병력을 철수할 경우, 확장억제 신뢰성이 저하될 수 있다는 우려 때문이었다.

그러나 이 모든 논의는 예상치 못한 사건으로 중단되었다. 당시 박정

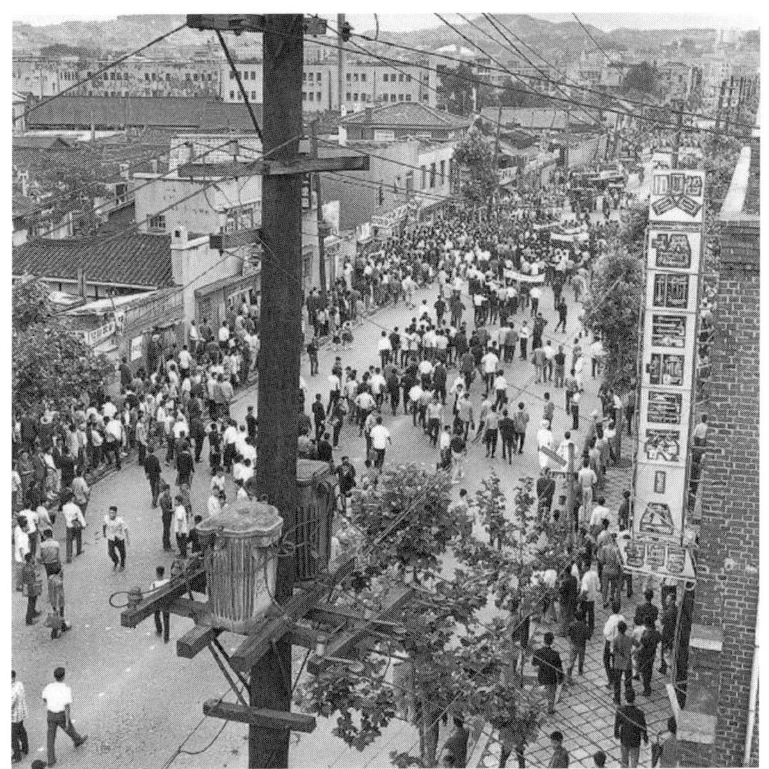

●●● 1964년 6월 3일, 박정희 정부의 한일협상에 반대하며 거리로 나온 시민들과 학생들. 시위가 격화되자, 박정희 정부는 비상계엄령을 선포했다. 이러한 상황은 1960년대 초 한국에서 주한미군을 철수하고 군사원조를 감축하려던 미국의 결정을 의도치 않게 보류시켰다. 〈출처: WIKIMEDIA COMMONS | Public Domain〉

희 정부는 미국의 권유로 일본과 관계 개선을 모색하고 있었으나, 일제 식민지 시절의 기억이 여전히 남아 있는 상황에서 한국 국민들이 일본과의 관계 정상화에 강력히 반대했다. 결국, 1964년 6월 3일, 한일 회담을 둘러싼 시위가 격화되면서 박정희 정부는 계엄령을 선포하게 된다. 이것이 바로 '6·3 항쟁'이다.

이는 박정희 대통령에게 큰 정치적 위기였다. 이런 상황에서 미국이 주한미군을 철수하고 군사원조를 축소한다면, 한국은 더 큰 정치적 혼란에 빠질 것이 분명했다. 따라서 존슨 대통령이 지시한 공동연구는 중단되었고, 미군 철수에 대한 모든 논의는 한국의 정치적 상황이 안정된 후에 진행하기로 했다. 이후 1964년 7월 29일 계엄령이 해제되고 정치적 위기가 진정된 뒤, 주한미군 철수와 군사원조 감축 논의가 다시 시작되었다. 결국, 존슨 행정부는 1965년 6월까지 주한미군 병력을 9,000명 감축하기로 결정했다.[26]

박정희 대통령, 주한미군 철수를 막기 위해 베트남전 참전을 결정하다

미 행정부의 주한미군 철수 논의는 비밀리에 진행되었지만, 일부 정보가 언론사인 UPIUnited Press International에 유출되었다. 1963년 10월 25일, 한국 신문사들은 UPI 기사를 인용해 1면에 "주한미군 일부 철수 검토"라는 제목의 기사를 보도했다.[27] 이러한 보도는 북한이 여전히 위협적인 상황에서 미군이 한반도를 떠날 경우 전쟁이 발생할지 모른다는 우려를 증폭시켰다.[28] 특히 한국 사람들은 1949년 주한미군 철수가 6·25전쟁을 촉발시켰다고 믿고 있었기 때문에 주한미군 철수를 매우 우려했다. 박정희 대통령도 큰 걱정에 빠졌다. 그래서 1964년 1월 31일, 박정희 대통령은 미 국무장관 딘 러스크를 만나 주한미군 철수에 대한 반대 의견을 강하게 제기했다.[29]

당시 한국의 기대는 미국의 입장과는 완전히 달랐다. 미국은 경제 위기로 인해 한국에 대한 원조를 줄이려 했지만, 한국은 오히려 미국의 지원이 늘어나기를 기대하고 있었다. 예를 들어, 김성은 당시 국방장관이 유엔군 사령관이자 주한미군 사령관인 해밀턴 하우즈Hamilton Howze를

만났을 때, 한국은 미국에 다섯 가지 요구사항을 제시했다.[30]

1. **한국군 병력을 감축하지 않는다.**
2. **주한미군 병력을 감축하지 않는다.**
3. **한국에 대한 군사원조를 증가시킨다.**
4. **군사원조 조정을 최소 2년간 보류한다.**
5. **한국군의 필요한 임금 인상을 미국이 재정적으로 지원한다.**

미국은 한국의 제안을 명확히 거부할 수 없었기 때문에, 긍정도 부정도 하지 않는 모호한 태도로 대응했다.[31] 이러한 모호한 상황은 한국이 베트남에 군대를 파견하기로 결정하면서 큰 전환점을 맞게 되었고, 이로 인해 한국의 협상력은 급격히 상승하게 되었다.

1954년 프랑스가 베트남에서 철수한 이후, 미국은 동남아시아에서 공산주의 확산을 막기 위해 남베트남의 응오딘지엠Ngo Dinh Diem 정권을 군사적 · 경제적으로 지원했다. 그러나 응오딘지엠의 독재와 부정부패로 인해 남베트남 내 여론은 악화되었고, 정치적 불안정은 계속 심화되었다. 결국 1963년 11월 1일, 응오딘지엠은 군부 쿠데타로 사망했고, 남베트남의 상황은 완전히 혼란에 빠졌다.

이런 상황에서 존슨 대통령은 남베트남을 안정시키기 위해 원조를 확대하고자 했지만, 미국 국민들의 여론은 부정적이었다. 미국의 막대한 지원에도 불구하고, 남베트남은 여전히 독재와 쿠데타로 불안정한 상태에 머물러 있었기 때문이다. 이에 따라 미국 내에서는 남베트남에 대한 지원이 과연 정당한가에 대한 의문이 계속 제기되었다. 이를 해결하기 위해 존슨 행정부는 '더 많은 깃발More Flags' 캠페인을 통해 남베트남에 대한 동맹국들의 지원을 요청했다. 이 캠페인은 존슨 행정부에게

통킹만 결의안

통킹만 결의안Gulf of Tonkin Resolution은 1964년 8월 7일 미국 의회에서 통과된 결의안으로, 베트남 전쟁에 대한 미국의 개입을 확대하는 데 중요한 전환점이 되었다. 이 결의안은 같은 해 8월 초, 통킹만에서 미군 구축함 매독스함USS Maddox이 북베트남 경비정의 선제공격을 받아 해상 전투를 벌인 통킹만 사건이 계기가 되었다. 미국은 통킹만 사건을 북베트남의 무력 공격으로 규정하고, 미군이 '모든 필요한 조치'를 통해 동남아시아에서 공산주의 확산을 막을 수 있도록 대통령에게 광범위한 군사 권한을 부여했다. 이를 두고 대통령에게 '백지수표Blank Check'을 주었다고 하기도 한다.

통킹만 결의안은 미국이 베트남 전쟁에 본격적으로 개입하는 데 결정적인 역할을 했다. 결의안이 통과된 후, 린든 B. 존슨 대통령은 이를 근거로 베트남에 미군 지상군을 대규모로 파병할 수 있었다. 이로 인해 미국의 전쟁 개입은 급속히 확대되었고, 베트남 전쟁은 장기화되었다. 이후 이 결의안은 미국 사회에서 큰 논란을 불러일으켰으며, 대통령에게 지나치게 많은 권한을 부여했다는 비판을 받았다. 결국, 통킹만 결의안은 1971년 의회에 의해 폐기되었으며, 이는 미국의 외교 정책에서 행정부의 군사적 권한에 대한 재평가로 이어졌다.

매우 중요한 전략이었다. 동맹국들이 남베트남 지원에 참여하면, 미국은 남베트남 개입의 정당성을 확보하고 정치적 부담을 줄일 수 있었기 때문이다.[32]

주한미군 철수 가능성으로 걱정하던 한국은 이 상황을 절호의 기회로 보았다. 이에 따라 1964년 초부터 한국은 베트남에 군대를 파견하는 방안을 진지하게 고려하기 시작했다. 이를 통해 주한미군 철수 결정을 뒤집으려는 것이 한국의 의도였다. 그리고 1964년 8월 7일, 미국 의회가 통킹만 결의안Gulf of Tonkin Resolution을 통과시킨 후, 같은 해 12월 19일 서울에서 주한미국대사 윈스럽 브라운Winthrop Brown이 한국군 파

병을 요청하자 박정희 대통령은 이에 호응한다.[33]

사실 미국이 기대한 동맹국의 지원은 건설공병이나 야전병원 같은 전투지원 병력이었다. 그러나 박정희 대통령은 베트남에 전투부대를 파병하는 데에도 관심이 있었다. 박정희 대통령은 브라운 대사에게 한국이 베트남에 2개 전투사단을 파병할 수 있다고 먼저 제안하면서 "미국이 좀 더 강력한 조치를 취한다면 베트콩을 패배시키고, 불안정한 이웃 국가들로부터 지지를 확보하는 데 도움이 될 것"이라고 말했다.[34]

이에 대해 브라운 대사는 전투부대 파병은 시기상조라며 신중한 태도를 보였지만, 박정희 대통령의 견해를 존슨 대통령에게 전달하겠다고 약속했다.[35] 결국, 한국은 1965년 3월 공병 및 의료 요원 등 전투지원 병력으로만 구성된 '비둘기부대'를 베트남에 파병했다. 약 2,000명 규모의 한국군이 처음으로 베트남에 파병된 것이다.

그러나 1965년에 접어들면서 박정희 대통령의 예언처럼 베트남 상황은 더욱 악화되었다. 미국은 결국 지상군 전투부대를 파병해 베트콩 소탕 작전을 수행하기로 결정했다. 베트남에 대한 개입을 확대하면서 구체적인 계획 수립이 필요해졌고, 이를 주도한 국가안보보좌관 맥조지 번디는 처음부터 한국, 호주, 뉴질랜드 등 동맹국들의 참여를 염두에 두고 전략을 세웠다.[36] 이후 1965년 4월, 미국의 주요 정책결정자들이 하와이에 모여 동맹국 파병 계획을 논의했고, 이 회의에서 존슨 대통령은 미군 2개 사단과 한국군 1개 사단을 베트남에 추가 파병해 전면적인 전투 작전을 수행하기로 결정했다.[37] 박정희 대통령의 구상이 실현된 순간이었다.

이제 협상의 주도권은 확실히 한국이 쥐게 되었다. 미국은 한국에 전투사단 파병을 요청해야 하는 입장이 되었고, 한국은 이에 상응하는 조건을 요구할 기회를 얻게 된 것이다. 이러한 논의는 1965년 5월 16일

●●● 1965년 5월 17일, 미국 워싱턴 D. C.를 방문하여 존슨 대통령과 정상회담을 가진 박정희 대통령이 기자회견을 하는 장면. 이 회담에서 존슨 대통령은 박정희 대통령에게 한국의 전투병력을 베트남에 파병해줄 것을 요청했고, 박정희 대통령은 이를 수락했다. 이에 상응하는 조건으로 존슨 대통령은 한반도에서 미군을 철수할 의도가 없으며, 한국에 가능한 모든 지원을 제공할 계획이라고 박정희 대통령에게 약속했다. 이로써 미국의 동맹국인 한국이 공산주의 확산 억제라는 공통의 이익을 달성하기 위해 역할을 분담하는 역사적 전환점이 만들어졌다. 〈출처: WIKIMEDIA COMMONS | Public Domain〉

부터 10일간 박정희 대통령이 워싱턴을 방문한 자리에서 이루어졌다. 5월 17일 정상회담에서 존슨 대통령은 주한미군 철수 계획을 공식적으로 뒤집는다. 존슨 대통령은 한반도에서 미군을 철수할 의도가 없으며, 한국에 가능한 모든 지원을 제공할 계획이라고 박정희 대통령에게 약속했다.[38]

이후 존슨 대통령은 한국군 1개 사단을 베트남에 파병해달라고 요청했다. 그러나 박정희 대통령은 즉각적인 답변을 피하며 "한국 국민은 베트남에 너무 많은 병력을 보내면 방위력이 약화되어 북한의 도발을 초래할 수 있다는 우려가 있다"며 신중히 지켜보겠다는 입장을 밝혔다. 이튿날인 5월 18일 두 번째 정상회담에서 박정희 대통령은 한국군 파병 문제를 미국의 군사원조와 연계시켰다. 그는 한국이 미국과 함께 공산주의에 맞서 싸울 준비가 되어 있지만, 이는 미국의 지원 여부에 달려 있다고 강조했다. 이에 존슨 대통령은 한국이 파병할 경우 의회가 추가적인 원조를 승인할 것이라는 긍정적인 신호를 보냈다.[39]

정상회담 후, 박정희 정부는 파병을 위한 국회 승인 절차를 밟았다. 그리고 1965년 7월 2일, 박정희 정부는 국무회의에서 전투사단 파병을 결정했다. 그 결과, 1965년 10월 한국은 1개 육군 사단과 1개 해병 여단을 베트남에 파병했다. 이어 1966년 9월, 추가로 1개 육군 사단이 파병되어 총 5만 명이 넘는 전투병력이 베트남에 파병되었다.[40] 이로써 한국은 미국에 이어 베트남전에 두 번째로 많은 병력을 보낸 국가가 되었다. 사실 이 전쟁에 참전한 5개 동맹국(한국, 호주, 뉴질랜드, 필리핀, 태국) 중 한국을 제외하고는 1만 명 이상의 전투병력을 보낸 국가는 없었다.[41] 그만큼 베트남 전쟁에서 한국의 기여는 매우 컸다.

미국의 핵심 동맹국으로 부상한 한국

박정희 정부의 베트남 파병은 한국의 전략적 가치를 크게 높였고, 양국간 관계가 개선되는 계기가 되었다. 이로 인해 한미동맹은 다시 미국의 핵심 이익으로 자리 잡았다.

한국의 전략적 가치가 높아졌다는 사실은 미국 고위 인사들의 잇따른 방한과 그들의 발언에서 확인할 수 있다. 예를 들어, 휴버트 험프리 부통령Hubert Humphrey은 1966년 새해 첫날 한국을 방문한 후, 불과 50일 만인 2월 22일에 다시 서울을 찾았다. 두 번째 방문에서 험프리 부통

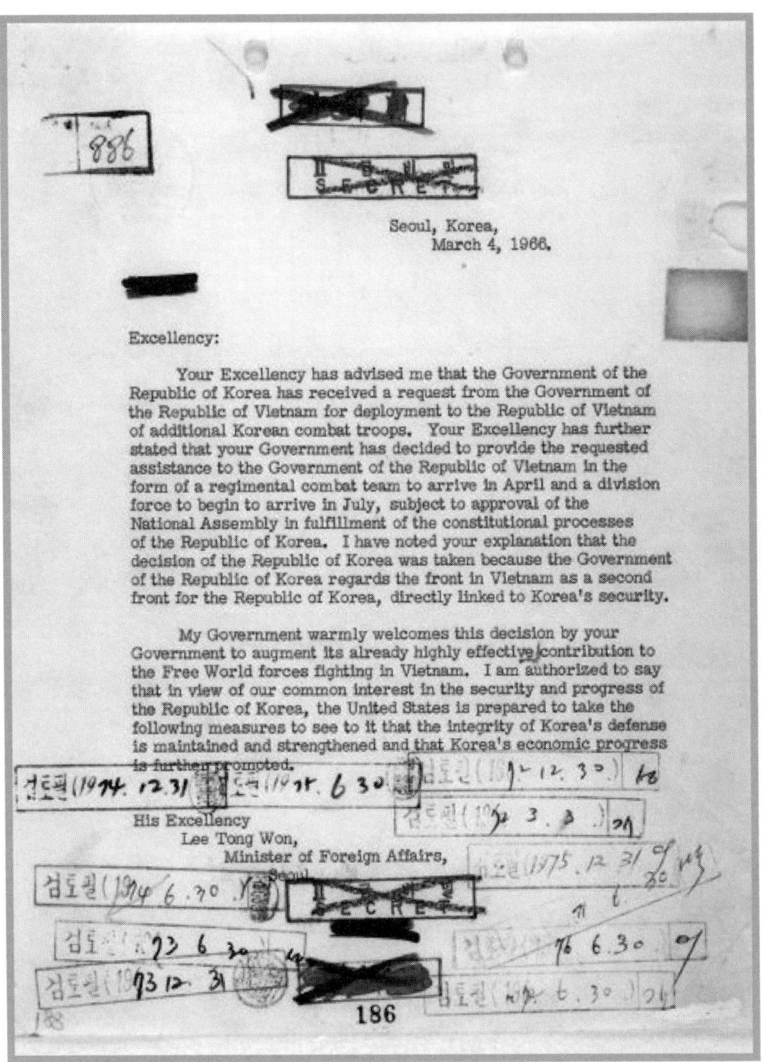

886

SECRET

Seoul, Korea,
March 4, 1966.

Excellency:

Your Excellency has advised me that the Government of the Republic of Korea has received a request from the Government of the Republic of Vietnam for deployment to the Republic of Vietnam of additional Korean combat troops. Your Excellency has further stated that your Government has decided to provide the requested assistance to the Government of the Republic of Vietnam in the form of a regimental combat team to arrive in April and a division force to begin to arrive in July, subject to approval of the National Assembly in fulfillment of the constitutional processes of the Republic of Korea. I have noted your explanation that the decision of the Republic of Korea was taken because the Government of the Republic of Korea regards the front in Vietnam as a second front for the Republic of Korea, directly linked to Korea's security.

My Government warmly welcomes this decision by your Government to augment its already highly effective contribution to the Free World forces fighting in Vietnam. I am authorized to say that in view of our common interest in the security and progress of the Republic of Korea, the United States is prepared to take the following measures to see to it that the integrity of Korea's defense is maintained and strengthened and that Korea's economic progress is further promoted.

His Excellency
Lee Tong Won,
Minister of Foreign Affairs,
Seoul

SECRET

186

●●● '브라운 각서'는 한국의 베트남 파병에 대한 보상으로 미국 정부가 한국에 제공할 군사·경제 지원 사항을 명시하고 있다. 브라운 각서에는 한국군 현대화를 위한 실질적인 장비 지원, 베트남 파병 비용의 미국 부담, 북한 억제를 위한 지원과 협조, 군사원조 축소 중지, 경제 차관 제공, 그리고 베트남 전쟁에서 한국의 물자 및 용역 조달 우선 배정 등이 포함되어 있다. 특히, 브라운 각서는 1965년 5월 한미 정상회담에서 미국이 한국에 군사 및 경제 지원을 약속한 내용을 서면화했다는 점에서 중요한 의미를 갖는다. 〈출처: 외교부 외교사료관[45]〉

령은 "한국 방어에 대한 미국의 확고한 약속"을 강조하며 "우리는 동맹국이고, 친구이다. 이는 의심의 여지가 없다"고 선언했다.[42] 또한, 한국군의 전투부대 파병에 필요한 미국의 지원을 재확인했다. 험프리는 한국 방문 후 존슨 대통령에게 보낸 서한에서 박정희 정부의 입장을 적극적으로 대변하면서 "한국에 대한 군사원조 제공이 지연되지 않도록 필요한 장비와 부품의 운송을 서둘러야 한다"고 강조했다.[43]

이어 1966년 3월 7일, 윈스럽 브라운 주한미국대사와 이동원 외무장관은 이른바 '브라운 각서Brown Memorandum'를 체결한다. 이 각서는 한국이 베트남에 추가 파병할 경우, 미국이 한국에 대한 군사원조와 경제개발 지원을 약속하는 내용을 담고 있다.

한미관계 최고조의 순간은 존슨 대통령의 국빈 방문이었다. 존슨 대통령은 1966년 11월 1일 한국을 방문했으며, 이는 1960년 6월 아이젠하워 대통령의 방문 이후 두 번째로 미국 대통령이 한국을 방문한 사례였다. 한국 정부는 이를 기념해 성대한 환영식을 개최했고, 존슨 대통령은 박정희 대통령의 업적을 높이 평가했다. 또한, 두 정상의 공동성명에서 "베트남 전쟁에 대한 한국의 기여에 대해 미국 국민의 감사를 표한다"고 언급하며 한국의 공헌을 공식적으로 인정했다.[44] 더불어, 존슨 대통령은 한국에 대한 미국의 확장억제가 확고하다는 점을 재확인했다.

밴스 보고서, "한국에서의 출구전략을 모색해야 합니다"

그러나 한국과 미국 간의 긴밀한 관계는 오래 지속되지 않았다. 북한의 도발이 격화되면서 미국이 원치 않는 분쟁에 연루될 위험이 커졌기 때문이다. 이는 양국 관계에 심각한 도전을 초래했다. 특히 1966년 말부터 북한의 도발 강도와 빈도는 급격히 증가했으며, 1968년 1월 21일에는 김신조를 비롯한 무장공비들이 청와대를 습격하는 사건도 발생했다.

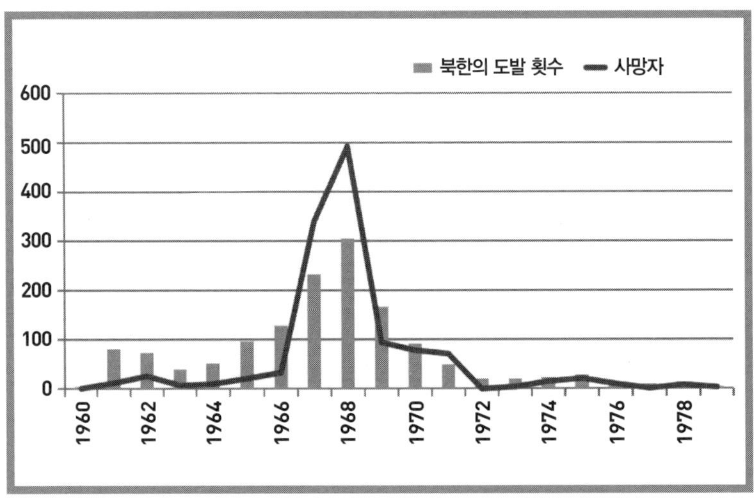

〈그림 2-2〉 1960년~1979년 연도별 북한의 도발 횟수와 사망자

1967년과 1968년은 북한의 도발이 최고조에 이른 시기로, 연 200건이 넘는 도발로 인해 300명 이상의 한국군과 미군이 사망했다. 그래서 이 시기를 제2의 6·25전쟁이라고 부르기도 한다. 이렇게 안보불안이 증가하자, 미국은 한반도에서 또 다른 분쟁에 연루될 가능성을 걱정했다. 미국이 한국을 최대한 자제시키고 있었지만, 박정희 대통령과 한국군이 독단으로 북한의 도발에 대응하는 날에는 전쟁으로 발전할 수 있었기 때문이다. 그렇게 되면 제2의 베트남전이 될 가능성이 컸다.

결정적인 사건은 청와대 기습 사건 직후인 1968년 1월 23일, 북한이 동해에서 미 해군 정보수집함 푸에블로함USS Pueblo을 나포한 사건이었다. 그러나 한국의 기대와 달리 푸에블로함 나포 사건 이후에도 미국은 북한에 대해 비교적 유화적인 태도를 유지했다. 미국은 "이 문제는 매우 신중하게 고려해야 하며, 적의 도발에 즉각 반응하기보다 숙고해야 한다"는 입장이었다.[47] 베트남 전쟁 하나만으로도 부담스러운 상황에서 미국은 한반도에서 또 다른 베트남 전쟁, 즉 제2전선이 형성되는 상황을 피하려 한 것이다.[48]

하는 수 없이 1968년 1월 24일, 박정희 대통령은 주한미국대사와 만난 자리에서 미국의 입장을 존중해 일단은 자제하겠다고 약속했다. 그러나 북한이 다시 공격하면 그때는 반드시 보복하겠다고 말했다.[49] 박정희 대통령은 북한의 공격에 강력히 대응해야만 도발을 억제할 수 있다고 믿었고, 북한에 대한 보복 여론을 조성하기도 했다. 이에 대해 찰스 본스틸 주한미군 및 유엔군 사령관은 당시 한국의 분위기를 "감정의 난장판Orgy of Emotionalism"이라고 묘사한 보고서를 본국에 보내기도 했다.[50]

이러한 상황에서 존슨 대통령은 육군장관 및 국방부 부장관을 지낸 사이러스 밴스Cyrus Vance를 특사로 파견해 박정희 대통령을 만나게 했다. 밴스는 박정희 대통령과 면담한 후, 존슨 대통령에게 제출한 보고서에서 김신조의 청와대 기습 이후 박정희 대통령이 "감정이 매우 격앙된" 상태에 있었다고 묘사하며, 그의 과도한 음주 습관이 그를 "변덕스럽고 비관적이며 내성적으로" 만들었다고 평가했다.[51]

밴스는 박정희 대통령의 불안정한 상태를 감안할 때, 한국의 상황이 매우 위험하다고 결론지었다. 특히, 그는 한국 정부가 박정희 대통령에 의해 일방적으로 통제되고 있으며, 어느 누구도 박정희 대통령에게 도전하거나 조언할 수 없는 상황이라고 보았다. 밴스의 평가에 따르면, 전쟁이 발생하면 "미군이 북한군과의 전투에 휘말릴 가능성이 매우 크며, 이는 서울 인근에 거주하는 약 1만 2,000명의 미국인의 생명을 즉시 위협할 것"이라고 경고했다.[52]

미국 전략가들은 박정희 대통령의 일방적인 행동을 어떻게 자제시킬

지 고민했다.[53] 미국의 시각에서는 한반도에 대한 미국의 관여를 줄이는 출구전략이 불가피해 보였다. 이는 악화하는 국제수지 적자, 한국에 대한 일방적인 원조를 반대하는 미 의회와 국민 여론, 한국 지도부의 예측 불가능한 행동, 그리고 북한의 점점 더 호전적인 태도 등을 고려한 판단이었다.

밴스는 이러한 상황을 바탕으로 한국에 대한 미국의 정책을 재평가하기 위해 범부처 연구가 필요하다고 제안했다.[54] 이에 따라 1968년 3월, 국무부 주도로 '한국연구그룹Korea Study Group'이 결성되었고, 같은 해 6월 15일 한반도 정책에 관한 검토 보고서를 제출했다. 이 보고서는 "미국의 접근방식을 변경할 필요성이 점점 더 명백해지고 있다"고 제안하면서 "주한미군이 북한과의 전투에 연루될 위험을 줄이고, 모든 상황에서 행동의 자유를 확대"하는 안보전략을 권고했다.[55] 보고서는 이를 위해 한국 내 미군 병력의 점진적 감축, 주한미군의 한국군 작전통제권 포기, 그리고 미국의 경제 지원 축소를 권장했다. 한마디로 한국에서 떠나라고 조언한 것이었다.

***

요컨대 밴스 특사의 방문 이후 미국 내부에서 한반도 출구전략이 논의되었다는 사실은 한미동맹이 심각한 위기에 직면했음을 보여준다. 한국의 베트남 파병은 한미동맹의 가치를 미국에 다시 인식시키는 계기가 되었지만, 북한의 도발과 불안정한 한반도 상황은 미국이 의도치 않게 연루될 위험을 키운 셈이었다. 미국의 입장에서 한국에서의 이익은 분명했지만, 연루 위험이 지나치게 커지면서 전략적 실익은 감소한 것이다. 결국, 미국은 한반도에서 불필요한 군사개입을 줄여야 한다는 결론에 도달했으며, 이러한 계산은 닉슨 행정부의 등장과 함께 한미동맹의 성격과 방향을 재조정하는 중요한 전환점이 되었다. 다음 장에서는 이 부분에 대해 더 깊이 논의할 것이다.

★ CHAPTER 3 ★

닉슨 독트린과 한미동맹의 위기

동맹의 가치는 동맹이 제공하는 이익이 감당해야 할 비용과 위험보다 얼마나 더 큰지에 달려 있다. 한미동맹의 경우, 동맹이 가져다주는 이익이 크다면 한국과 미국은 더 큰 비용과 위험을 감수하며 동맹을 유지할 의지를 가질 것이다. 그러나 동맹에서 얻는 이익이 줄어들거나 유지 비용과 위험이 증가한다면, 다른 동맹국이 역할을 분담해서 비용과 위험을 나눠야 한다. 이는 동맹의 가치를 높이고, 동맹이 강화되고 지속되는 데 기여한다. 제2장에서 이야기한 한국의 베트남 전쟁 참전은 이러한 역할 분담의 중요한 사례였다.

그러나 1970년대에 와서는 한국의 역할 분담에도 한미동맹의 위기는 계속되었다. 원인은 미국의 국내 정치·경제적 상황에 있었다. 닉슨 행정부는 출범 초기부터 악화하는 무역 적자, 상승하는 실업률과 인플레이션 압력, 그리고 베트남 전쟁 반대 여론 등 전례 없는 국내 문제에 직면했다. 그렇다고 미국이 해외 주둔 병력과 동맹국들에 대한 지원을 축소한다면, 이는 자유세계의 수호자로서 미국이 짊어진 책임을 포기하는 것처럼 보일 수 있었다. 따라서 닉슨 대통령은 "미국이 2류 국가로 전락하게 할 수는 없다"며 미국의 지도력을 지켜야 한다는 강한 책임감을 느꼈다.[1]

닉슨 행정부의 가장 시급한 과제는 정치·경제적 제약과 전략적 요구 사이에서 균형을 찾는 것이었다. 이를 위해 미국은 핵심 이익을 우선시하고 덜 중요한 지역에 대한 개입을 줄이는 동맹전략의 대대적인 전환을 시도한다. 한국은 이러한 변화의 중심에 있었으며, 이로 인한 정책 변화의 큰 영향을 받았다. 제3장에서는 미국의 악화된 경제 상황, 약화된 국내 정치적 지지, 그리고 전략적 우선순위의 변화가 한국에 대한 미국의 동맹전략에 어떻게 영향을 미쳤는지를 살펴볼 것이다. 특히 미국이 왜 한국의 필요성을 재검토했는지에 대해 집중적으로 설명할 것이다.

닉슨 독트린, "자국의 안보는 스스로 지켜라"

1969년 닉슨 행정부가 출범할 즈음, 미국은 이미 심각한 재정 적자 문제에 빠져 있었다. 이전 존슨 행정부가 추진한 확장정책이 적자의 중요한 이유였다. 존슨 대통령이 사회복지 정책인 '위대한 사회Great Society' 프로그램과 베트남 전쟁을 동시에 추진하는 바람에 정부 지출이 급증했고, 결국 1968년에는 소득세까지 인상해야 했다. 이러한 재정 적자 문제는 달러의 가치를 떨어뜨리는 원인으로 작용했다.

한편, 미국의 산업경쟁력은 1960년대에 유럽과 일본에 뒤처졌고, 이로 인해 경상수지도 흑자에서 적자로 전환되었다.[2] 1964년 70억 달러에 가까운 흑자를 기록했던 미국의 경상수지가 1972년에는 약 60억 달러 적자로 전환된 것이다. 적자가 심화되자, 미국은 달러를 더 발행했고, 달러의 가치가 하락하면서 브레턴우즈 체제가 다시 한 번 흔들리기 시작했다. 즉, 브레턴우즈 체제의 공식 환율인 온스당 35달러를 지켜내기 힘들게 된 것이다.

그렇다고 해서 브레턴우즈 체제가 바로 무너진 것은 아니었다. 선진국들이 브레턴우즈 체제가 안정적으로 유지되는 것이 국가 간 무역을 위해 매우 중요하다고 생각했기 때문이다. 물론 여기에는 체제를 유지하라는 미국의 보복 위협도 크게 작용했다.[3] 만약 선진국들의 의지와 미국의 위협이 없었다면 브레턴우즈 체제는 일찍이 붕괴했을 것이다. 따라서 닉슨 행정부는 취임 초기부터 지출을 줄이고, 달러의 가치를 회복하는 데 많은 주의를 기울여야 했다.

그러나 상황은 여의치 않았다. 닉슨이 취임한 1969년은 베트남 전쟁

●●● 1969년 1월 9일, 미국의 제37대 대통령으로 취임한 리처드 닉슨. 아이젠하워 대통령의 임기(1953–1961년) 내내 부통령으로서 역할을 수행했던 닉슨은 1960년 한 차례 대통령 선거에 도전했지만 존 F. 케네디에게 패배했다. 이후 1968년 두 번째로 도전한 대통령 선거에서 존슨 대통령의 부통령이었던 휴버트 험프리를 상대로 승리하면서 대통령으로 취임한다. 대통령 당선 이후 닉슨은 취임 초기부터 미국의 심각한 적자 문제와 싸워야 했다. 〈출처: WIKIMEDIA COMMONS | Public Domain〉

이 가장 치열했던 시기였기 때문이다. 1968년 한 해 동안 1만 6,899명의 미군이 전사했다. 1969년 말까지 미군의 총전사자 수는 4만 8,000명에 달했다.[4] 미국은 전 세계에서 가장 강력한 국가였지만, 베트남에서는 자신보다 훨씬 약한 상대에게 승리를 거두지 못하고 있었다.

미국은 당장이라도 베트남에서 떠나고 싶었겠지만, 그러지 못한 것은 미국의 세계 전략에 베트남 전쟁이 매우 중요한 의미가 있다고 생각했기 때문이다. 베트남 전쟁의 결과가 베트남 지역에서의 문제를 넘어 다른 국가와의 동맹과 확장억제 등 미국의 세계 전략에도 큰 영향을 미친다고 생각한 것이다.[5] 예컨대, 엘리엇 리처드슨Elliot Richardson 국무차관은 "베트남의 진정한 의미는 베트남 그 자체가 아니라 세계 무대에서의 우리의 역할에 있다"고 말했다.[6] 닉슨 대통령도 같은 맥락에서 "이 전쟁을 어떻게 끝내느냐가 미국의 미래를 결정할 것"이라고 언급했다.[7]

닉슨은 또한 "남베트남에서의 패배와 굴욕은 적대국들의 무모함을 부추길 것"이라고 경고하면서 "그 결과 중동, 베를린, 그리고 서반구에서 우리가 평화를 유지하는 데 기여하는 모든 지역에서 폭력이 촉발될 것"이라고 예견했다.[8] 다시 말해, 미국이 베트남에서 철수할 경우 이 기회를 틈타 적대국들은 미국의 동맹국들과 미국에 도전할 것이라고 내다본 것이다. 미국은 베트남에서의 철수가 미국이 자유 진영의 지도자로서의 역할을 포기하는 것이라고 보았다.[9]

이제 미국은 양자택일해야 하는 상황에 놓였다. 베트남 전쟁을 지속해서 미국의 리더십을 지킬 것이냐, 아니면 베트남에 대한 개입을 줄이고 미국 경제와 통화 질서를 지킬 것이냐 중에서 하나를 선택해야 했다. 이제 막 집권한 닉슨 행정부에게 이 문제는 너무도 복잡하고 어려웠을 것이다. 어느 것도 포기할 수 없었기 때문이다. 결국, 닉슨 행정부는 베트남을 버리는 것도, 지키는 것도 아닌 중간쯤 되는 전략을 선택한다. 남베트남 방어에 대한 약속을 지키면서 전쟁 비용을 최소화하자는 것이었다. 이것이 닉슨 행정부의 '베트남화Vietnamization' 정책이다.

이 정책은 미국의 개입을 줄이고 남베트남의 군사력을 강화해 남베트남과 전쟁 부담을 분담하자는 멜빈 레어드Melvin Laird 국방장관의 제안에서 시작되었다. 베트남화 정책으로 인해 미군 철수는 빠르게 진행되었다. 1968년에는 53만 명 이상의 미군이 베트남에 배치되어 있었으나, 1972년에는 2만 4,200명만 남았다.[10] 더욱이 이 정책이 베트남 전쟁을 끝내자는 미국 국민 다수의 지지를 받으면서 정책 추진으로 인한 정치적·경제적 이익은 더욱 분명해졌다.[11]

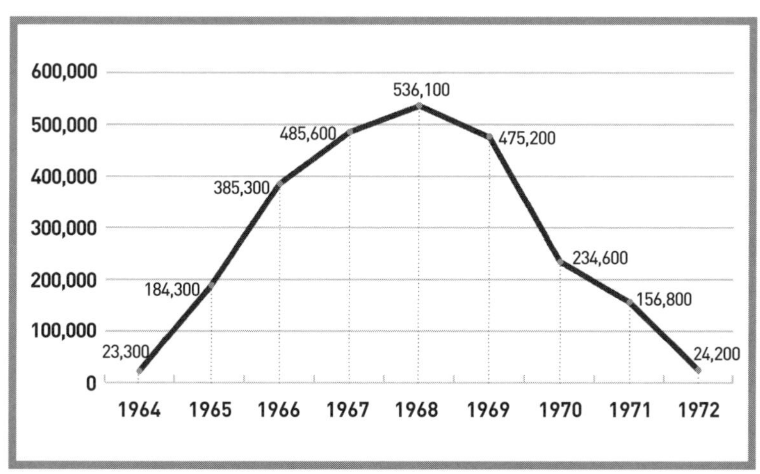

〈그림 3-1〉 연도별 베트남 전쟁에 파병된 미군 병력 규모

미 전투병력은 1965년부터 급격히 증가해 1968년 최고조에 달했으며, 닉슨이 취임한 1969년부터 베트남화 정책으로 인해 급격히 감소했다. 〈출처: Gilder Lehrman Institute[12]〉

이후 닉슨 행정부는 베트남화 정책을 아시아의 다른 동맹국에도 적용하기 시작했다. 이것이 바로 '닉슨 독트린Nixon Doctrine'이다. 닉슨 독트린은 1969년 7월 25일 닉슨 대통령이 아시아 순방 중 괌Guam에 잠시 들렀을 때 기습적으로 발표했다. 그의 측근들조차 발표 사실을 몰랐을 정도로 발표는 비밀리에 이루어졌다. 닉슨 대통령은 닉슨 독트린을 발표하면서 미국이 "모든 조약 의무를 지킬 것"이라고 말하면서도[13] 각국의 안보는 "아시아 국가들이 스스로 처리하고 책임져야 한다"고 강조했다.[14] 이전처럼 방위비용과 전쟁의 부담을 미국 주로 지는 것이 아니라 이제는 동맹국들이 스스로 책임져야 한다는 의미였다.

닉슨 독트린의 핵심은 확장억제 전략에서 미국과 동맹국 간 역할을 분담하는 것이었다.[15] 닉슨 대통령이 1971년 의회에 제출한 대외정책 보고서는 닉슨 독트린에 대해 이렇게 설명하고 있다.

> **미국이 주도하던 시대에는 미국의 자원과 해결책에 의존해왔지만, 새로운 시대에 들어서면서 우리의 동맹국들은 자립할 수 있게 되었다. … 이제는 이론적으로 바람직했던 [역할 분담] 파트너십이 물리적·심리적으로도 필수적인 상황이 된 것이다.**[16]

닉슨 독트린에 대해 언론은 주로 "미국의 후퇴를 위한 공식"이라고 평가했다.[17] 그러나 미국 전략가들은 이를 "더 효과적으로 확장억제 전략을 수행하려는 조치"라고 보았다.[18] 닉슨 독트린의 핵심 논리는 미국이 직면한 경제적·정치적 제약을 고려했을 때, 동맹국이 비용과 위험을 함께 분담해야 확장억제가 지속 가능하다는 것이었다.[19]

닉슨과 키신저, 주한미군을 감축하기로 결정하다

닉슨 독트린에 따라 동맹국들의 자주국방력을 강화하고 방위 책임을 동맹국에게 넘기겠다는 정책은 미국의 한반도 전략에도 중요한 변화를 가져왔다. 특히 한국은 자주국방을 위한 충분한 역량을 갖추었고, 지난 20년간 경제적으로 눈부시게 성장한 동맹국이었다. 따라서 미국의 군사력과 역할에 대한 의존도를 줄일 수 있는 대표적인 동맹국으로 평가되었다. 당시 한국에는 약 6만 4,000명의 미군이 주둔하고 있었는데, 이들을 유지하고 한국군을 지원하기 위해 매년 15억 달러가 지출되고 있었다. 이는 1969년 미국 전체 국방예산의 약 2%에 해당하는 금액이었다.[20] 따라서 닉슨 행정부는 남베트남과 함께 한국을 미국의 확장억제 전략을 재검토하고 책임의 범위를 조정할 최우선 대상으로 간주했다.

사실, 닉슨 행정부의 한국 정책은 존슨 행정부의 정책 이어받은 것이었다. 앞장에서 필자는 1968년 사이러스 밴스 특사가 한국을 방문해 박정희 대통령을 만난 뒤, 한국에 대한 미국의 정책을 재검토할 것을 권고했고, 이를 위한 연구그룹이 만들어졌다는 것을 이야기했다. 닉슨 대통령은 이를 이어받아 한국연구그룹에 1969년 5월 1일까지 정책 연구 초안을 제출하라고 지시했다.[21]

이러한 배경에서 한국에 대한 범부처 정책 연구가 이루어졌다. 연구의 핵심 과제는 주한미군 철수로 인해 발생할 수 있는 안보 공백과 병력 감축에 따른 비용 절감 간의 균형을 맞추는 것이었다. 예를 들어, 주한미군 2만 명을 철수하면 연간 약 4억 5,000만 달러를 절감할 수 있

●●● 백악관 내에서 산책 중인 닉슨 대통령(왼쪽)과 헨리 키신저 국가안보보좌관(오른쪽). 닉슨 대통령은 하버드 대학교 교수였던 키신저를 대외전략의 핵심 참모로 등용하여, 당시 미국이 직면한 복잡한 안보 문제에 대응하고 미국의 글로벌 리더십을 재확인하고자 했다. 키신저는 닉슨 행정부에서 국가안보보좌관과 국무장관을 역임했으며, 이어서 포드 행정부에서도 국무장관직을 수행했다. 특히 닉슨과 키신저는 한반도 정책에서 한국의 자주국방력을 강화하고 미국의 군사적 개입을 줄이는 방향으로 전략을 조정했다. 〈출처: WIKIMEDIA COMMONS | Public Domain〉

지만, 철수가 과도할 경우 북한이 이것을 기회 삼아 한국을 공격할 가능성이 있었다.

특히, 당시 한반도 안보 상황은 6·25전쟁 이후 가장 위태로웠다. 1968년 발생한 청와대 기습 사건, 푸에블로함 납치 사건, 울진-삼척 무장공비 사건, 그리고 1969년 4월 15일 북한이 미 해군 정찰기 EC-121을 격추해 31명의 미군이 사망한 사건 등은 북한의 공격 의도가 여전히 굳건하다는 신호를 보내고 있었다. 이러한 상황에서 주한미군의 성급한 철수가 북한의 기회주의와 오판을 부추기고 한반도 안보를 불안정하게 만들 수 있다.[22]

이러한 점들을 종합적으로 고려한 결과, 닉슨 대통령은 1970년 3월 4일 국가안전보장회의NSC에서 1971년 말까지 한국에서 2만 명의 미군을 철수하는 방안을 잠정적으로 결정했다.[23] 이에 더해, 헨리 키신저Henry Kissinger 국가안보보좌관은 비무장지대DMZ에 배치된 미군을 후방으로 재배치해 한반도에서 전쟁이 발발할 경우 자동적으로 미국이 개입하는 상황을 줄이자고 제안했다. 즉, 한반도에서 다시 전쟁이 발발할 경우 미국이 연루될 위험을 줄이자는 것이었다.

그러나 병력을 지나치게 후방으로 배치할 경우 북한이 오판하거나 무모한 행동을 할 가능성이 있었기 때문에, 키신저는 DMZ에 소수의 미군을 남기고 나머지 병력을 후방으로 재배치할 것을 제안했다. 이것이 지금도 판문점 공동경비구역에 미군이 주둔하고 있는 배경이다. 결국 1970년 3월 20일, 닉슨 대통령은 키신저의 제안을 토대로 주한미군 감축과 조정, 그리고 안보 공백을 보완하기 위한 한국군 현대화 정책을 확정했다.[24] 주목할 점은 이러한 결정을 내리는 과정에서 한국의 의견이 반영되지 않았다는 것이다.

우연히 밝혀진 주한미군 철수 계획

한국의 입장에서 6만 명이 넘는 주한미군과 미국의 원조는 실효적 억제력 이상의 의미를 지니고 있었다. 이것은 미국이 한미동맹을 중요한 이익으로 여기고 있고, 한국을 지키겠다는 확고한 의지를 가지고 있음을 상징하는 것이었다. 이러한 이유로 애초에 케네디 행정부와 존슨 행정부가 주한미군 철수를 추진하려 했을 때 박정희 대통령은 5만 명이 넘는 전투병력을 베트남에 파견한 것이다.

닉슨 독트린이 발표된 이후에도 한국 정부는 주한미군 철수까지 시간적 여유가 있을 것이라고 생각했다. 한국 정부가 이렇게 오판한 이유는 5만 명이 넘는 한국군이 베트남에 주둔하는 한, 미국이 한국에 대한 군사지원을 줄이지 않겠다는 '브라운 각서'에 대한 신뢰 때문이었다. 따라서 한국 정부는 주한미군이 일부 철수하더라도 그 시점은 베트남 전쟁 이후일 것이라고 예상했다.[25]

그러나 미국의 주한미군 철수 정책은 한국이 예상했던 것보다 훨씬 더 빠르게 진행되었다. 한국이 주한미군 철수 시점을 잘못 판단한 또 다른 이유는 미국 정부가 확장억제 약속을 공개적으로 재확인하며 한국 정부를 안심시켰기 때문이다. 예를 들어, 닉슨 대통령은 1969년 5월에 주한미군 철수를 위한 정책 검토를 지시했음에도 불구하고, 같은 해 8월 21일 박정희 대통령과의 만남에서 김일성이 계속 도발하는 한, 주한미군 규모를 줄일 의도가 없다고 밝혔다. 더 나아가 닉슨 대통령은 한반도는 닉슨 독트린의 예외로 간주될 것이라고 강조했다.[26]

그러나 닉슨 대통령이 박정희 대통령에게 준 이러한 확약은 실제 의도를 솔직히 말하지 않은 것이었다. 사실, 닉슨 대통령이 주한미군 철수를 생각한 시점은 박정희 대통령을 만나기 훨씬 전인 1969년 4월이었다. EC-121 정찰기 격추 사건 이후, 닉슨 대통령은 "주한미군을 감축할 시간이 다가오고 있다"라고 언급하기도 했다.[27]

미국은 비밀리에 주한미군 철수 정책을 추진했지만, 시간이 지나면서 이 정책이 점차 드러나기 시작했다. 1970년 1월 20일, 멜빈 레어드Melvin Laird 국방장관은 김동조 주미대사에게 미국이 한반도에서 주한미군 철수를 검토하고 있다고 알렸다. 다음날, 김동조 주미대사는 마셜 그린Marshall Green 미 국무부 동아시아태평양 담당 차관보에게 연락해 레어드 국방장관의 주한미군 철수 발언이 사실인지 확인을 요청했다. 미 국무부는 김동조 주미대사에게 "레어드 국방장관이 미 정부의 어떤 결정이 내려졌거나 즉각적인 미군 철수가 있을 것이라고 말한 것이 아니다. 오히려 그는 한국군 현대화를 위한 추가적인 군사원조의 중요성을 강조한 것"이라며 그를 안심시키려 했다.[28] 또한, 미 국무부는 김동조 주미대사에게 이 기밀 정보를 한국 정부에 알리지 말아달라고 부탁했다. 그러나 김동조 주미대사는 이 기밀 정보를 박정희 대통령에게 바로 보고했다. 이러한 점에서 볼 때, 레어드 국방장관이 주한미군 철수 계획을 알린 것은 실수였을 가능성이 크다.

1970년 2월, 우연한 계기로 미국의 주한미군 철수 계획이 확인되자, 한국 정부는 이에 대응하기 위해 특별위원회를 구성했다. 이 특별위원회는 미국과의 협상을 위한 전략을 마련하기 위해 약 3개월 동안 거의 매일 회의를 열어 주한미군 철수에 적극 반대하는 동시에, 국군 현대화와 미국의 군사원조 문제를 연계하는 방안을 모색했다. 목표는 두 가지였다. 첫째는 주한미군 철수를 막는 것이었고, 둘째는 첫 번째 목표가 달성되지 않으면 최대한의 미국 군사원조를 확보하는 것이었다. 이를 통해 한국은 국군을 현대화하여 스스로 북한의 공격에 대응할 수 있는

군사력을 갖추고자 했다.[29]

한국, 어쩔 수 없이 주한미군 철수를 받아들이다

주한미군 2만 명을 한국에서 철수하기로 한 결정이 내려진 지 일주일 뒤, 윌리엄 포터William Porter 주한미국대사는 미국 정부가 철수 시기와 조건을 논의하기 원한다고 박정희 대통령에게 전달했다. 이와 동시에 닉슨 행정부는 향후 5년 동안 한국에 대한 군사원조를 증대하는 방안을 미국 의회와 협의하기 시작했다.[30]

한국 정부는 주한미군 철수와 관련된 미국의 제안에 대해 사전에 준비한 협상 전략에 따라 대응했다. 먼저, 김동조 주미대사는 알렉시스 존슨Alexis Johnson 국무차관을 만나, 미국 정부의 결정에 엄청난 충격을 받았다고 전하며 한국이 주한미군 철수 계획에 반대할 것임을 알렸다.[31] 이어서 1970년 4월 20일, 박정희 대통령은 닉슨 대통령에게 서신을 보내, 주한미군 철수에 대한 협의를 거부하며 최소한 1975년까지는 현재의 주한미군 병력 수준을 유지해야 한다고 전달했다.[32]

미국 정부는 김동조 주미대사와 박정희 대통령을 설득하기 위해 최선을 다했다. 존슨 국무차관은 "주한미군 감축 없이 한국군 현대화를 위한 추가 군사원조 자금을 미 의회로부터 확보하는 것은 정치적으로 불가능하다"고 강조했다.[33] 즉, 주한미군이 계속 있든지 한국군을 현대화하든지 둘 중 하나만 선택할 수 있다는 것이다.

닉슨의 목표는 명확했다. 주한미군의 규모를 줄인다는 명분으로 미국 의회로부터 한국에 대한 군사원조를 위한 추가 재정 지원을 얻어내는 것이었다.[34] 닉슨 대통령은 "한국이 한반도 방위의 부담을 더 많이 분담할 준비가 되었음을 보여주고자 주도적으로 노력한다면 한국의 이미지가 좋아지고, 의회로부터 더 많은 한국 원조 예산을 얻는 데 도움이 될 것"이라고 강조했다.[35]

한국의 속은 타들어갔지만, 미국은 서두르지 않았다. 미국의 협상전략은 한국이 스스로 지쳐서 힘이 빠질 때까지 기다린다는 것이었다. 예를 들어, 포터 주한미국대사는 미 국무부에 보낸 전보에서 다음과 같이 언급했다.

> **박정희 대통령이 우리의 제안에 대해 강경하게 저항하고 있고, 이 문제와 관련된 미국의 국내 상황에 대한 이해가 부족한 점을 고려할 때, 우리는 추가 논쟁에서 서두르지 말아야 합니다. 차분하게 계획을 계속 진행하고, 우리가 [박정희 대통령과] 충분히 협의했음을 보여주는 것이 중요합니다. 그의 의견을 신중히 고려하고 있으며, 한국군 증강과 병력 감축 계획에 진전이 있을 때 통보할 것이라고 계속 알리는 것이 좋습니다.[36]**

미국의 예상대로 1970년 6월부터 한국의 완고한 입장은 누그러지기 시작했다. 박정희 대통령은 닉슨 대통령에게 보낸 서신에서 "어떠한 병력 감축도 한국군을 강화하는 조치와 함께 이루어져야 한다"고 강조했다.[37] 그렇지 않으면, 병력 감축이 억제력이나 방어 능력의 약화로 이어질 수 있다고 경고했다.[38] 박정희 대통령은 한국군 현대화를 위한 미국의 군사원조와 한국 안보에 대한 미국의 확장억제가 확고함을 재확인하는 외교적 보장을 요구했다. 덧붙여 이는 추가적인 병력 감축이 없음을 의미한다고 설명했다. 중요한 것은, "이 모든 조치가 주한미군 철수 이전에 시행되어야 한다"는 점이었다.[39] 즉, 군사원조를 통해 한국군을 현대화하고 나서 주한미군 철수를 단행하라는 것이었다.

미국은 한국에 끌려가지 않겠다는 태도를 분명히 밝혔다. 1970년 7월 6일, 최규하 외무장관과의 회담에서 윌리엄 로저스William Rogers 국무장관은 미국이 의회의 승인을 받기 전까지는 특정 외국 정부에 대한 지원을 보장할 수 없다고 명확히 밝혔다. 같은 날, 포터 주한미국대사는 정일권 국무총리에게 한국 정부가 협의를 계속 거부할 경우, 미국은 1970년 10월에 일방적으로 주한미군 철수를 시작할 것이라고 통보했다.[40]

같은 해 8월, 스피로 애그뉴Spiro Agnew 부통령이 서울을 방문했을 때, 박정희 대통령은 다시 한 번 한국군 현대화를 위한 미국의 지원 약속과 주한미군 철수 이후 추가적인 병력 감축이 없을 것이라는 보장을 요구했다.[41] 애그뉴 부통령은 미국 정치에서는 행정부와 의회가 권력을 나누어 갖고 서로 견제하기 때문에 행정부가 마음대로 외국 정부에 그러한 보장을 제공할 수 없다고 재차 강조했다. 또한, 닉슨 행정부가 그런 보장을 일방적으로 약속한다면 의회에서 이 문제를 제기할 것이고, 오히려 한국군 현대화에 대한 모든 노력을 물거품으로 만들 수 있다고 설명했다.[42] 결국, 박정희 대통령은 어쩔 수 없어 일단 아무 조건 없이 협상을 진행하기로 했다.

1970년 9월부터 1971년 2월까지, 한미 양국은 실무 수준에서 여러 차례 회담을 가졌다. 한국은 최대한의 미국 군사원조를 확보하고, 약속된 모든 지원이 실제로 이루어지도록 법적 구속력 있는 협정을 요구했다. 또한, 확장억제에 대한 보장을 얻기 위해 많은 노력을 했다. 이 강경한 협상전략은 어느 정도 성공을 거두었고, 미국은 한국군 현대화를 위해 15억 달러를 제공하기로 약속했다. 미국은 또한 한미 국방장관이 매년 만나 한반도 안보 문제를 논의하는 안보협의회의SCM, Security

한미 1군단

한국에서 미 7사단이 철수하고 미 2사단이 동두천으로 이동하자, 이 두 사단을 지휘하고 있던 미 1군단은 해체가 불가피해졌다. 그러나 한국 정부는 당시 북한의 위협을 고려하여 미 1군단의 존속과 한국 주둔을 희망했다. 결국 한미 양국은 연합작전 능력을 강화하기 위해 미 1군단을 한미 혼성 군단으로 개편하는 방안을 검토했다.

이로써 1971년 7월 1일 한미 1군단이 창설되어 의정부에 배치되었다. 초대 군단장으로는 미 육군 에드워드 라우니Edward Rowny 중장이, 부군단장으로는 한국 육군의 이재전 소장이 임명되었다. 한미 1군단의 참모부는 한국군과 미군이 절반씩 편성되었다. 예를 들어, 인사 및 군수참모는 미군이, 정보 및 작전참모는 한국군이 맡는 방식이었다. 한미 1군단은 미 8군 사령부의 지휘를 받았으며, 예하에 미 2사단, 한국군 6군단, 1사단, 25사단, 2해병여단을 작전통제 부대로 두었다. 1973년부터는 한국군 1군단도 작전통제하게 되었고, 1980년 3월 14일에는 '한미 연합 야전군Combined Forces Army'으로 승격되었다. 한미 1군단은 이후 1992년 7월 1일에 서부전선의 방위 책임을 한국군 3야전군에 이양하고 해체되었다.

Consultative Meeting를 개최하자는 한국의 요청을 수용했다. 미국에게는 이것이 단순히 한국을 안심시키기 위한 조치였을지 몰라도, 한국에게는 미국 최고위층과 정기적인 안보회의를 할 수 있는 중요한 성과였다. 그러나 미국은 한국에 주둔하는 주한미군을 재배치할 경우 사전에 한국과 협의하자는 요청에 대해서는 거절했다. 미국이 1951년 일본과 체결한 미일안전보장조약을 1960년에 개정할 때 이러한 조건을 일본 정부에 제시했기 때문에 박정희 대통령은 서운했을 것이다.[43]

한국과 미국은 1개 미군 사단 철수에 합의하는 것 외에도, 협상 과정에서 여러 다른 문제들에 대한 합의도 도출했다. 그중 하나는 미 1군단 철수를 연기하고 이를 한미 1군단으로 개편하기로 한 결정이었다. 원래 미국은 7사단이 한반도를 떠날 때 1군단도 철수시키려 했으나,

확장억제력 공백에 대한 한국의 우려를 고려하여 1군단을 서울 북부의 중요한 지역을 방어하는 연합군단 형태로 일시적으로 유지하기로 합의했다. 7사단이 한국에서 철수한 후, 2사단은 비무장지대에서 약 30km 남쪽의 동두천 지역으로 재배치되었다. 이전에는 비무장지대에 주둔한 미군으로 인해 한반도에서 전쟁이 발발할 경우 미국이 자동으로 개입할 위험이 매우 높았다. 그러나 미 2사단이 남쪽으로 재배치되면서 전쟁이 발발할 경우 미국이 자동으로 개입할 가능성이 크게 줄어들었다.

지켜지지 않는 미국의 약속과 커지는 한국의 불신

닉슨 행정부가 한국군 현대화를 위해 15억 달러의 군사원조를 제공하겠다고 약속했지만, 이는 미국 의회의 반대에 부딪혀 쉽게 이행되지 못했다. 미 의회는 1971년 2만 명의 주한미군 철수를 고려하여, 1972년 예산에 한해서 닉슨 행정부가 요청한 금액을 승인했다. 그러나 1973년 예산에 대해서는 닉슨 행정부가 요청한 한국에 대한 군사원조액 2억 4,000만 달러 중 1억 5,000만 달러만 승인했고, 1974년 예산에 대해서도 한국에 대한 군사원조액 2억 2,000만 달러 중 1억 3,000만 달러만 승인했다. 이러한 이유로, 헨리 키신저는 의회가 동맹국에 대한 미국의 지원 전략을 방해하고 있다고 불평하기도 했다.[44]

이러한 미 의회의 태도로 인해 한국은 미국의 약속에 대한 신뢰를 잃어가고 있었다. 실례로 주한미국대사관이 미 국무부에 보낸 전보는 한국의 상황을 다음과 같이 묘사했다.

한국에 대한 미국의 약속은 의심받고 있다. 관료들의 발언으로 어느 정도 지탱되고 있지만, 한국 정부가 우려하는 핵심은 의회의 태도이다. 만약 한반도에서 분쟁이 발생할 경우, 베트남 사례에서처럼 미 의회가 한국을 방어하는 데 필요한 예산과 미군의 투입을 거부하고, 심지어는 미군 철수를 강요할 수도 있다고 두려워하고 있다.[45]

미 의회가 한국에 대한 군사원조를 주저한 것은 점점 악화되는 미국 경제 상황 때문이었다. 1970년대에 미국 경제는 큰 혼란을 겪었다.[46] 1929년 대공황을 제외하고 미국 역사상 가장 중대한 경제위기였을지도 모른다. 문제의 핵심은 지나친 달러 지출로 미국 달러 가치가 하락했고, 이로 인해 미국의 세계 통화 질서인 브레턴우즈 체제가 위협받았다는 것이었다. 그래서 미국은 달러 가치를 인위적으로 올렸는데, 이는 결과적으로 미국 수출기업들의 줄도산으로 이어졌다. 브레턴우즈 체제를 유지하려고 하면 미국 기업들이 도산하는 상황이 발생하고, 반대로 미국 산업을 살리려고 하면 미국이 주도하는 국제 경제 질서가 위협받는 딜레마에 빠진 것이었다.

닉슨 대통령은 결단을 내릴 수밖에 없었다. 모두를 살리려다가는 모두를 잃을 수 있는 상황이었기 때문이다. 1971년 8월, 닉슨 대통령은 브레턴우즈 체제를 죽이고 미국 산업을 살리기로 한다. 어찌 보면 미국이 세계의 리더 역할을 어느 정도 포기한 것으로 볼 수도 있다. 닉슨 대통령은 연방준비제도 의장 아서 번스Arthur Burns, 재무장관 존 코널리John Connally, 재무차관 폴 볼커Paul Volcker와 협의한 후 '새로운 경제 정책New Economic Policy'을 발표한다.[47] 이것은 1온스에 35달러로 맞춰진 금과 달러의 교환을 중단시키는 조치이다. 브레턴우즈 체제를 미국 스스로 무

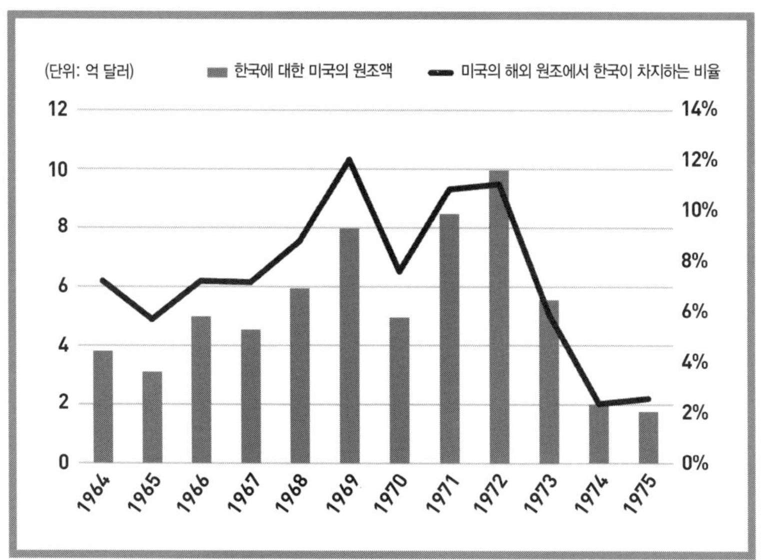

〈그림 3-2〉 1964년~1975년 한국에 대한 미국의 원조액 및 미국의 해외 원조에서 한국이 차지하는 비율

1964년~1975년에 한국에 대한 미국의 원조액은 큰 변화를 겪었다. 베트남 전쟁이 한창이던 1968년~1971년에는 한국이 미국 전체 해외 원조의 12%를 차지할 정도로 많은 지원을 받았다. 특히, 1972년 주한미군 1개 사단이 철수할 때, 미국은 한국군의 현대화를 위한 예산 지원을 보완대책으로 삼아 원조액이 일시적으로 증가했다. 그러나 1974년부터 미 의회의 반대로 원조 예산이 삭감되면서, 한국에 대한 원조액은 절대 금액이 감소했고, 전체 해외 원조에서 차지하는 비율도 2%대로 급감했다. 〈출처: 미국 국제개발국(US AID), 미국 의회조사국(CRS)[51]〉

너뜨린 것이다.

그러나 이 정책은 미국 제조업을 부활시키는 데 성공하지 못했다. 문제의 핵심은 달러 가치 자체가 아니라, 미국 산업이 일본과 독일 같은 신흥산업강국들과의 질적 및 가격 경쟁에서 뒤처지고 있었다는 점이다. 따라서 미국 기업들은 높은 임금을 받는 근로자들을 해고하거나, 공장을 해외로 이전해 저임금 노동력을 활용하거나, 공장 자동화를 추진했다. 그 결과 1970년대 실업률은 6%로 급등했으며, 이는 실업급여의 증가로 이어져 미국의 재정 부담이 더 가중되었다.

업친 데 덮친 격으로, 1973년과 1974년 오일 쇼크로 석유 가격이 4배로 인상되었고, 1974년 미국의 물가상승률이 치솟아 연 12%에 달했다.[48] 이러한 경제 상황 속에서 미 의회와 국민은 한국을 비롯한 수혜국에 대한 대규모 군사원조 제공에 회의적이었고, 군사원조의 효과성에 대한 철저한 분석을 요구했다.[49] 이로 인해 닉슨 행정부가 요청한 한국에 대한 군사원조액이 1973년과 1974년 예산에서 약 40% 삭감된 것이다.[50]

미 의회,
한국의 인권 상황을 이유로 원조를 제한하다

미 의회가 한국에 대한 군사원조액을 삭감한 데는 한국의 인권과 민주주의 상황도 중요한 영향을 미쳤다. 오늘날 한국과 미국이 자유와 민주주의, 인권과 같은 가치관을 공유한다는 점은 두 나라의 결속을 강화하며, 한국을 미국이 반드시 지켜야 할 곳으로 인식하게 만든다. 그러나 1970년대에는 이러한 가치관에서 양국 간에 갈등이 두드러졌다. 당시 박정희 대통령의 장기 집권과 인권 문제는 미 의회에서 비판의 대상이 되었다.

특히, 박정희 대통령은 장기 집권을 위해 유신체제를 도입했는데, 이는 대통령이 6년 임기의 간선제로 재출마할 수 있도록 헌법을 개정한 것이었다. 유신체제 이후, 한국에서는 학생시위가 빈번했고, 정부는 이를 강력하게 진압했다. 이러한 상황에서 미 의회는 한국의 인권 문제를 지적하며 한국에 대한 원조의 타당성에 의문을 제기했다. 미 의회 내에서는 한국이 인권 개선 조치를 취하지 않으면 경제 및 군사원조를 축

소하거나 주한미군을 철수해야 한다는 목소리가 나왔다.[52]

1974년 국방부 부차관보 모턴 아브라모위츠Morton Abramowitz가 한국군 현대화를 위한 군사원조가 지연되고 있다고 보고하자, 하원의원 도널드 프레이저Donald Fraser는 한국 정부의 억압적인 정책을 이유로 군사원조를 축소해야 한다고 주장했다.[53] 프레이저의 이 견해는 1974년 해외원조법에 반영되었고, 한국이 인권 기준을 준수할 때까지 군사원조를 1억 4,500만 달러 이하로 제한하는 조치로 이어졌다.[54]

워터게이트 사건Watergate scandal으로 닉슨 대통령이 사임한 후 들어선 포드Gerald Ford 행정부도 한국의 인권 문제의 심각성에 주목했다. 1974년 1월 25일, 헨리 키신저가 주재한 회의에서 필립 하빕Philip Habib 주한미국대사는 한국 정부의 권위주의적인 성격이 강화되어 한국 내에서 심각한 반발을 초래하고 있다고 보고했다. 그는 "한국의 정치 상황이 미국의 이익을 훼손할 수 있는 심각한 수준에 이르렀다"고 경고했다.[55] 이는 한국의 인권 문제가 단순히 한국 내부의 문제로 그치는 것이 아니라 미국의 전략적 이익에도 부정적인 영향을 미칠 수 있음을 시사한다.

그러나 미국이 한국의 인권 문제에만 매달리기에는 전략적 목표, 즉 소련과 중국을 견제하고 김일성을 억제하여 동아시아의 안정을 유지하는 것이 더 시급했다. 미국은 한국의 정치적 안정이 더 중요했기 때문에 한국의 인권 문제는 점진적으로 개선되도록 지원하기로 했다. 따라서 존슨 행정부는 한국의 인권 문제를 공개적으로 비판하지 않으면서 한국의 인권 상황이 미국 내 여론과 의회에 부정적 영향을 미치고 있다는 점을 한국 정부에 통보하는 방법을 택했다. 한편, 의회가 한국에 대한 군사원조를 삭감함에 따라 군사원조 대신 차관을 통한 대외군사판매Foreign Military Sale, FMS를 통해 한국군 현대화를 지원하기로 했다.[56]

핵무기,
미국에 의존하지 않고
스스로 안보를 지키기 위한 방법

이 무렵 한국은 독자적인 핵무기 개발을 모색하게 된다. 북한의 군사적 위협이 핵 개발의 근본적인 동기였지만, 결정적인 계기는 미국의 안보 약속에 대한 의문과 확장억제에 대한 신뢰 상실이었다.

미국의 안보 약속에 대한 의문은 1960년대 말부터 발생한 일련의 사건들로 인해 점점 커져갔다. 1969년 8월 21일, 샌프란시스코에서 열린 한미 정상회담에서 닉슨 대통령은 박정희 대통령에게 베트남에 한국군이 남아 있는 한 미군을 한국에서 철수시키지 않겠다고 약속했다.[57] 그러나 이듬해 닉슨 대통령은 주한미군 2만 명 감축을 결정한다.[58]

한국이 이에 강력히 반대하자, 1970년 8월 25일 애그뉴 부통령이 서울을 방문하여 추가적인 주한미군 감축은 없을 것이라고 박정희 대통령에게 약속했다.[59] 그러나 다음날, 애그뉴 부통령은 한국을 떠나는 비행기 안에서 한국군 현대화가 완료되면 주한미군을 모두 철수시킬 것이라며 박정희 대통령과의 약속을 뒤집는 발언을 했다.[60] 결국, 한국은 1971년 주한미군 1개 사단 철수에 합의했지만, 그 조건이었던 한국군 현대화를 위한 원조는 미 의회의 원조액 삭감으로 인해 약속대로 이루어지지 않았다. 이러한 일련의 사건들은 미국의 안보 공약에 대한 한국의 신뢰를 크게 약화시켰다.

사실 한국은 주한미군 철수 이전부터 미국의 확장억제가 축소될 가능성을 예상하고 있었고, 언젠가는 독자적인 국가 방위 능력을 갖추어야 한다고 생각했다. 박정희 대통령은 최소한 한국이 그 능력을 갖출 때까지는 미군이 한국에 남아 있기를 바랐다. 그러나 주한미군 철수가 예상보다 훨씬 빨리 진행되면서, 한국은 자주국방을 달성하려는 긴박감을 더욱 강하게 느끼게 되었다.

이에 따라 한국 정부는 주한미군 철수 협상에서 현실적인 접근을 취했고, 미국으로부터 최대한의 지원을 확보하는 데 중점을 두었다. 1971년 7월, 멜빈 레어드 국방장관과의 회담에서 박정희 대통령은 미군의 무기한 주둔을 요구할 의도는 없다면서도, 한국이 자주국방을 달성할 때까지 미국의 지원이 계속되기를 바란다고 밝혔다.[61] 이 자주국방 목표는 한국의 안보 자립을 의미했으며, 그 핵심 수단 중 하나로 핵무기가 고려되었다. '890 사업'으로 알려진 한국의 핵무기 개발 프로젝트는 이러한 맥락에서 시작되었다.[62]

한국이 핵 개발에 관한 결정을 내린 시기는 분명하지 않지만, 1978년에 발행된 CIA 보고서에 따르면, 이 결정은 두 단계로 이루어진 것으로 보인다.[63] 첫 번째 단계는 1970년 전후로, 주한미군 철수 논의가 진행되면서 박정희 정부가 핵무기 개발 가능성을 탐색하기 시작한 시기였다. 1970년, 박정희 대통령은 김종필 국무총리에게 "미국이 언제 떠날지 모르니 핵무기를 개발하자"고 말했다.[64] 1972년, 박정희 대통령은 김정렴 비서실장에게 핵무기 개발에 필요한 기술을 확보할 것을 지시했다.[65] 이에 따라 1973년, 한국은 프랑스 원자력 회사와 접촉하여 재처리 시설 설계를 논의했고, 캐나다로부터 플루토늄 생산에 유리한 중수로를 수입하기 시작했다.

두 번째 단계는 1974년경 박정희 대통령이 핵무기 개발을 승인한 시점이었다.[66] 명확한 증거는 없지만, 이 결정은 한국이 필요한 핵 기술과 물질을 확보할 수 있다는 판단과 주한미군 철수 가능성에 기반한 것으로 보인다. 특히 1974년은 미국 의회가 2년 연속 한국에 대한 군사원조약을 삭감하고, 미 국방부가 한미 1군단 해체를 논의하던 시점이었다.

닉슨 대통령은 임기 말까지 한국이 비밀리에 핵무기 프로그램을 운영하고 있다는 사실을 모르고 있었다. 미국이 한국의 핵 프로그램을 알게 된 것은 포드 행정부에 이르러서였다. 특히 1974년 인도의 핵실험 이후, 미국과 캐나다 언론은 한국을 포함한 여러 개발도상국의 핵확산 가능성을 보도하기 시작했다.[67] 미국 정부는 한국의 핵무기 개발을 심각한 문제로 간주했다. 이는 미국이 야심차게 추진하는 국제 핵비확산 체제에 도전이 될 뿐 아니라 동아시아의 안정을 위협할 가능성이 있었기 때문이다.[68]

결국 미국은 한국의 핵무기 개발에 강력히 반대하며 다양한 압박을 가했다. 헨리 키신저는 1975년 말 필립 하빕을 박정희 대통령에게 보내, 한국이 핵무기 개발을 계속 추진할 경우 미국이 한국과의 동맹관계를 단절할 것이라고 경고했다.[69] 또한 미국은 한국에 플루토늄 재처리 시설을 수출하려는 프랑스도 압박했다. 이에 따라 1976년 1월, 한국은 프랑스와의 재처리 기술 수입 협상을 중단했고, 같은 해 12월에는 미국의 압박으로 모든 핵무기 개발 프로그램을 중단하게 되었다(한국이 핵무기 프로그램을 포기하는 과정에 대해서는 다음 장에서 추가적으로 다루겠다).[70]

***

비록 한국의 핵무장 시도는 좌절되었지만, 주한미군 철수 과정을 통해 한국은 미국의 동맹전략이 상황에 따라 언제든지 바뀔 수 있다는 중요한 교훈을 얻었다. 그럼에도 불구하고, 미국 없이 북한의 위협을 홀로 감당하는 것은 여전히 큰 도전으로 남아 있었다. 이에 따라 한국은 자주국방력을 강화하는 한편, 미국의 확장억제 체제 안에서 더 많은 비용과 책임을 분담하는 방향으로 나아갔다. 이후 1970년대 중반 남베트남의 패망을 계기로 미국의 전략적 초점이 다시 동아시아로 돌아오면서 한미동맹에 대한 미국의 관심과 관여가 높아지는 배경이 마련된다. 따라서 이어지는 다음 장에서는 이러한 지정학적 환경의 대격변 속에서 한국과 미국이 어떻게 한미동맹을 발전시켜나갔는지 논의할 것이다.

★ CHAPTER 4 ★

한미동맹의 회복

1970년대 초, 한미동맹은 붕괴 직전의 위기에 처해 있었다. 미국은 주한미군 2개 사단 중 1개 사단을 철수시켰고, 원조를 약속했음에도 미 의회는 한국에 대한 지원을 주저하며 그 필요성에 의문을 제기했다. 이런 불확실한 상황에서 한국 정부는 주한미군의 완전한 철수 가능성에 대비해 독자적인 핵무기 개발을 추진한다. 이는 한미동맹이 상호 신뢰의 기반부터 흔들리고 있음을 의미했다. 한국은 북한의 또 다른 공격 시 미국이 한국을 방어할지에 대해 점점 확신을 잃어가고 있었다.

그러던 중, 1975년 4월 남베트남의 몰락은 한미관계의 큰 전환점이 되었다. 남베트남의 공산화는 미국도 예상치 못한 아주 충격적인 사건이었다. 이를 계기로 미국 전략가들뿐만 아니라 미 의회, 미국 국민 모두가 한반도를 포함한 아시아 지역의 세력균형과 안정이 미국의 전략적 이익에 얼마나 중요한지를 다시 인식하게 되었다.

따라서 1977년 취임한 카터Jimmy Carter 대통령이 한국에서 주한미군 지상군을 모두 철수시키려 하자, 미 의회와 미군, 미국 국민, 심지어 미 행정부 내에서도 강력한 저항이 있었다. 결국, 카터 대통령은 주한미군 철수 계획을 중단해야 했다. 위기의 한미관계가 다시 회복되는 중요한 순간이었다. 이번 장에서는 한미관계에서 가장 위험했으나 중대한 전환점이 된 1970년대 후반의 사건들을 통해 한미동맹이 발전하는 과정을 살펴보겠다.

사이공 함락

1975년 4월 30일 남베트남의 수도 사이공Saigon은 허망하게 북베트남군에게 함락당했다. 미국이 북베트남과 휴전협상을 하고 남베트남에서 철수한 지 2년 만의 일이었다. 남베트남이 이렇게 빨리 무너질 것이라고는 아무도 예상하지 못했다.

"1976년까지는 버티겠죠."[1] CIA(중앙정보국) 국장 윌리엄 콜비William Colby가 백악관 국가안보실 회의에서 남베트남이 북베트남의 공격을 최소 1년은 더 견딜 수 있을 것이라고 평가하면서 한 말이다. 하지만 콜비 국장이 이 말을 했던 1975년 3월 10일, 북베트남군은 이미 남베트남에서 마지막 대규모 공세를 개시한 상태였다. 이처럼 '사이공 함락'은 세계 최고 정보기관인 CIA조차도 전혀 예상하지 못했다.

상황이 급박하게 진행되자, 포드 대통령은 4월 9일 백악관 국가안보실 회의를 소집하여 남베트남에 대한 군사원조, 인도적 지원, 그리고 민간인 대피 작전을 위한 예산을 의회에 요청했다. 그러나 미 의회는 미국인 대피 작전을 제외한 모든 자금 요청을 거부했다.[2] 결국 1975년 4월 30일, 사이공은 완전히 함락되었고, 베트남은 공산국가가 되었다. 미국은 아무런 의미 있는 대응도 하지 못한 채, 베트남을 떠날 수밖에 없었다.

헨리 키신저 국무장관은 베트남의 공산화가 한국이나 일본 등 아시아 동맹국들에 미칠 영향을 우려했다. 1975년 4월 9일 백악관 국가안보실 회의에서 키신저는 비록 아시아 동맹국들이 공개적으로 입장을 밝히지 않고 있지만, 일본을 비롯한 여러 국가가 이미 그들 나름의 판단을 내리고 있을 것이라고 말했다. 그는 이 국가들이 자국의 이익에 맞춰 행동에 나설 것이며, 그 여파를 우리는 생생하게 목격하게 될 것이라고 예견했다.[3]

반대로 그 영향이 크지 않으리라 생각하는 전략가들도 있었다. 예를 들어, 앞에서 말한 콜비 CIA 국장은 미국 동맹국들의 반응이 "미미할" 것이라고 생각했다. 미국의 힘이 여전히 막강하고, 안보나 경제와 같은

●●● 1975년 4월 29일, 주사이공 미국대사관에서 약 800m 떨어진 호텔 옥상에서 탈출을 시도하는 사람들을 돕고 있는 미국 CIA 요원의 모습. 바로 다음날, 북베트남군이 남베트남의 수도 사이공을 완전히 함락시키면서 베트남은 공산화되었다. 이 사건은 미국의 아시아 동맹국들에게 큰 충격을 안겨주었다. 특히, 아시아 국가들은 미국이 남베트남에서 철수하는 방식에 깊은 실망을 느꼈다. 미국이 남베트남과 충분한 협의 없이, 북베트남과의 비밀 회담을 통해 휴전을 한 후 급작스럽게 병력을 철수한 탓에, 몇몇 아시아 국가들은 더는 미국의 약속만을 의존할 수 없다고 판단하고 독립적인 외교정책을 추진하기 시작했다. 〈출처: WIKIMEDIA COMMONS | Public Domain〉

국익을 지키기 위해서는 여전히 미국의 영향력 아래 있는 것이 유리하기 때문이다.[4] 백악관 국가안보실의 전략가 리처드 스마이저Richard Smyser 역시 아시아 동맹국들이 미국 외에는 대안이 없다고 느끼기 때문에 오히려 미국과의 관계를 강화하는 방향으로 대응할 것이라고 예상했다.

또한, 베트남 공산화가 "교통사고처럼 다른 사람들에게나 일어나는 일이라고 생각할 것"이라고 덧붙였다.[5]

그러나 키신저의 우려대로 동남아시아에서는 서서히 근본적인 변화의 조짐이 나타났다. 동남아시아 국가들이 가장 큰 안보 위협으로 여긴 것은 소련이나 중국보다는 자국 내 공산주의 반군세력이었다. 따라서 북베트남이 미군을 물리치고 베트남을 통일하자, 이 국가들은 자국 내 공산세력도 이에 고무되어 반란을 일으키지 않을까 불안에 휩싸였다. 특히 미국이 남베트남에서 철수하는 방식을 보고 큰 충격을 받았다. 남베트남과 충분한 협의 없이 북베트남과 비밀리에 휴전회담을 하고 급작스럽게 병력을 철수했기 때문이다.

이로 인해 동남아시아 국가들은 더는 미국의 약속에 의존할 수 없다는 결론을 내렸다. 미국이 더 이상 자신들을 보호해줄 힘과 의지가 없다고 생각한 동남아시아 국가들은 스스로의 힘으로 자국을 지켜야 한다는 것을 절감했다. 그 결과, 1976년 2월 23일부터 24일까지 발리에서 첫 동남아시아국가연합ASEAN 정상회의가 개최되었다. 이 첫 동남아시아국가연합 정상회의에서 참가국들은 미국에 의존하지 않고 자주적으로 위협에 대응하자고 결의했다.[6] 이와 동시에 이 동남아시아 국가들은 중국과 북한 같은 공산국가들과의 외교관계를 적극적으로 모색하기 시작했다. 특히, 태국은 미국의 반대에도 불구하고 1975년 5월 북한과, 7월에는 중국과 외교관계를 수립했다.

동남아시아 국가들이 흔들리자, 미국은 자국의 안보 공약이 여전히 신뢰할 만하다는 것을 설득하려 했다. 그러나 동남아시아 국가들의 마음을 돌리기에는 부족했다. 예를 들어, 1975년 9월 23일, 필리핀 외무장관 카를로스 로물로Carlos Romulo와 헨리 키신저 사이의 대화에서 로물로는 "미국의 입장을 충분히 이해한다"고 말하면서도 "우리는 더는 환

아세안[8]

아세안ASEAN, Association of Southeast Asian Nations은 동남아시아국가연합으로, 1967년 8월 8일, 인도네시아, 말레이시아, 필리핀, 싱가포르, 태국 등 5개국 외무장관들이 태국에서 '방콕 선언'Bangkok Declaration에 서명하면서 설립되었다. 이 시기에 동남아시아 국가들은 냉전 시기 공산주의 확산에 대한 두려움과 지역 내 정치적 갈등, 그리고 경제 발전의 필요성을 느꼈다. 특히, 국내 공산주의 혁명 가능성은 각국의 정치적 안정에 중대한 위협으로 여겨졌다. 이에 따라 아세안은 동남아시아 국가들이 협력하여 평화, 자유, 번영을 영원히 보장하자는 공동 결의 아래 출범했다. 회원국 간 과거의 갈등을 극복하고, 대내외 안보 위협에 대응하는 새로운 협력의 틀을 마련하는 것이 목표였다.

아세안은 또한, 미국이 주도한 '동남아시아조약기구SEATO, Southeast Asia Treaty Organization'의 한계를 보완하는 역할을 하게 되었다. 동남아시아조약기구는 냉전 시기 공산주의 확산을 저지하기 위한 군사적 집단방위체제였으나, 동남아시아 국가들의 자주성과 협력을 충분히 반영하지 못했다. 이에 따라 아세안은 동남아시아 국가들이 스스로 주도하는 협력체로 출범하여, 경제적·정치적 협력을 강조하며 지역 내 평화와 안정을 도모했다.

첫 정상회의는 아세안 출범 10년이 지난 1976년 발리에서 개최되었다. 초기에는 회원국 간 정치적 긴장과 상이한 국내 상황으로 인해 연합이 쉽지 않았으나, 정상회의에서 '평화, 자유, 중립 지대ZOPFAN, Zone of Peace, Freedom and Neutrality' 개념을 재확인하며 아세안 결속을 강화하고, 지역 안정과 협력을 촉진했다. 현재 아세안은 동남아시아 10개국을 회원국으로 두고 있으며, 역내 평화, 안정, 경제적 번영을 추구하는 중요한 지역 협력체로 자리 잡고 있다.

상을 가지지 않는다"며 이제 중국과 관계를 수립할 때가 되었다고 언급했다.[7] 로물로는 또한 자신과 태국 외무장관이 미국이 만든 '동남아시아조약기구SEATO'를 단계적으로 해체하기로 합의했다고 밝히며 동남아시아가 새로운 현실에 맞서 독립적인 길을 걷기 시작했음을 알렸다.

태평양 독트린, "미국은 여전히 아시아가 필요해"

미국은 아시아 동맹국들이 독자적인 외교 정책을 추구하는 상황을 우려했다. 아시아는 여전히 미국의 핵심 이익을 위해 필요한 지역이었기 때문에, 아시아 동맹국들의 안보를 보장하는 미국의 결의가 흔들리지 않을 것임을 증명하고, 불안에 빠진 아시아 동맹국들을 안심시킬 필요가 있었다. 미국의 역할을 다시 확고히 하여, 아시아에서 안보와 질서를 제공하는 주요 국가로서의 입지를 회복해야 했던 것이다.

이를 위한 첫 번째 조치는 미국의 확장억제 약속을 재확인하는 것이었다. 즉, 동맹국 안보에 대한 깊은 관여를 계속하겠다는 '보장Assurance' 약속을 천명하는 것이다. 이러한 배경에서 1975년 12월 7일, 포드 대통령은 하와이 대학교의 이스트웨스트 센터East-West Center에서 '태평양 독트린Pacific Doctrine'을 발표하며 미국의 아시아-태평양 정책의 기본 원칙을 재확립했다.[9]

태평양 독트린은 미국의 전략적 초점을 다시 아시아-태평양 지역에 집중하겠다는 포드 대통령의 의지를 보여주었다. 포드 대통령은 "미국의 힘은 태평양의 안정된 세력균형의 초석이니, 우리는 유연하고 균형 잡힌 힘을 유지해야 한다"고 강조했다. 이 힘은 우리뿐만 아니라 우리의 지원에 의존하는 국가들의 독립을 지키는 데 필수적이라고 설명했다.[10]

포드 대통령이 태평양 독트린의 구체적인 실행 지침을 마련할 것을 지시하자, 백악관 국가안보실은 보고서를 작성했다. 이 보고서는 베트남 공산화로 인해 아시아에서 "새로운 불확실성의 시대"가 시작되었으며, 미국의 확장억제에 대한 신뢰가 약화되었다고 평가했다.[11] 이에 따

●●● 제럴드 포드 대통령(가운데)과 그의 핵심 외교안보 참모였던 헨리 키신저 국무장관(왼쪽), 브렌트 스코우크로프트 국가안보보좌관(오른쪽). 아시아 동맹국들이 독자적인 외교 노선을 추구하려 하자, 이를 우려한 포드 행정부는 미국의 결의가 여전히 확고하다는 메시지를 전하고자 했다. 이에 따라 1975년 12월 7일, 포드 대통령은 '태평양 독트린'을 발표하며, 미국의 확장억제와 안보보장을 재확인하고 동맹국들의 불안을 해소하려 했다. 이는 미국의 전략적 초점이 다시 아시아로 전환되었음을 의미했다. 〈출처: WIKIMEDIA COMMONS | Public Domain〉

라 아시아 국가들은 자국의 안보를 스스로 책임져야 한다는 인식을 갖게 되었고, 이러한 상황은 미국의 질서와 세력균형을 약화시킬 수 있다고 분석했다.[12]

이러한 분석을 바탕으로, 포드 행정부는 국방력 증강을 추진한다. 특히, 1977년도 국방예산으로 1,127억 달러를 의회에 제출했는데, 이는

1970년대 경제위기로 인해 거의 변화가 없던 국방예산을 대폭적으로 증액한 것이었다.[13] 전반적으로 이전 닉슨 행정부의 안보전략이 주로 유럽에서의 위기 상황에 초점을 맞췄던 것과는 달리,[14] 포드 행정부의 안보전략은 아시아에서의 확장억제를 강화하고 미국의 안보 역할을 재확인했다.[15]

포드 행정부의 새 정책은 아시아 동맹국들에 강력한 메시지를 전달하기에 충분했다. 특히 미국은 해군력 강화에 중점을 두었는데, 이는 태평양과 인도양 전역에서 미국의 군사력을 더 효과적으로 투사할 수 있음을 의미했다. 또한, 한국을 포함한 지역에서의 군사력 감축 중단 조치도 포함되었는데, 이러한 군사적 조치는 아시아-태평양 지역에서 미국의 지속적인 영향력을 확고히 다지는 중요한 전략적 변곡점이 되었다.

한국의 '헤어질 결심'과 미국의 한국 달래기

1975년 남베트남이 함락되기 전, 한국에서는 안보에 대한 우려가 급격히 고조되고 있었다. 1973년 8월 이후 남북대화는 교착상태에 빠졌고, 1974년 11월과 1975년 3월, 비무장지대를 관통하는 북한의 터널이 잇따라 발견되면서 긴장이 한층 고조되었다. 또한, 1975년 2월부터 4월까지 서해에서 벌어진 해상 교전은 남북관계를 더욱 악화시켰다.

이러한 상황에서 미국이 베트남에서 갑작스럽게 철수하고 남베트남 정부가 패망하자, 한국 내 안보 불안감은 극에 달했다. 주한미국대사 리처드 스나이더는 워싱턴에 보낸 전문에서 한국 정부 내 미국의 확장억제 약속에 대한 의구심과 함께 "고립되고 포위된 강박관념Siege Mentality"이 퍼지고 있다고 평가했다.[16] 또한, 그는 북한이 미국을 시험하기 위해 도발할 가능성이 있다고 경고하면서 만약 북한의 도발에 한국이 독자적으로 대응할 경우 미국이 연루될 수 있음을 지적했다.[17] 한미 1군단 사령관 제임스 홀링스워스James Hollingsworth 역시 한국 정부 내에서 베트남처럼 버림받을 수 있다는 불안감이 강하게 퍼지고 있다고 보고했다.[18]

스나이더 대사가 보기에 박정희 대통령은 미국과 헤어질 결심을 하는 듯했다. 즉, 미국의 확장억제에 더는 의존하지 않겠다고 결심한 듯했다. 특히, 한국은 미국의 한반도 정책이 미 의회와 미국 국민의 지지를 잃어가고 있다는 현실을 분명히 인식하고 있었다.[19] 1971년 미 7사단 철수 이후에도 미 의회는 이미 주한미군 추가 철수를 추진했고, 군사원조를 제한하며 한국에 정치 개혁을 압박했다. 이로 인해 미국의 확장억제 공약에 대한 신뢰는 약화되었고, 박정희 대통령은 자체 핵무기 개발을 심각하게 고려하기 시작했다.

이러한 위기 상황에서 스나이더 대사는 한국에 적절한 보장 신호를 보내고 미국의 확장억제 공약을 강화하는 조치가 필요하다고 보고했다.[20] 이에 따라, 포드 행정부는 추가 주한미군 철수 계획을 보류하고, 한미 1군단 해체 계획을 철회하며, 판문점에서 미군 철수도 중단하는 등 안보 보장을 강화한다.

가장 핵심적인 조치 중 하나는 1975년 8월 국방장관 제임스 슐레진저James Schlesinger가 서울을 방문하여 박정희 대통령에게 직접 보장 메시지를 전달한 것이었다.[21] 슐레진저는 박정희 대통령과의 회담에서 미국이 베트남에서처럼 한국을 버리지 않을 것이라는 확신을 주고자 했다. 그는 박정희 대통령에게 향후 5년간 주한미군 규모에 "기본적인 변

●●● 백악관 회의에 참석한 포드 대통령(가운데)과 슐레진저 국방장관(오른쪽), 헨리 키신저 국무장관(왼쪽). 슐레진저 국방장관은 남베트남 패망 이후 한국의 안보 불안을 해소하는 데 핵심적인 역할을 했다. 그는 1975년 8월 한국을 방문하여 박정희 대통령과의 회담에서 한국의 안보 상황을 솔직하게 논의하면서, 핵무기 개발을 포기하고 한미동맹을 강화하는 것이 한국에 가장 현명한 선택임을 강조했다. 또한 미국이 한국을 떠나지 않겠다는 확실한 보장 메시지를 전하는 한편, 핵무기 개발을 계속할 경우 미국과의 관계가 심각한 위기에 처할 것이라는 강력한 경고도 함께 전달했다. 슐레진저의 이 방문은 한국 내에서 고조되었던 안보 불안과 의구심을 크게 해소하는 계기가 되었다. 〈출처: WIKIMEDIA COMMONS | Public Domain〉

화는 없을 것"이라고 확언하며 한국이 미국에 매우 중요한 동맹국임을 강조했다.[22] 또한, 미 의회의 분위기가 변하고 있으며 주한미군 철수 압력이 줄어들고 있다고 덧붙였다. 슐레진저는 심지어 1977년 대선 이후에도 한국에 대한 지원이 철회될 가능성은 낮다고 박정희 대통령을 안심시켰다. 그러고는 포드 대통령이 재선에 성공할 것이라고 전망하기도 했다.[23]

이와 동시에 슐레진저는 한국의 핵무기 개발 프로그램을 포기하라고 강력히 압박했다. 그는 한국이 완전히 독립적일 수 있다는 생각은 '환상'에 불과하다고 하면서 미국의 확장억제가 필수적이라고 강조했다. 미국은 F-111 전폭기와 같은 핵전략 자산을 한국에 순환배치할 것이니 미국을 믿어보라고 설득했다. 더불어, 한국이 국제 핵확산금지조약NPT, Nuclear Non Proliferation Treaty을 위반하고 핵무기 개발을 추진할 경우 미국과 한국 간의 관계가 심각한 위기에 처할 것이라고 경고했다. 즉, 한국과 같이 강대국에 둘러싸인 나라는 자주국방을 하기 어려우니 핵무기 개발을 포기하고 미국의 확장억제체제로 돌아오라는 것이었다.[24]

슐레진저의 보장과 경고를 들은 후, 박정희 대통령은 NPT 의무를 준수할 의지가 있음을 밝혔다. 그는 미국의 핵우산을 신뢰하며 핵무기 개발 계획 같은 것은 없다고 말했다. 그러나 상황이 변하면 한국이 자체적으로 핵무기를 개발할 수 있음을 암시했다.[25]

이후에도 한국은 프랑스로부터 플루토늄 재처리 시설을 도입하려는 시도를 계속했다.[26] 이에 따라 미국은 한국뿐만 아니라 프랑스에 대한 압박도 강화했다.[27] 결국 1976년 초, 박정희 대통령은 핵무기 프로젝트를 중단하기로 결단했다.[28] 이는 한국의 자주국방 의지와 미국의 강력한 압박 사이에서 치열한 줄다리기 끝에 내린 결정이었다. 한국은 독자적인 핵무기 개발을 포기하고 미국의 확장억제와 핵우산 아래로 다시 돌아가기로 한 것이었다.

카터 대통령과 주한미군 전면 철수 정책

박정희 대통령을 만난 자리에서 슐레진저 국방장관은 포드 대통령의 재선을 장담했다. 그러나 1976년 대통령 선거의 승자는 예상과 달리 지미 카터Jimmy Carter였다. 카터 대통령은 이전 행정부와의 차별성을 강하게 부각하며 도덕성, 인권, 그리고 민주적 원칙에 기반한 투명하고 진정성 있는 외교 정책을 추진하려 했다. 그의 취임 연설은 이러한 의지를 잘 드러냈다. 카터는 외교 정책의 방향을 전환해 미국의 도덕적 리더십을 강조하며 인권 문제를 중심에 두고 국제사회의 신뢰를 회복하려는 의도를 분명히 했다.

> **미국은 적대국들이 사용해온 잘못된 원칙과 전술을 사용했습니다. 때로는 우리의 고유한 가치를 저버리고 그들의 방식을 수용하기도 했습니다. 우리는 불에 맞서 불로 싸우려 했지만, 불을 끄는 데 물이 더 효과적이라는 사실을 간과했습니다. 이 접근은 실패로 끝났고, 베트남 전쟁은 도덕적 해이를 드러냈습니다. 그러나 그 실패를 통해 우리는 다시 우리의 원칙과 가치를 찾았고, 잃었던 자신감을 회복할 수 있었습니다.[29]**

카터 대통령은 소련과 같은 국가가 지속적으로 팽창하는 것은 역사적으로 불가능하다고 믿었다. 따라서 그는 냉전식 외교 정책에서 과감히 벗어나야 한다고 주장했다. 주한미군 지상군 철수는 그가 대통령으로서 추진한 첫 번째 주요 정책 중 하나였다. 그는 한국에 주둔한 모든 미군 지상군을 철수시키고, 이 병력을 중동과 유럽으로 재배치하는 것

●●● 1976년 12월 17일 대통령 당선자 신분으로 미 국방부 펜타곤을 방문한 지미 카터(가운데). 카터의 오른쪽은 포드 행정부의 국방장관이었던 도널드 럼스펠드(Donald Rumsfeld)이다. 카터는 대통령으로 취임한 직후 최우선 정책으로 주한미군 지상군 철수를 추진한다. 그는 소련과 같은 국가가 지속적으로 팽창하는 것은 역사적으로 불가능하다고 믿고 냉전식 외교 정책에서 과감히 벗어나야 한다고 주장했다. 그는 한국에 주둔한 모든 미군 지상군을 철수시키고, 이 병력을 중동과 유럽으로 재배치하는 것이 미국의 국가 이익에 더 부합한다고 확신했다. 공군과 해군만으로도 한국 방어는 충분하다고 판단했기 때문이다. 〈출처: WIKIMEDIA COMMONS | Public Domain〉

이 미국의 국가 이익에 더 부합한다고 확신했다. 공군과 해군만으로도 한국 방어는 충분하다고 판단했기 때문이다.

카터 대통령이 주한미군 철수를 생각하게 된 계기는 대통령 선거 캠페인 시기로 거슬러 올라간다.[30] 1974년과 1975년 초, 당시 조지아 주지사였던 카터는 은퇴한 해군 제독 진 라록Gene LaRocque 등 여러 국방 전문가들과 심도 있는 논의를 나누었다. 이들은 주한미군이 특히 위험한 위치에 놓여 있다고 경고했다. 만약 한국에서 전쟁이 발생한다면, 주한미군이 미국의 자동 개입을 일으키는 '인계철선tripwire' 역할을 할 것이라고 주장한 것이다. 라록은 다음과 같이 단호하게 경고했다.

> **북한의 김일성이나 남한의 박정희, 혹은 그들의 후임자가 우리를 전쟁에 끌어들일 수 있으며, 이는 미국을 심각한 혼란에 빠뜨릴 것입니다. 우리는 중동과 유럽을 우선적으로 고려해야 합니다. 우리에게 중요도를 따지자면, 한국은 1 정도이고, 중동과 유럽은 10 정도입니다.**[31]

카터 대통령은 브루킹스 연구소Brookings Institute 전문가들과의 회의를 통해 주한미군 철수에 대한 신념을 더욱 굳혔다. 브루킹스 연구소의 배리 블레크먼Barry Blechman은 카터 대통령에게 한국은 전쟁 시 미국의 자동개입을 원하겠지만, 미국은 전쟁에 휘말리는 것을 방지하고 전략적 유연성을 확보해야 한다고 말하면서 그러려면 한국에 있는 핵무기를 우선 철수하고, 지상군은 4~5년에 걸쳐 단계적으로 철수해야 한다고 조언했다.

이 회의를 계기로 카터 대통령은 주한미군 2사단의 '인계철선' 역할에 더욱 사로잡히게 되었고, 이 시기에 한국에 대한 정책 구상을 시작한 것으로 보인다. 이후, 그는 선거 캠페인 동안 이러한 입장을 일관되게 유지했다. 1976년 5월 6일, PBS와의 인터뷰에서 카터 대통령은 "나는 3년, 4년, 혹은 그 이상의 기간에 걸쳐 모든 미군 지상군을 한국에서 철수시키는 것이 바람직하다고 본다"라고 말했다.[32] 이어 1976년 6월 23일, 외교정책협회Foreign Policy Association 연설에서도 "한국과 일본과의 협의를 거쳐 정해진 기간 동안 단계적으로 우리 지상군을 한국에서 철수하는 것이 가능할 것"이라고 말하며 주한미군 철수에 대한 입장을 명확히 했다.[33]

이를 두고 카터 대통령이 한국의 전략적 가치를 평가절하했다고 생각하는 것은 적절하지 않다. 카터 대통령은 단순히 주한미군을 철수하려는 것이 아니라, 냉전시대의 낡은 사고방식에서 벗어나 미국의 군사적 개입이 자동으로 이루어지지 않도록 하려는 전략적 패러다임 전환을 생각했던 것이다.

1977년 1월 20일 대통령으로 취임한 후, 카터는 주한미군 지상군 철수를 본격적으로 추진하기 시작했다. 1977년 3월 9일 기자회견에서 카터 대통령은 주한미군 철수 정책을 처음으로 공식적으로 확인했다. 그는 주한미군 철수가 점진적으로 이루어질 것이며, "4년에서 5년 정도의 기간이 적절하다"고 언급하면서 이 결정이 번복될 수 없음을 분명히 했다.[34]

카터 대통령의 기자회견이 끝난 지 두 시간도 채 지나지 않아, 사이러스 밴스Cyrus Vance 국무장관은 한국의 박동진 외무장관을 만나 카터 대통령의 주한미군 철수 결정을 통보했다. 또한 밴스 국무장관은 곧 구체적인 주한미군 철수 계획을 준비해 한국과 협의할 것임을 전했다. 이에 박동진 외무장관은 마치 예상이라도 한 것처럼 주한미군 철수 결정을 철회해달라는 요청조차 하지 않았다. 이에 밴스 장관은 자신의 회고록에 "한국인들은 놀라울 만큼 절제된 태도를 보였다"고 묘사했다.[35]

그러나 문제는 한국이 아닌 미국 내부에 있었다. 1975년 남베트남이 공산화된 상황에서 의회, 여론, 심지어 미군까지도 카터의 주한미군 철수 정책에 반대한 것이다. 예를 들어, 주한미군 철수 정책 발표 직전인 1977년 3월 4일, 미 합참의장은 의회에서 주한미군 철수 가능성에 대해 "불안정한 균형 상태에 있는 한반도에서 어떤 성급한 변화도 잠재적으로 심각한 위기를 초래할 것"이라고 경고했다.[36] 3일 뒤, 미 합참은 국방장관에게 제출한 보고서에서 모든 지상군을 한 번에 철수하는 것은 어려우며, 대안으로 단계적 철수안을 제시했다. 이는 확장억제력을 유지하면서도 대통령의 주한미군 철수 정책을 이행하기 위한 대안이었다.[37]

카터 대통령의 참모들 사이에서도 주한미군 철수를 둘러싸고 의견이 분분했다. 사이러스 밴스는 당시 상황을 자신의 회고록에 이렇게 썼다.

> **행정부 내부에서도 철수에 대한 강한 반대 의견이 있었다. 거의 모든 이들이 심각한 우려를 표했지만, 대통령은 초기부터 공약을 강하게 추진해서 여전히 철수에 대한 입장을 굽히지 않았다. 미 국방부의 민간인과 장군들, 그리고 나를 포함한 국무부 동료들, 동아시아-태평양 차관보인 리처드 홀브룩**Richard Holbrooke**까지 대부분이 철수에 반대했다. 내가 육군 장관으로서 한국에서 경험했던 일, 그리고 나중에 존슨 대통령의 특사로 활동했던 경험을 통해, 나는 그곳의 상황이 얼마나 민감한지 잘 알고 있었다. 그러나 국방장관 해롤드 브라운**Harold Brown**이나 내가 이 문제를 제기할 때마다 카터 대통령은 단호한 태도를 유지했다. 대통령의 고위 보좌진 중에서는 유일하게 국가안보보좌관 즈비그뉴 브레진스키**Zbigniew Brzezinski**만이 철수를 계속 지지했다.**[38]

그러나 이제 막 대통령직을 시작한 카터의 입장에서 자신의 대선 공약을 없던 일로 한다는 것은 어려운 일이었을 것이다. 카터 대통령은 주한미군 철수 정책을 바꾸지 않고 그대로 밀어붙였다. 1977년 5월 5일, 카터 대통령은 'PD-12'로 불리는 지침을 통해 주한미군 2사단과

●●● 지미 카터 대통령(가운데)와 그의 핵심 외교안보 참모였던 즈비그뉴 브레진스키 국가안보 보좌관(맨 왼쪽), 사이러스 밴스 국무장관(오른쪽 두 번째), 해롤드 브라운 국방장관(맨 오른쪽)이 캠프 데이비드(Camp David)에 모여 안보 문제를 논의하고 있다. 사이러스 밴스는 그의 회고록에서 카터의 핵심 참모 중 브레진스키를 제외한 누구도 주한미군 지상군 철수 계획에 동의하지 않았다고 말했다. 그러나 이제 막 대통령직을 시작한 카터의 입장에서 자신의 대선 공약을 없던 일로 한다는 것은 어려운 일이었을 것이다. 카터 대통령은 주한미군 철수 정책을 그대로 밀어붙였다. 1977년 5월 5일, 카터 대통령은 'PD-12'로 불리는 지침을 통해 주한미군 2사단과 그 지원 병력, 그리고 핵무기를 1982년 말까지 철수하겠다는 결정을 공식 발표했다. 이로써 카터 대통령은 향후 2년 반 동안 대내외로 엄청난 공격을 받게 될 논란의 정책을 시작하게 된다. 〈출처: WIKIMEDIA COMMONS | Public Domain〉

그 지원 병력, 그리고 핵무기를 1982년 말까지 철수하겠다는 결정을 공식 발표했다. 또한, PD-12는 일차적으로 1978년 말까지 2사단의 전투여단을 포함한 약 6,000명의 병력을 철수할 것임을 명시했다.[39] 이로써 카터 대통령은 향후 2년 반 동안 대내외로 엄청난 공격을 받게 될 논란의 정책을 시작하게 된다.

온 미국이 카터의 주한미군 철수를 반대하다

카터 대통령의 주한미군 철수 정책이 전방위로 공격받게 된 결정적인 계기는 1977년 주한미군 참모장으로 있던 존 싱글러브John Singlaub 소장의 발언에서 비롯되었다. 카터 대통령이 주한미군 철수 결정(PD-12)을 내린 지 약 2주 후, 싱글러브는《워싱턴 포스트Washington Post》도쿄 지국장 존 사John Saar와의 인터뷰에서 주한미군 철수 정책을 공개적으로 비판했다. 그는 주한미군 철수 계획이 군사적 또는 전략적 논리를 충분히 고려하지 않았으며, "일정대로 지상군을 철수한다면 전쟁으로 이어질 것"이라고 경고했다.[40]

싱글러브는 주한미군 철수 정책에 대한 공개적인 비판 이후, 곧 백악관에 긴급 소환되어 직위에서 해임되었고,[41] 이 결정은 군 내부의 강한 반발을 불러일으켰다.《뉴욕 타임스New York Times》는 보도에서 많은 군 장교들이 그의 해임을 "전문 직업 장교에 대한 모욕"으로 간주하며 분노를 표출했다고 전했다. 특히, "군 장교들이 그가 받은 대우에 대해 개인적으로 깊은 분노를 느꼈으며, 싱글러브 장군이 모두가 공감하는 내용을 공개적으로 말했기 때문에 '표적이 되었다'고 주장했다"고 보도했다.[42] 이 사건은 미국의 외교 및 군사 정책을 둘러싼 논쟁의 도화선이 되었고, 미국 국민의 관심을 촉발시키는 계기가 되었다.

결국 이 사건은 정치 문제로 확대되었고, 미 하원은 싱글러브 청문회를 열어 이 문제를 조사하기 시작했다.[43] 1977년 5월부터 1978년 1월까지 총 14차례의 청문회가 열렸으며, 미 육군 참모총장 버나드 로저스Bernard Rogers 장군, 시카고 대학교의 모튼 카플란Morton Kaplan 교수, 그리고 주일미국대사 마이크 맨스필드Mike Mansfield 등 여러 군 장성, 학자, 정부 관계자들이 차례로 증언대에 섰다. 그 결과, 미 하원은 주한미군 철수 문제의 심각성을 반영한 465페이지에 이르는 방대한 보고서를 발간한다.[44]

청문회의 초점은 주한미군 철수 결정이 전문가들에 의해 충분히 검토되었는지 여부였다. 싱글러브는 대부분의 미군 고위 장교들이 카터 대통령의 주한미군 철수 계획에 동의하지 않았다고 주장하며 주한미군 철수 결정의 타당성에 대해 그들의 의견을 묻지 않았다고 비판했다. 그는 청문회에서 다음과 같이 증언했다.

> **저는 대통령이 발표한 모든 전투부대를 철수시키겠다는 제안에 동의하는 고위 책임자를 알지 못합니다. … 우리는 "이것이 바람직하다고 생각하십니까?"라는 질문을 받은 적이 없고, 철수 옵션에 대해 검토할 때마다 철수 결정이 재앙으로 이어질 수 있음을 명확히 경고했습니다. 결국, 우리는 매우 바람직하지 않은 여러 정책 대안 중에서 가장 덜 바람직한 것을 선택하게 되었습니다.**[45]

미 의회 보수파는 카터 대통령이 충분한 군사적 조언 없이 독단적으로 주한미군 철수 결정을 내렸다고 강하게 비판했다. 특히, 공화당 하원의원 윌리엄 화이트허스트William Whitehurst는 주한미군 철수 정책이 남한의 안보뿐만 아니라 일본 및 다른 동맹국들과의 관계에도 심각한 영향을 미칠 수 있다고 경고하며 카터 행정부가 주한미군 철수 정책을 재고해야 한다고 주장했다.[46]

싱글러브의 의회 증언이 대중 사이에서 큰 반향을 불러일으키자, 카터 대통령은 기자회견을 통해 주한미군 철수 정책을 적극적으로 옹호하고 나섰다. 카터 대통령은 "한반도에서 전쟁이 예상될 만한 어떠한 원인도 존재한다고 생각하지 않는다"며 싱글러브의 주장이 틀렸다고 말했다.[47] 또한, 그는 미국 정부가 주한미군 철수 정책을 오랜 기간 검토해왔으며, 군 고위 장성과 정보기관과 충분한 사전 협의를 거친 후 이 결정을 내렸다고 강조했다.

그러나 카터 대통령은 한국 측에서 주한미군 철수를 요청했다고 말하며 신뢰성에 상처를 입혔다. 예를 들어, 카터 대통령은 "박정희 대통령이 주한미군의 완전한 철수를 요구해왔다"고 주장했다.[48] 이 기자회견은 국민을 설득하기 위한 것이었으나, 오히려 그의 행정부가 중대한 정책을 충분히 검토하지 않은 상태에서 잘못된 정보에 기초해 독단적으로 주한미군 철수 정책을 추진하고 있다는 인상만 남겼다.[49]

싱글러브 사건은 카터 대통령의 주한미군 철수 정책에 대한 상원 내 논쟁에도 불씨를 당겼다. 상원에서는 민주당과 공화당 모두 주한미군 철수 정책을 비판했다. 공화당 중진급 상원의원인 배리 골드워터Barry Goldwater는 주한미군 철수 정책이 한국에서 전쟁으로 이어질 수 있다고 확신한다고 경고했다.[50] 그의 발언은 상원 군사위원회의 민주당 샘 넌Sam Nunn 상원의원과 공화당 찰스 퍼시Charles Percy, 민주당 존 글렌John Glenn 등 여러 상원의원의 지지를 받았다.[51] 결국, 미 상원은 카터 행정부에 주한미군 철수가 미치는 영향을 평가하는 보고서를 제출하라고 요구하고, 의회와의 협의를 통해 주한미군 철수 정책을 결정하라고 압박했다.[52]

그럼에도 불구하고 카터 대통령은 주한미군 철수 계획을 예정대로 추진할 것임을 분명히 했다. 백악관 대변인은 기자들에게 "지상 전투부대를 철수하기로 한 대통령의 기본적인 결정은 이미 내려졌다"고 선언하며 이 결정을 내리는 것은 "전적으로 최고사령관의 권한"이라고 강조했다. 주한미군 철수를 위해 의회의 허가를 받을 필요는 없다고 말한 것이다.[53] 이제 주한미군 철수 문제는 단순한 정책 결정이 아니라, 대통령과 의회 간의 파워게임 양상으로 변하고 있었다.

카터의 고집에 대한 직접적인 반발로 1978년 4월 27일, 하원 군사위원회는 민주당 새뮤얼 스트래튼Samuel Stratton 의원이 제안한 국방수권법 수정안을 통과시켰다. 이 수정안은 한반도에 평화협정이 체결될 때까지 미군 지상 전투 병력을 2만 6,000명 이하로 줄이지 말 것을 요구하는 내용을 골자로 했다.[54] 한 달 후인 5월 11일, 상원 외교위원회도 대통령이 의회에 포괄적인 보고서를 제출할 것을 요구하며, 북한의 위협이 재평가될 때까지 주한미군 철수를 중단할 것을 권고했다.[55]

미국의 경우 의회와 대통령이 대등한 권력을 갖고 서로 견제하는 체제를 갖추고 있다. 예를 들어, 미국 대통령은 법안 발의도 혼자서는 할 수 없으며, 의회의 동의 없이 주요 정책을 추진하기 어렵다. 따라서 대통령에게는 의회 내에 자신의 정책을 지지해줄 우군이 매우 중요하다. 카터 대통령의 문제는 의회 내에 자신의 편이 없다는 것이었다. 그 결과, 정책 추진과 법안 통과를 위한 적절한 소통이 이루어지지 않았고, 같은 민주당 내에서도 카터 행정부의 정책 추진을 비판하고 나섰다. 결국, 하원에서는 주한미군 지상군 철수를 반대하는 법안이 통과되었고, 상원도 카터 행정부의 계획을 승인하지 않음으로써 주한미군 철수 정책은 동력을 잃게 되었다.

카터 대통령의 주한미군 철수 정책에 대한 박정희 대통령의 분노

카터 대통령의 주한미군 철수 계획이 1977년 3월에 공식 발표되자, 한국 전역에서는 이에 대한 강력한 반대의 물결이 일어났다. 6·25전쟁

이후 전 국민이 한마음으로 뭉친 것은 이때가 처음이라고 할 정도였다. 실제로 정부 고위 관계자부터 박정희 정권에 반대하는 반체제 인사, 인권운동가, 종교지도자에 이르기까지 거의 모든 이들이 주한미군 철수 정책에 대해 심각한 우려를 표명했다. 한국 국민은 북한군이 언제든지 기습공격을 감행할 태세를 갖추고 있다는 사실을 잘 알고 있었다. 또한, 모든 주한미군 지상군이 철수하면, 미국이 더는 한국을 지켜주지 않을 것이라는 두려움이 확산되었다.

특히 한국 내에서는 카터 대통령의 주한미군 철수 정책이 박정희 정부의 인권 문제와 관련이 있다고 생각했고, 카터 대통령이 인권 문제와 안보 문제를 분리하지 못하는 짧은 시각을 가졌다는 아쉬움을 표했다. 예를 들어, 박정희 대통령의 장기 집권을 비판하던 윤보선 전 대통령조차도 《뉴욕 타임스》와의 인터뷰에서 만약 미국이 박정희 대통령의 인권 침해 때문에 한국을 떠난다면, 이는 "미국 자신이 인권과 민주주의라는 자유주의적 가치를 위협하는 것"이라고 말하기도 했다.[56] 즉, 주한미군이 철수하면 북한의 남침으로 인해 더 큰 인권 유린이 발생한다는 것이었다.

박정희 대통령은 카터 대통령이 주한미군 철수 정책을 확정한 이후, 이제는 정말로 미국의 울타리에서 벗어나기로 결심했다. 북한의 위협에 맞서 자력으로 방위할 수 있는 군사력을 갖추기 위한 구체적인 계획을 세우기 시작한 것이다. 예컨대, 1977년 10월 국군의 날 기념식에서는 국산 무기의 우수성을 자랑하는 대규모 퍼레이드가 펼쳐졌고, 언론은 이 무기들을 한국이 직접 만들었다는 점을 끊임없이 강조하며 한국의 자주국방 능력을 부각했다. 《뉴욕 타임스》는 이를 두고 "이 퍼레이드는 미국의 개입이 더 이상 자동으로 이루어질 것 같지 않은 시기에, 한국의 군사력에 대한 국민의 신뢰를 구축하기 위한 조치였다"고

보도했다.[57]

이와 동시에 한국은 미국의 강력한 압력으로 인해 1976년에 취소한 핵무기 프로그램을 재검토하기 시작했다. 박정희 대통령은 공식적으로는 핵무기 개발 계획에 대해 침묵했지만, 1977년 6월 30일 박동진 외무장관은 국회에서 한국의 생존이 심각하게 위협받는다면, 우리는 핵무기를 개발할 수밖에 없다고 강력히 경고했다. 또한, 한국이 핵확산금지조약NPT, Non Proliferation Treaty에 서명한 국가이기는 하지만 안보가 심각하게 위협받을 경우 '독자적인' 결정을 내릴 준비가 되어 있다고 말했다.[58]

이러한 움직임들은 단순한 안보 전략의 변화가 아니라, 한국의 생존을 걸고 벌이는 필사적인 대응이었다. 박정희 정부는 주한미군 철수로 인해 위태로워질 수 있는 국가안보를 위해 독자적인 군사력을 강화하는 동시에, 핵무기 개발이라는 최후의 수단까지 염두에 두고 있던 것이다. 이는 한국이 더 이상 미국에만 의존하지 않겠다는 강력한 메시지였으며, 자국의 미래를 스스로 지키겠다는 결연한 의지의 표현이었다.

이와 동시에 한국은 북한과의 긴장을 완화하고자 중국과 소련과의 외교관계를 적극적으로 모색하기 시작했다. 무역, 문화 교류, 스포츠 활동에 대한 협력 신호를 보내며 두 공산주의 강대국과의 관계를 새롭게 탐색한 것이었다. 또한, 1973년 8월 이후 중단된 남북 간의 정치적 협상을 재개하기 위해 북한에 상품, 기술, 자본의 교환을 제안했다. 이러한 경제적 교류와 협력을 통해 한국은 주한미군 철수 이후 남북 간 군사적 대결의 가능성을 줄이고자 했다.

이러한 한미 간의 갈등은 1979년 6월 29일 카터 대통령의 서울 방문 때까지 계속되었다. 카터 대통령은 도쿄에서 열린 서방 7개국 정상회담에 참석한 이후 짧은 45시간의 일정으로 한국을 방문했다. 이때 열린 박정희 대통령과 카터 대통령의 정상회담은 점점 더 멀어져가는 두 나라 간의 관계를 적나라하게 드러냈다. 회담에서 박정희 대통령은 카터 대통령의 주한미군 철수 정책을 정면으로 반박했다.[59] 사이러스 밴스 국무장관의 회고록에는 당시 긴박한 상황이 다음과 같이 생생하게 묘사되어 있다.

> **서울에 도착한 카터 대통령은 박정희 대통령이 자신의 면전에 주한미군 철수 문제를 거론하자 심히 불쾌해했다. 카터 대통령이 이미 박정희 대통령의 입장을 알고 있던 터라, 우리는 박정희 대통령이 이를 언급하지 않도록 요청했다. 그러나 우리의 요청에도 불구하고, 박정희 대통령은 첫 회담이 시작되자마자 45분 동안이나 이어지는 긴 연설을 시작했다. 연설의 내용은 주한미군 철수 정책이 한국과 아시아 지역에 위험하다는 것이었다. 박정희 대통령이 통역을 통해 계속해서 주한미군 철수 정책을 강하게 비판하자, 회담장 안의 분위기는 싸늘해졌다. 카터 대통령과 해럴드 브라운 국방장관 사이에 앉아 있던 나는 카터 대통령이 분노를 참고 있는 것을 느꼈지만, 그저 이 상황이 자연스럽게 흘러가도록 내버려둘 수밖에 없었다.[60]**

박정희 대통령의 비판에 화가 난 카터 대통령은 박정희 대통령을 앞에 두고 한국의 인권 문제를 정면으로 비판했다. 카터 대통령은 박정희 대통령의 독재가 한국에 대한 미국 국민의 지지와 신뢰를 약화시킨다고 격정적으로 지적했다. 그러자 박정희 대통령은 북한의 위협에 맞서고 경제 발전을 촉진하기 위해서는 강경한 통치가 불가피했다고 주장하며 적극적으로 방어했다.[61] 아마도 이날 회담이 한미동맹 역사상 가장 위태로운 순간이었을지 모른다.

●●● 1979년 6월 한국을 방문한 카터 대통령과 박정희 대통령이 환담을 하는 장면. 6월 30일 이루어진 정상회담에서 두 지도자는 견해 차이와 감정의 골이 깊다는 것을 확인했다. 그러나 이후 국빈 만찬에서는 분위기가 반전되었고, 카터 대통령은 주한미군 철수 정책을 철회할 수도 있다는 암시를 준다. 이와 동시에, 밴스 국무장관은 박동진 외무장관에게 100명이 넘는 정치범 명단을 전달하며 이들의 석방을 요청했다. 이에 화답하듯 2주 후 한국 정부는 1975년 이후 최대 규모로 86명의 정치범을 석방한다고 발표했다. 그리고 3일 후인 1979년 7월 20일, 카터 대통령은 주한미군 철수 정책을 포기한다고 전격 발표하기에 이른다. 〈출처: National Security Archive〉

두 지도자는 견해 차이 극명하고 감정의 골이 깊었지만, 카터 대통령은 애써 방문 목적에 집중하려 했다. 카터 대통령은 한반도 방어에 대한 미국의 이익을 재확인하는 것이 이번 방문의 핵심이라고 강조했다.[62] 그리고 자신이 한국을 방문한 것은 한국뿐만 아니라 다른 아시아 지도자들에게도 미국의 확장억제가 공고함을 보이기 위한 것이라고

말했다.[63]

이날 정상회담이 끝난 뒤 카터 대통령은 몹시 분노했다고 한다. 회담이 끝나고 정동에 있는 미국대사관저로 돌아온 카터 대통령은 자동차가 현관에 도착한 후에도 차에서 내리지 않고 동승했던 밴스 국무장관, 브라운 국방장관, 브레진스키 국가안보보좌관과 계속 논쟁을 벌였다. 이때에도 밴스와 브라운은 주한미군 철수 정책을 취소해야 한다고 조언했고, 오직 브레진스키만 대통령의 편이었다.[64]

이후 국빈 만찬이 열렸는데, 밴스 국무장관이 한국 측에 더는 주한미군 철수 문제를 언급하지 말도록 간청했기 때문에 박정희 대통령은 만찬장에서만큼은 한국과 미국의 우호증진에 관해서만 이야기했다.[65] 카터 대통령도 아주 강한 어조로 "미국은 태평양 국가였고, 현재도 그러하며, 앞으로도 태평양의 강대국으로 남을 것"이라고 강조했다. 그리고 이어서 "한국 안보에 대한 미국의 군사적 공약은 강력하고, 흔들림 없으며, 지속될 것"이고, 한미동맹은 "미국 외교 정책의 초석으로 남을 것"이라고 언급했다.[66]

카터 대통령은 한국 방문 중 주한미군 철수 정책에 대한 자신의 입장을 공식적으로는 바꾸지 않았지만, 비공식적인 자리에서 박정희 대통령에게 주한미군 철수 계획의 전면 중단을 진지하게 고려하고 있다는 암시를 주었다. 이와 동시에, 밴스 국무장관은 박동진 외무장관에게 100명 이상의 정치범 명단을 전달하며 이들의 석방을 요청했다.[67] 이에 화답하듯, 2주 후 한국 정부는 1975년 이후 최대 규모로 86명의 정치범을 석방한다고 발표했다.[68] 그리고 3일 후인 1979년 7월 20일, 카터 대통령은 주한미군 철수 정책을 포기한다고 전격 발표한다.[69] 이 발표는 이미 674명의 전투 병력을 포함한 3,670명의 병력 철수가 완료된 후에 이루어졌다. 카터 대통령은 성명에서 제2보병사단의 철수는

"보류할 것"이라고 명확히 밝히며, "이후 철수의 시기와 속도는 1981년에 재검토할 것"이라고 언급했다.[70] 이는 카터 대통령이 임기 내에 더는 이 문제를 논의하지 않겠다는 의미였다.

***

이로써 한미 간의 불화는 점차 수그러들었다. 이후 미국 정부는 냉전이 끝날 때까지 주한미군을 철수하지 않았으며, 한국 정부는 핵무기 개발 노력을 중단했다. 요컨대, 이 모든 과정은 한미동맹의 새로운 단계로의 진입을 의미했다. 카터 행정부의 철수 논쟁을 통해 한국과 미국은 한미동맹이 각자에게 얼마나 중요한 이익인지 확인하는 과정을 거친 것이다. 이후 한국은 한미동맹 내에서 역할과 책임을 점차 확대해나갔고, 한미동맹은 냉전의 종식과 같은 외부의 변화에도 쉽게 흔들리지 않는 내구성을 갖추어나갔다. 이어지는 제5장에서는 이렇게 한미동맹이 굳건한 관계로 발전되어가는 과정과 요인을 자세히 살펴보겠다.

★ CHAPTER 5 ★

단극의 시대, 포괄적 안보동맹으로 진화한 한미동맹

미국은 왜 냉전 이후에도 한국을 필요로 했을까? 냉전이 끝났는데도 미국은 한국과 동맹을 유지하는 것이 이익이라고 생각한 것일까? 이 질문들은 단순히 과거의 문제가 아니다. 이 질문은 한미동맹의 지속 가능성을 판단하는 데 중요한 단서가 된다.

제2차 세계대전 이후 약 40년간 지속된 냉전은 1980년대 말 공산권의 붕괴와 1991년 소련의 해체로 막을 내렸다. 그 결과, 세계는 '새로운 질서New World Order'로 재편되었고, 미국은 유일한 초강대국으로 떠올랐다. 더는 강대국 간의 세력경쟁이 필요 없어진 것이다. 이에 따라 미국의 대전략도 새로운 변화를 맞이했다. 자유주의 국제 질서의 확대를 목표로 하는 '자유주의 패권Liberal Hegemony' 전략이 부상했으며, 이를 통해 미국은 전 세계에 민주주의와 시장경제를 확산하고자 했다.[1]

이처럼 새로운 시대에 접어들면서 한미동맹도 단순한 반공 동맹의 틀을 벗어나 변화하기 시작했다. 과거에는 세력균형의 관점에서 한국의 지정학적 가치가 강조되었지만, 탈냉전기에는 자유주의 질서의 시각에서 한국의 가치가 주목받기 시작한 것이다. 특히, 탈냉전기에 한국이 눈부신 경제성장을 이루고 민주화를 성공시킨 것은 미국이 주도하는 자유주의 질서의 모범 사례가 되었다. 한국의 성공은 독재와 공산 정권을 경험한 국가들이 미국의 질서 속에서 어떤 성과를 낼 수 있는지 보여주는 롤모델이 된 것이다. 이러한 배경 속에서 한국에 대한 미국의 이익은 탈냉전기에도 여전히 컸기 때문에 미국은 확장억제를 유지할 충분한 동기를 가지게 되었다. 이번 장에서는 미국이 유일한 패권국으로 남은 '단극의 순간Unipolar Moment'과 대전략의 변화 속에서 한미동맹 체제가 어떻게 진화해왔는지 살펴보겠다.

냉전의 종식은 한미동맹에 어떤 변화를 가져왔나

1970년대에 카터 대통령 시기에는 인권 문제로 한미 간에 자주 충돌이 있었다. 그러나 한미 간 갈등은 1981년 공화당의 로널드 레이건Ronald Reagan 대통령이 취임하면서 새로운 국면을 맞이한다. 레이건 대통령은 강력한 반공주의자로서 공산주의를 가장 심각한 인권 침해로 보았다. 이에 따라 레이건 대통령의 대외 정책은 미국의 군사력과 동맹을 강화하여 공산주의에 맞서는 데 중점을 두었고, 한국의 인권 상황은 상대적으로 덜 문제시되는 듯했다.[2] 한국과 미국 간 관계를 막고 있던 하나의 장애물이 어느 정도 해소된 셈이다.

레이건 대통령이 집권하면서 주한미군 철수 계획은 재검토를 거쳐 결국 철회되었다. 주한미군 병력은 1987년 대한항공 여객기 폭파 사건과 1988년 서울올림픽을 계기로 오히려 약 4만 6,000명으로 증가했다. 또한, 1981년 2월 레이건 대통령과 전두환 대통령은 공동선언을 통해 미국의 확장억제 공약을 재확인하면서 첨단 무기체계를 한국에 판매할 것임을 발표했다.

그러나 1989년 H. W. 부시George H. W. Bush 행정부가 출범하면서 주한미군 감축 논의가 다시 의회를 중심으로 일기 시작했다. 특히 1989년 7월에 채택된 '넌-워너Nunn-Warner 수정안'은 주한미군의 미래에 중요한 영향을 미쳤다. 넌-워너 수정안은 주한미군의 주둔지역, 전력구조, 임무를 재평가할 것을 요구했으며, 한국이 자국 안보를 위해 더 많은 비용과 책임을 분담해야 한다고 명시했다. 또한, 한미 양국은 주한미군의 부분적이고 점진적인 감축을 협의해야 하며, 대통령이 그 결과를 의회

●●● 로널드 레이건 대통령(가운데)과 그의 핵심 외교안보 참모인 조지 슐츠 국무장관(왼쪽), 캐스퍼 와인버거 국방장관(오른쪽). 레이건 대통령은 강력한 반공주의자였으며, 공산주의의 확산을 심각한 인권 침해로 보았다. 그는 한미동맹을 강화해 공산주의에 대항하는 것을 우선시했기 때문에 한국 정부와 원만한 관계를 유지할 수 있었다. 〈출처: WIKIMEDIA COMMONS | Public Domain〉

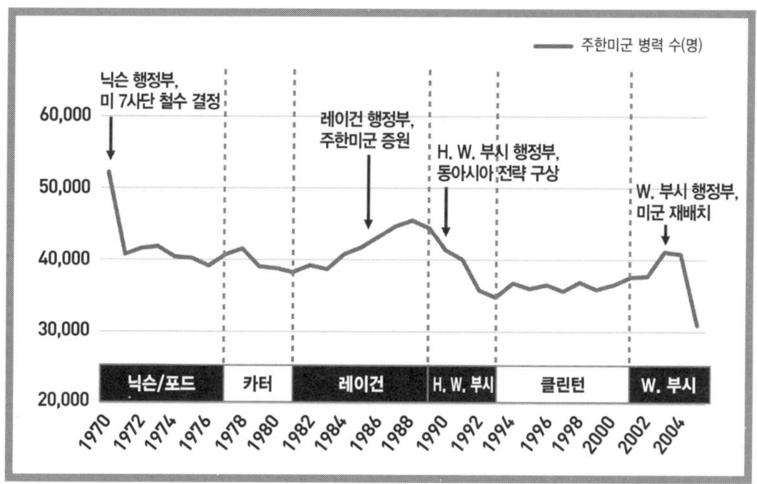

〈그림 5-1〉 닉슨 행정부부터 W. 부시 행정부까지 주한미군의 규모

1971년 미 7사단 철수를 시작으로, 주한미군의 규모는 전반적으로 감소하는 추세를 보였다. 그러나 레이건 행정부가 집권한 1981년부터 1988년까지는 주한미군의 증원이 이루어져 4만 6,000명에 이르렀다. 이후 2001년 9·11 테러를 계기로 주한미군은 일시적으로 증가했으나, W. 부시 행정부의 미군 재배치 정책으로 인해 현재 수준인 3만 명 이하로 감축되었다.

에 보고해야 한다고 규정했다.

사실 H. W. 부시 행정부는 의회의 주한미군 감축 요구에 동의하지 않았다. 오히려 1989년 7월 18일 한미안보협의회의 공동성명에서 북한의 위협에 대응하기 위해 주한미군이 필요하다고 강조했다.[3] 또한, 양국 정부와 국민이 주한미군의 필요성을 인식하고 있는 한, 주한미군은 계속해서 한반도에 남을 것이라고 했다. 미 의회의 주한미군 철수 정책에 반대하는 입장을 분명히 한 것이다.

그러나 1989년 말, 미국의 안보 환경을 근본적으로 변화시킨 사건이 발생했다. 서독과 동독을 가로막고 있던 베를린 장벽이 무너진 것이다. 베를린 장벽의 붕괴는 동구권 전체의 급격한 변화를 촉발했다. 비슷한 시기에 폴란드, 체코슬로바키아, 헝가리 등 동유럽 국가들에서도 민주화 운동이 활발해졌고, 공산 정권들이 차례로 무너졌다.

결국, 미국의 확장억제 전략도 재평가가 불가피해졌다. 미 의회의 동아시아 주둔 미군 감축 요구를 거부할 명분이 사라진 것이다. 이에 따라 H. W. 부시 행정부는 넌-워너 수정안을 수용하여 1990년 '동아시아 전략구상EASI, East Asia Strategic Initiative'을 발표했다. 이 보고서는 미국이 태평양의 안정과 평화를 지키려는 의지를 분명히 하면서도 아시아와의 교역량이 급증했고 전면전의 가능성이 줄어든 만큼 미군의 확장억제 초점도 변화해야 한다고 밝혔다.

이에 따라 동아시아에 주둔한 미군을 3단계에 걸쳐 감축하는 계획이 제시되었는데, 감축되는 동아시아 주둔 미군 중 절반 이상이 주한미군이었다. 만약 모든 계획이 완료되면 주한미군의 병력은 4만 6,000명에서 3만 1,000명으로 줄어들 예정이다. 물론 이것은 감축 계획인만큼 동아시아 주둔 미군의 수를 줄이려는 것이지 동아시아에서 미군을 완전히 철수하겠다는 의미는 아니었다. 미국은 자국의 경제적 이익을 지

●●● H. W. 부시 대통령(오른쪽)과 그의 외교안보팀인 딕 체니 국방장관(가운데), 브렌트 스코우크로프트 국가안보보좌관(왼쪽). 1989년 베를린 장벽 붕괴와 동유럽의 민주화는 미국의 안보 환경에 큰 변화를 가져왔다. 이에 따라 H. W. 부시 행정부는 1990년 '동아시아 전략구상(EASI)'을 발표해 동아시아에 주둔한 미군 감축 계획을 제시했다. 이 계획에 따르면, 주한미군 병력도 4만 6,000명에서 3만 1,000명으로 줄어들 예정이었다. 그러나 1990년 이라크의 쿠웨이트 침공과 북한의 핵개발 위협으로 상황이 급변하자, 1991년 H. W. 부시 행정부는 주한미군 감축을 중단했고, 1992년 '동아시아 전략구상(EASI)-II'를 통해 미군의 아시아 주둔이 미국의 국익에 부합한다는 점을 다시 확인했다. 〈출처: WIKIMEDIA COMMONS | Public Domain〉

키고 동맹국의 안보를 보장하기 위한 적정 규모의 미군은 동아시아에 남겨둘 계획이었다.

'동아시아 전략구상EASI-I'에 따른 주한미군 조정계획안은 중국과 소련이 한반도가 불안정한 것을 원치 않으며, 미국에 도전하는 세력으로 부상하지 않을 것이라는 가정에 기초해 작성되었다. 또한, 한국의 경제력이 크게 성장하면서 이제 한국이 더 큰 책임과 비용을 분담할 수 있다는 점도 고려되었다. 따라서 한반도에서 전쟁이 발생할 경우, 한국군

〈표 5-1〉 동아시아 전략구상(EASI)-I에 따른 주한미군 조정계획안

단계	병력 감축	연합지휘체계 조정
제1단계 (1990-1992)	▪ 7,000명 감축 (육군 5,000, 공군 2,000)	▪ 한미야전군사령부 해체 ▪ 지상구성군사령부 분리 및 한국군 장성 임명 ▪ 군사정전위 수석대표 한국군 장성 임명
제2단계 (1993-1995)	▪ 주한미군 재편 및 6,500명 추가 감축 (미 2사단 2개 여단, 7공군 1개 전투비행단 규모로 재편)	▪ 연합사 해체 ▪ 평시작전통제권 전환
제3단계 (1996-)	▪ 최소 규모 주둔(북한의 위협과 동아시아 확장억제 개념에 따라 결정)	▪ 전시작전통제권 전환 ▪ 한미 기획사령부 설치 ▪ 한미 병렬체제 발전 ▪ 용산기지 이전

〈출처: 국방부 군사편찬연구소[4]〉

이 주도적으로 전쟁을 수행하고, 주한미군은 이를 지원하는 역할로 전환하겠다는 제안도 포함되었다. 이와 더불어, 연합사 해체와 작전통제권 이양도 포함되었는데, 이는 주한미군의 전력을 현대화하고 한국군의 전력 강화를 뒷받침한다면 확장억제의 신뢰성을 유지하는 데 큰 문제가 없을 것이라는 판단에 기반한 것이었다. 동아시아 주둔 미군 감축 1단계 계획에 따라 1992년 말까지 동아시아에서 총 1만 5,250명의 미군이 철수했으며, 그중 6,987명이 주한미군이었다.

그러나 '동아시아 전략구상EASI-I' 발표 직후 국제정세는 다시 급변했다. 이번에는 1990년 8월 이라크의 쿠웨이트 침공과 북한의 핵무기 개발 문제가 등장했다. 이는 여전히 '불량국가Rogue States'들의 위협이 강하고, 핵무기 확산의 위험이 여전함을 보여주었다.

특히 북한의 핵 개발 시도는 동아시아에서 중대한 위협으로 부상했다. 1980년대 후반부터 북한의 핵 개발 의혹이 제기되었고, 국제사회는 북한을 설득해 핵무기를 포기하고 사찰을 수용하도록 설득하고 있었다. 처음에는 북한도 협조적이었다. 그러나 1992년 국제원자력기구IAEA, International Atomic Energy Agency가 북한이 신고한 핵물질과 실제 보유량의 불일치를 발견하고 특별 사찰을 요청하자, 북한은 이를 거부하면서 상황이 악화되었다. 급기야는 북한이 1993년에 핵확산금지조약NPT 탈퇴를 선언하고 1994년에는 서울을 불바다로 만들겠다고 발언하면서 위기는 최고조에 달했다. 미국은 북한을 상대로 군사작전을 준비했으나, 김영삼 대통령이 이를 말리고, 지미 카터 전 대통령이 북한을 직접 방문해 김일성을 만나지 않았다면 한반도의 운명은 완전히 달라졌을지도 모른다.[5]

이러한 배경에서 미국은 안보전략을 재검토하지 않을 수 없었다. 1991년 11월 21일, 딕 체니Dick Cheney 국방장관은 주한미군 감축 중단을 공식적으로 선언했다. 이어 1992년에 발표된 '동아시아 전략구상EASI-II'는 미군이 아시아 지역에 계속 주둔하는 것이 미국의 국익에 부합한다고 명시했고, 미 의회도 동아시아에서의 미군 주둔을 "국가이익을 수호하기 위한 매우 중요한 결정"이라고 했다.[6] 정책의 방향이 완전히 뒤바뀐 것이다.

클린턴 행정부의 개입과 확대 국가안보전략

지금까지 살펴본 미국 안보전략의 특징 중 하나는 지정학적으로 중요한 사건이 발생했을 때 이를 즉각적으로 반영하기보다는 다음 정부에서 반영하는 경향이 있다는 것이다. 소련과 동구권의 붕괴 역시 그 예에 해당한다. 1991년 12월 소련이 붕괴할 당시, 미국을 이끌던 H. W. 부시 행정부는 이러한 대격변을 안보전략에 담으려 노력했으나, 임기가 1년밖에 남지 않아 전략의 방향을 전폭적으로 바꾸기에는 어려움이 있었다. 결국, 새로운 시대에 맞는 전략을 수립하는 일은 H. W. 부시 행정부를 이어받은 빌 클린턴Bill Clinton 행정부의 몫이 되었다.

1993년, 민주당의 클린턴 행정부는 탈냉전 이후 가장 포괄적인 안보전략 중 하나로 평가받는 '전면 재검토 보고서BUR, Bottom-Up Review'를 발표했다.[7] 이 보고서의 핵심은 소련의 위협이 사라지고, 미국이 세계 유일의 초강대국으로 남은 새로운 시대에 미국의 안보전략을 어떻게 이끌어가야 할지 큰 그림을 제시한 데 있었다. 이는 탈냉전 시대를 위한 밑그림이라 할 수 있었다. 전면 재검토 보고서는 다음과 같이 설명한다.

> **냉전은 이제 끝났습니다. 소련도 더 이상 존재하지 않습니다. 45년 동안 우리의 국방 전략과 전술, 교리, 군대의 규모와 형태, 무기 설계, 국방 예산을 결정했던 위협이 사라졌습니다. 이제 냉전이 종료된 지금, 국방부가 직면한 질문은 미래를 위해 미국의 군대를 어떻게 재편할 것인지, 그리고 탈냉전 시대에 어느 정도의 국방력이 필요한지에 관한 것입니다.**[8]

소련이 사라지면서 미국은 국방비를 줄이고 국내 문제에 집중할 수 있었지만, 클린턴 행정부는 반대의 선택을 했다. 여전히 핵무기 개발을 노리는 국가들과 지역적 적대국들이 존재했기 때문에 민주주의와 시장경제 질서가 위협받을 수 있다고 보았던 것이다. 따라서 미국의 확장

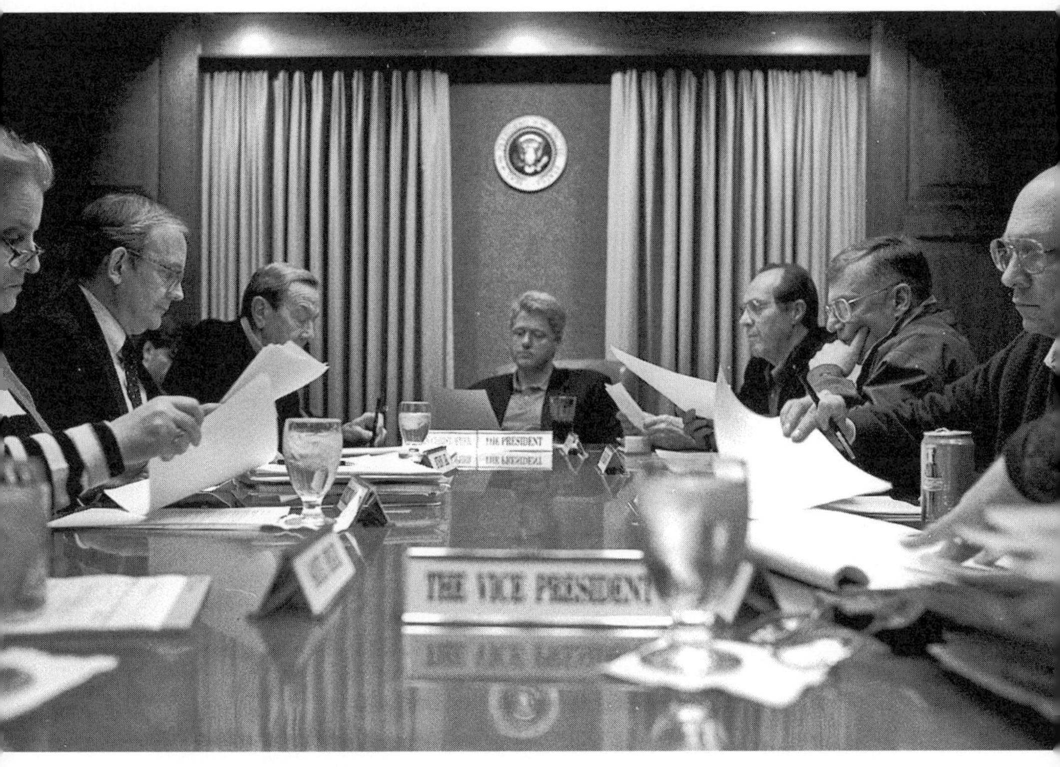

●●● 백악관 상황실에서 안보 문제를 논의 중인 빌 클린턴 대통령(탁자 가운데)과 그의 외교안보 참모들. 클린턴 행정부는 냉전 이후 미국의 자유주의 패권을 강화하기 위해, 구(舊) 공산주의 국가들을 미국 주도의 질서에 통합시키려는 개입과 확대 전략을 펼쳤다. 이러한 배경에서 1994년 7월, 클린턴 행정부는 '개입과 확대의 국가안보전략'을 발표한다. 이 전략은 미국의 자유주의 패권을 강화하기 위한 방향을 제시하면서 한국, 일본, 아세안, 오세아니아 등 미국의 우방국들에 대한 지속적인 개입을 약속하고, 중국과 러시아와의 관계를 확대해나가겠다는 포용 정책도 제시했다. 참고로 탁자에 앉은 인물 중 맨 왼쪽에 있는 여성은 당시 유엔 대사로, 이후 미국 최초의 여성 국무장관이 된 매들린 올브라이트(Madeleine Albright)이다. 그 옆으로는 토니 레이크(Tony Lake) 국가안보보좌관과 워런 크리스토퍼(Warren Christopher) 국무장관이 자리하고 있다. 탁자의 오른쪽에는 윌리엄 페리(William Perry) 국방장관과 합참의장 존 샬리카슈빌리(John Shalikashvili) 대장이 앉아 있다. 〈출처: WIKIMEDIA COMMONS | Public Domain〉

억제 태세는 지역적 위협에 맞춤형으로 발전되어야 하며, 동맹국들도 여전히 미국이 주도하는 세계 질서에서 중요한 역할을 담당해야 한다고 생각했다.

이러한 접근은 자유주의 패권 전략의 중요한 가정, 즉 국가들이 경제적으로 더욱 상호의존할수록 분쟁은 줄어들고 공동의 번영이 가능해진다는 가정과 연결된다.[9] 하지만 이는 미국과 같은 강력한 국가가 다른 국가들을 협력으로 이끌 때에만 실현 가능하다. 미국의 힘을 바탕으로 한 우위와 자신감은 자유주의 패권 전략의 핵심 요소였다.[10]

이러한 배경에서 1994년 7월, 클린턴 행정부는 '개입과 확대의 국가안보전략A National Security Strategy of Engagement and Enlargement'을 발표했다.[11] 이 전략은 미국의 자유주의 패권을 강화하기 위한 방향을 제시하면서 한국, 일본, 아세안, 오세아니아 등 미국의 우방국들에 대한 지속적인 개입을 약속했다. 또한, 중국과 러시아와의 관계를 확대해나가겠다는 포용 정책도 제시했다.

그리고 이를 구체화하는 세부 전략으로 1995년 2월 미국 국방부는 '아시아-태평양 지역에서의 미국의 안보전략United States Security Strategy for the East Asia-Pacific Region'을 발표했다.[12] 이 보고서는 작성자인 조지프 나이Joseph Nye 교수의 이름을 따서 '나이 보고서Nye Report'라고 불리기도 했다. 조셉 나이 교수는 하버드 대학교 교수로 재직하다가 클린턴 행정부에서 국제안보담당 차관보로 기용되어 미국의 동아시아 확장억제 전략을 수립하는 중요한 역할을 맡았다. 그가 작성한 전략은 미국이 유일한 초강대국임을 강조하면서도 아시아 지역에 10만 명의 미군을 계속 주둔시켜 이 지역에서 미국의 이익을 철저히 보호하고 자유주의 확산을 뒷받침하겠다는 내용을 담고 있었다. 또한, 미국이 주한미군 감축을 중단하고 동아시아에서 '안정자Stabilizer' 역할을 하도록 했다. 이는 소련이 붕괴하고 미국이 유일한 초강대국으로 남은 '단극의 시대Unipolar Moment'에 미국의 전방위적 안보정책이 시작되었음을 알리는 신호였다.

나이 보고서에서 가장 큰 변화는 중국 견제를 위해 일본의 역할을 강

●●● 클린턴 행정부는 '개입과 확대의 국가안보전략'을 구체화하는 세부 전략인 '아시아-태평양 지역에서의 미국의 안보전략'을 발표했다. 이 보고서는 작성자인 조지프 나이 교수의 이름을 따서 '나이 보고서'라고 불리기도 했다. 조셉 나이는 하버드 대학교 교수로 재직하다가 클린턴 행정부에서 국제안보담당 차관보로 기용되어 미국의 동아시아 확장억제 전략을 수립하는 중요한 역할을 맡았다. 그가 작성한 전략은 미국이 유일한 초강대국임을 강조하면서도 아시아 지역에 10만 명의 미군을 계속 주둔시켜 이 지역에서 미국의 이익을 철저히 보호하고 자유주의 확산을 뒷받침하겠다는 내용을 담고 있었고, 미국이 주한미군 감축을 중단하고 동아시아에서 '안정자' 역할을 하도록 했다. 이는 소련이 붕괴하고 미국이 유일한 초강대국으로 남은 '단극의 시대'에 미국의 전방위적 안보정책이 시작되었음을 알리는 신호였다. 〈출처: WIKIMEDIA COMMONS | Public Domain〉

화한 것이었다. 1990년대 중반부터 미국은 미일동맹을 더욱 공고히 하면서 일본의 군사력을 통합해 중국에 대한 억제력을 강화하려는 의도를 명확히 했다. 이는 중국이 도전 세력으로 부상하는 것을 사전에 방지하기 위한 필요성에서 비롯되었다.

나이 보고서는 또한 주한미군 규모를 유지하는 방향을 제시했는데, 이는 단순히 북한의 위협 때문만이 아니었다. 그 이외의 다른 이유들을 살펴보면 다음과 같다. 첫째, 주한미군 수준 유지는 주일미군 유지 논리와 밀접하게 연관되어 있었다. 미국의 동아시아 확장억제 전략의 핵심이 미일동맹과 일본의 군사력에 있었기 때문에, 주한미군 규모가 축소되면 주일미군의 유지와 강화를 정당화하기 어려워질 수 있었다.

둘째, 주한미군의 전략적 유연성이 높아지면서 그 활용도도 증가했다. 이는 한국이 한반도 방위에서 더 큰 역할을 맡게 되면서 주한미군이 한반도에 덜 얽매이고, 동북아 전체에서 미국 확장억제 전략의 중요한 역할을 할 수 있는 여건이 마련되었기 때문이다. 따라서 미국은 주한미군을 감축하는 것보다 유지하는 것이 전략적으로 유리하다고 판단한 것이다. 다만, 이는 미국의 입장이었고, 한국은 여전히 주한미군이 한반도 방위에 전념하기를 바랐다.

결국, 주한미군 규모 유지와 미일동맹 및 주일미군 강화는 동북아 안보 균형을 유지하고 중국을 견제하기 위한 미국의 새로운 전략적 방향을 반영한 것이다. 확장억제의 초점이 중국으로 이동하면서 미국은 주한미군을 유지하고 그 비용을 한국이 분담하게 하며, 미일동맹과 일본 자위대를 강화하는 전략을 채택한 것이다.

9·11 테러, 미국이 전혀 다른 위협을 마주하다

H. W. 부시 대통령의 아들인 조지 W. 부시George W. Bush는 2001년 1월 20일 미국의 43대 대통령으로 취임했다. 그리고 취임 8개월도 지나지 않은 2001년 9월 11일, 미국은 심장을 관통하는 치명적인 사건을 맞이하게 된다. 바로 9·11 테러이다. 2001년 9월 11일 오전, 오사마 빈 라덴Osama bin Laden이 이끄는 테러 조직인 알카에다Al Qaeda 소속 테러리스트들은 민간 여객기 4대를 납치하여 그중 2대를 뉴욕 세계무역센터World Trade Center 쌍둥이 빌딩에 충돌시켰고, 1대로 워싱턴 D. C.의 펜타곤

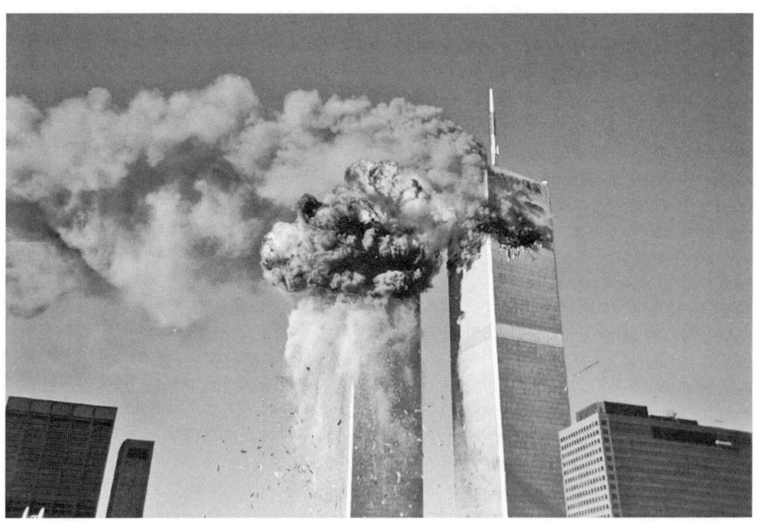

●●● 2001년 9월 11일, 테러리스트들의 공격을 받은 미국 뉴욕의 세계무역센터. 이슬람 극단주의 테러리스트들은 민간 여객기를 납치해 미국의 경제 패권을 상징하던 세계무역센터에 충돌시켰다. 그 결과 두 빌딩은 모두 붕괴되었고, 약 3,000명이 사망하는 비극이 발생했다. 이로 인해 미국은 그 어느 때보다 절박하게 안보전략을 재검토해야 하는 상황에 처하게 되었다. 이 사건은 각 지역에서 세력균형을 달성하면 미국 본토가 안전할 것이라는 기존 국가안보전략의 기본 가정이 틀렸음을 보여준 것이다. 〈출처: WIKIMEDIA COMMONS | Public Domain〉

(국방부 본부)을 공격했다. 네 번째 비행기는 백악관을 목표로 했으나, 펜실베이니아의 들판에 추락해 모든 승객이 사망했다. 이 끔찍한 공격으로 약 3,000명의 무고한 생명이 희생되었고, 이로 인해 미국은 그 어떤 때보다 절박하게 안보전략을 재검토해야 하는 상황에 직면했다.

이날, 미국인들은 미국 본토가 더 이상 안전하지 않다는 냉혹한 현실을 마주해야 했다. 확장억제를 통해 각 지역에서 세력균형을 달성하면 미국 본토가 안전할 것이라는 국가안보전략의 기본 가정은 근본적으로 바뀌어야 했다. 즉, 태평양과 대서양이 미국을 지켜주는 최후의 방어막이라는 생각이 더는 유효하지 않게 된 것이다. 이에 부시 대통령은 전 세계에 숨어 있는 테러리스트와 불량국가들을 대상으로 한 새로운 전쟁인 '테러와의 전쟁War on Terror'을 선언하게 된다. 이 새로운 전쟁의 목표는 명확했다. 언제, 어디서든, 어떤 종류의 위협에도 즉각 대응할 수 있는 능력을 갖추는 것이었다. 이를 실현하기 위해서는 미군의 재배치가 필수적이었다. 지구 반대편에서 일어난 테러 공격도 미국 본토를 치명적으로 위협할 수 있다는 사실이 증명된 이상, 미국은 언제 어디서든 누구에게나 신속하게 대응할 수 있는 군사력이 필요했다.

이러한 신속 대응 능력은 1990년대부터 본격화된 군사혁신이 그 원동력이 되었다.[13] 군사혁신의 결과로 미군 내에서는 병력의 수가 아닌 질적 우수성과 기동성이 핵심이라는 인식의 전환이 일어났다. 여기에 정보통신기술ICT, Information and Communications Technology의 비약적 발전과 C-17 글로브마스터Globemaster 같은 혁신적인 수송기의 도입이 미군의 전력 투사 능력을 크게 향상시켰다. 이러한 군사혁신은 걸프 전쟁과 코소보 전쟁에서 이미 그 효과가 입증되었다. 미군은 이제 더 적은 병력으로도 세계 어디서든 신속하게 대응할 수 있는 능력을 갖추게 되었다.

2002년 9월 발표된 미국의 새로운 국가안보전략은 신속 대응 능력

●●● 부시 대통령(가운데)과 외교안보 참모들. 이들은 전 세계에 숨어 있는 테러리스트와 불량국가를 대상으로 한 새로운 전쟁인 '테러와의 전쟁'을 선언했다. 이 전쟁의 목표는 언제, 어디서든, 어떤 위협에도 즉각 대응할 수 있는 능력을 갖추는 것이었으며, 테러리스트와 불량국가들이 미국을 공격하기 전에 선제적으로 그들을 제거하는 것이었다. 왼쪽부터 콘돌리자 라이스(Condoleezza Rice) 국가안보보좌관(이후 국무장관 역임), 콜린 파월(Colin Powell) 국무장관, 그리고 맨 오른쪽은 도널드 럼스펠드(Donald Rumsfeld) 국방장관이다. 〈출처: WIKIMEDIA COMMONS | Public Domain〉

을 강화하고 힘과 영향력을 유지하려는 미국의 의도를 더욱 명확히 했다.[14] 이 전략의 핵심은 선제공격 독트린Preemptive Attack Doctrine으로, 적의 공격을 기다리기보다는 잠재적 위협을 사전에 제거하겠다는 것이었다. 또한, 군사기술의 발전으로 인해 전쟁의 형태가 변화했기 때문에 이에 맞추어 해외주둔군을 재배치해야 한다는 주장이 담겨 있었다.

●●● 강습 착륙 훈련 중인 C-17 글로브마스터 수송기. C-17은 미군의 전력 투사 능력을 획기적으로 강화한 혁신적인 수송기로, 장거리 비행과 대규모 수송이 가능하여 전 세계 어디서든 신속하게 병력과 장비를 운송할 수 있다. 특히, 좁고 짧은 활주로에서도 이착륙이 가능해 전술적 유연성과 기동성을 제공함으로써 미군의 신속대응군 체제로의 전환을 가능하게 했다. 〈출처: WIKIMEDIA COMMONS | Public Domain〉

따라서 부시 대통령은 2003년 11월 25일 GPR Global Defense Posture Review 이라는 해외주둔군 감축 및 재배치에 대한 보다 구체적인 방안을 발표했다. 이 계획의 핵심은 냉전 종식 후에도 막대한 규모(90여 개 기지에 약 7만 명)를 유지하던 주독미군을 재편하는 것이었다. 미국은 주독미군을 새로 나토에 편입된 동유럽 국가들인 폴란드나 헝가리 등에 재배치하여 새로운 전초기지를 마련하고자 했다.

특히, 해외주둔 미군의 모델은 일본 오키나와에 주둔한 미 해병대였다. 이들은 규모는 작지만, 기동성과 신속성을 갖췄으며, 분쟁이 발생할 경우 어디든 최단 시간에 투입되어 상황을 끝낼 수 있었다. 따라서 미국은 오키나와 미 해병대처럼 해외주둔군을 현대화하려는 계획을 세웠다. 미 국방부는 이 새로운 기동 전력화가 완료되면, 적은 병력으로도 지역 분쟁이나 예상치 못한 테러 상황에 신속하게 대응할 수 있을 것이라고 판단했다.

부시 행정부의 주한미군 재배치 및 감축

비록 미국의 해외주둔군 재배치 계획의 초점이 주독미군에 맞추어져 있었지만, 4만 명이 넘는 미군이 주둔 중이던 한국도 이 재배치 계획에서 예외일 수 없었다. 더욱이 당시 한국에서는 주한미군에 대한 반감이 극에 달해 있었다. 특히, 길을 걷던 여중생 2명이 미군 장갑차에 압사당한 사건 이후, 한국 국민들은 미국의 진정성 있는 사과와 가해자 처벌을 강력히 요구했다. 그러나 주둔군지위협정SOFA, Status of Forces Agreement에 따라, 해당 미군은 미군 법정에서 재판을 받았고, 무죄 판결을 받았다. 이를 계기로 전국적으로 촛불시위가 일어났다.

이처럼 국민 여론이 격앙된 상황에서 주한미군 재배치 협정을 추진하는 것은 매우 부담스러운 일이 아닐 수 없었다. 재배치 협정으로 주한미군 주둔지를 조정해야 했고, 필요하다면 새로운 기지를 만들어야 했는데, 이는 해당 지역 주민과의 또 다른 갈등을 초래할 수 있었기 때문이다. 따라서 한국과 미국 양국 정부는 주한미군 재조정 문제를 신중하게 해결하려 했다.

2002년 12월 5일 열린 제34차 한미안보협의회의에서 양국의 국방장관들은 한반도에 미군 주둔이 계속 필요하다는 데 동의했다. 이러한 동의가 당연한 듯 보여도 당시 주한미군 철수를 요구하는 시위가 연일 지속되고 있었기 때문에, 주한미군 필요성에 대한 공감대를 다시 한 번 확인하는 것은 매우 중요했다. 이와 동시에 한미동맹이 동북아와 태평양 지역 전체의 평화와 안정을 위해 재조정되어야 한다는 점에도 의견을 같이했다. 이에 따라 양국은 '미래한미동맹정책구상FOTA, Future ROK-US Alliance Policy Initiatives'을 통해 주한미군 재조정을 추진하기로 합의했다.[15] 이 회의는 주한미군의 역할을 동북아로 확장하고, 한반도 방위에 있어 한국의 비용과 책임 분담을 늘리는 방향으로 나아가고자 했다.

이후 미국 정부 내에서 주한미군 재배치에 대한 구체적인 논의가 본격화되었다. 이 문제는 주한미군 사령관인 리언 라포트Leon LaPorte 장군이 주도하여 연구했는데, 라포트 주한미군 사령관은 "인계철선은 파산한 개념"이라며 휴전선 인근에 주둔한 미 2사단을 후방으로 이동시켜야 한다고 말했다.[16] 또한, 그는 "기술 진보 덕분에 서울에 주둔하지 않고도 임무를 보다 잘 수행할 수 있게 되었다"며 주한미군 일부를 미국으로 철수시키겠다는 계획도 발표했다.[17] 이러한 배경 속에서 2003년 4월 9일, 제1차 '미래한미동맹정책구상FOTA' 회의가 개최되었다. 이 회의의 핵심은 한국의 안보를 약화시키지 않으면서 한미동맹을 지역적 확장억제를 담당하는 '포괄적 지역동맹Comprehensive Regional Alliance'으로 재편하는 데 있었다.

주한미군 재배치는 이후 더욱 빠르게 진행되었다. 주한미군 사령부는 미군 기지를 오산/평택 지역과 부산/대구 지역을 중심으로 2개의 허브Hub로 통합하는 계획을 발표했다. 이에 따라 한국 정부는 평택 안정리 지역에 약 500만 평의 토지를 미군에게 제공하기로 약속했다.

그리고 2003년 5월 15일, 한미 정상회담에서 노무현 대통령과 조지

W. 부시 대통령은 2003년 4월에 열린 '미래한미동맹정책구상' 회의에서 논의된 사항을 다시 한 번 확인했다. 이 회담에서 양국 대통령은 변화하는 전략적 상황에 맞춰 한국과 미국의 군사관계를 새롭게 정립하기로 하면서 한국군의 첨단화와 주한미군의 현대화 및 재배치를 추진하는 동시에 한국군의 역할을 더욱 확대하기로 했다. 특히, 미 2사단의 후방 배치는 한반도 상황을 신중히 고려하여 추진하기로 했다.

정상회담 이후 '미래한미동맹정책구상' 회의가 몇 차례 더 열렸으며, 이를 통해 주한미군의 책임을 한국군에게 대폭 이양하는 방향으로 한미동맹의 역할 조정이 진행되었다.[18] 특히, 2003년 7월 22일 하와이에서 열린 3차 회의에서는 판문점 JSA 경비 책임, 북한의 장사정포 대응, 북한 해상침투 경계 등 중요한 군사적 임무들이 한국군에게 이양되는 문제가 집중적으로 논의되었다. 그러나 JSA 경비 임무를 한국군에게 넘기면 미군의 자동개입 보장 장치가 사라질 가능성이 있었고, 그렇게 되면 미국의 확장억제 신뢰성에 악영향을 미칠 수 있었다. 이를 방지하기 위해 소수의 미군 병력을 JSA에 계속 남겨두어 주한미군의 확장억제 역할을 담당하게 했다.

이러한 역할 조정 합의에 따라 한미동맹은 중대한 변화를 겪게 되었다. 용산 미군기지가 평택으로 이전되었고, 평택 팽성읍에 새로운 기지가 건설되는 과정에서 시위가 벌어지기도 했다. 전국에 흩어져 있던 41개 미군기지는 2개의 허브로 통합되었고, 주한미군이 사용하던 5,000만 평 이상의 토지가 한국에 반환되었다. 가장 결정적인 변화는 양국이 주한미군을 1만 2,000명 이상 감축하기로 합의한 것이었다. 2004년 10월 6일, 한국과 미국이 주한미군 3단계 감축안에 합의하면서 주한미군 감축이 시작되었고, 현재까지 주한미군은 3만 명 이내의 병력을 유지하고 있다.

냉전 이후에도
미국이 계속 한국을 필요로 한 이유

지금까지 살펴본 탈냉전기 미국의 대전략의 특징은 다음과 같이 세 가지로 요약할 수 있다.

- 첫째, 소련을 중심으로 한 공산세력이 몰락하자 미국은 더 이상 강대국 간 세력 경쟁을 할 필요가 없어졌다. 이에 따라 미국은 미국 중심의 민주주의와 시장경제 질서를 전파하는 '자유주의 패권 전략'을 구사했다.
- 둘째, 중국이 미국에 도전할 수 있는 잠재적 경쟁자로 부상할 가능성을 주목했다. 이를 사전에 방지하고 견제하기 위해 미국은 일본과의 동맹을 강화하는 동시에, 주한미군의 규모를 유지하는 전략을 펼쳤다. 즉, 동아시아에서 세력균형과 봉쇄전략을 구사한 것이다.
- 셋째, 9·11 테러를 계기로 미국은 각 지역에서의 세력균형이 미국 본토의 안전을 담보하지 않는다는 점을 깨달았다. 따라서 각 지역에 숨어 있는 테러리스트와 불량국가들을 찾아다니며 사전에 분쇄하는 전략을 추구하게 되었다.

이러한 대전략의 전환기에도 미국은 한국을 반드시 필요한 동맹으로 간주했다. 그렇다면 미국이 이렇게 판단한 이유는 무엇일까? 이 장의 이어지는 부분에서는 미국이 전환기에도 한국을 필요로 했던 이유를 이익, 비용과 위험, 그리고 한국의 역할이라는 측면에서 하나씩 살펴보고자 한다.

한국에 대한 미국의 이익

1990년대를 전후로 미국이 생각하는 한국의 가치는 지정학적 이유 이외에도 다양한 이유로 인해 점점 높아졌다. 먼저, 한반도의 고유한 지정학적 중요성은 냉전이 끝난 후에도 여전히 유지되었다(자세한 내용은 제1장에서 다루었다). 특히, 동아시아에서 중국이 잠재적인 도전 세력으로 부상하면서 한국의 지리적 위치는 아시아-태평양 지역에서 미국의 확장 억제력을 유지하는 데 필수적인 요소로 주목받았다. 동북아시아의 중심에 위치한 한국은 미국이 이 지역에 군사력을 투사하는 거점이었기 때문이다. 이로 인해 한미동맹은 냉전 이후에도 미국의 전략적 필수 요소로 자리 잡았다.

그러나 탈냉전기 미국이 인식한 한국의 가치는 단순히 지정학적 이익에 그치지 않았다. 특히, 한국의 정치적·경제적 발전은 탈냉전기 미국의 대전략인 자유주의 패권 전략에 반드시 필요한 서사였다.

먼저, 한국의 민주화는 지난 50년간 미국이 한국에 확장억제와 경제원조를 제공한 것이 결코 헛되지 않았음을 증명했다. 제4장에서 다루었듯이, 과거 한국과 미국 사이에는 인권과 민주주의 문제로 인한 갈등이 존재했다. 두 나라의 지향하는 가치가 근본적으로 달랐기 때문이다. 이러한 갈등은 특히 카터 행정부 시기에 두드러져서 카터 대통령이 주한미군 철수 정책을 추진하는 중요한 배경이 되기도 했다.

그러나 1987년 6월 항쟁을 거쳐 직선제 개헌이 이루어지고, 같은 해 12월 16일, 노태우 후보가 대통령에 당선되면서 상황은 변화하기 시작했다. 이어 김영삼 대통령, 김대중 대통령으로 정권 교체가 순조롭게 이어지면서 한국은 성숙한 민주주의 국가로 성장했다. 이러한 배경

속에서 1992년 한국을 방문한 부시 대통령은 한국의 민주화를 이렇게 평가했다.

> **대한민국은 1987년의 중대한 사건을 겪은 후 민주주의를 강력히 지켜왔다. … 한국 국민은 자유가 아시아의 미래를 여는 길임을 증명할 것이다. 국민의 자유를 바탕으로 번영을 이룬 국가들은 그 외에 다른 선택지가 없다는 것을 알고 있다.**[19]

한국의 민주화는 미국이 막대한 비용을 들여 동맹을 유지하는 이유를 정당화하는 대표적인 사례가 되었다. 더 나아가 한국은 독재와 공산 정권을 경험한 국가들이 미국의 질서에 편입되었을 때 어떤 결실을 맺을 수 있는지를 보여주는 롤모델이기도 했다. 이제 미국이 한국을 버린다면, 그동안 어렵게 이룩한 한국의 자유와 민주화를 스스로 부정하는 결과가 될 것이다.

민주화뿐만 아니라 경제적 이익 또한 한미동맹의 지속성을 지탱하는 중요한 요인으로 작용했다. 한국은 1970년대부터 빠른 경제성장을 이루며 아시아의 주요 경제강국으로 부상했다. 특히 1980년대 후반을 기점으로 한국과 미국 간 교역량이 급증하기 시작했고, 1990년에는 한국이 미국의 여섯 번째로 큰 수출 시장이 되었다(2023년 기준으로는 여덟 번째로 큰 수출 시장으로 자리 잡았다).

한국과 미국 간 교역량이 증가했다는 것은 양국의 경제적 상호의존도가 높아졌다는 것을 의미한다. 이로써 한미동맹은 과거 '반공동맹'에서 이제는 경제적 이익을 포함하는 '포괄적인 안보동맹'으로 발전하기 시작했다. 따라서 1987년 2월 25일, 당시 미국 국방차관보였던 리처드 아미티지Richard Armitage는 하원 아시아-태평양 소위원회 청문회에서

"한국이 신흥 공업국가로 성장함에 따라, 이제는 과거의 보호자와 피보호자 관계를 넘어 [더 다양한 이익을 공유하는] 새로운 안보 동반자 관계로 발전시켜야 한다"고 강조했다.[20]

한국과 미국의 경제적 상호의존은 1990년대 이후 더욱 깊어졌다. 1997년 경제 위기를 계기로 한국이 경제 자유화를 실시하면서 양국 간의 해외 직접투자가 급격히 증가했다. 예를 들어, 1998년 한국의 대미對美 직접투자는 8억 7,400만 달러에 불과했지만, 2000년에는 157억 달러로 크게 증가했다. 미국의 대한對韓 직접투자 역시 꾸준히 늘어나서 매년 100억 달러에 달하는 규모로 성장했다. 이러한 경제 교류의 확대는 한국과 미국 간 상호의존성을 크게 증대시켰다.

그러나 2001년 중국이 세계 경제 질서에 편입되면서 상황이 달라지기 시작했다. 한국은 미국보다 중국과의 투자와 무역에 더 집중하게 되었고, 2003년에는 중국이 미국을 제치고 한국의 최대 무역 상대국으로 부상했다. 이러한 배경에서 조지 W. 부시 행정부는 한국과 자유무역협정FTA, Free Trade Agreement을 추진하기 시작한다. 물론 여기에는 미국이 한국과의 무역 적자를 줄이려는 경제적 동기가 크게 작용했다. 그러나 그 이면에는 한국이 중국과 지나치게 가까워지는 것을 막고, 한국을 미국의 중요한 경제 파트너로 계속 유지하려는 정치적 동기도 있었다.[21]

결국, 양국은 1년에 걸친 협상 끝에 2007년 6월 30일 자유무역협정을 체결하게 된다. 비록 이 협정이 비준되기까지는 시간이 더 걸렸지만, 이는 한미 양국 간 경제관계를 촉진하는 중요한 계기가 되었다. 예를 들어, 1991년 한미 간 무역량이 320억 달러 규모였던 것이, 2015년에는 1,150억 달러를 넘는 규모로 성장했다.[22]

이처럼 한국의 경제적 발전과 한미 양국의 상호의존은, 미국이 한국을 포기할 수 없게 만드는 중요한 요인이 되었다. 만약 한국이 북한의 공격을 받거나 중국의 영향권에 들어가게 된다면, 이는 더 이상 한반도만의 문제가 아니다. 그러한 상황은 미국 경제에도 치명적인 타격을 줄 수 있다. 특히, 글로벌 공급망에서 한국이 차지하는 중요한 역할, 즉 반도체, 전자, 조선, 자동차, 배터리, 화학 제품 생산이 중단된다면, 이는 미국을 넘어 세계 경제에 엄청난 충격을 줄 수 있다. 더욱이 한반도에서 전쟁이 발발할 경우, 그 파급효과는 2022년 러시아-우크라이나 전쟁에서 경험한 충격과는 차원이 다를 것이다. 점점 커져가는 한국의 경제적 가치는, 미국이 한국을 지역 위협으로부터 반드시 지켜야 하는 강력한 동기로 작용한다.

한국의 비용과 책임 분담

탈냉전기에도 한미동맹이 지속될 수 있었던 두 번째 이유는, 한국이 미국의 확장억제 비용과 책임을 점점 더 많이 분담했기 때문이다. 특히 1990년대를 전후로 한국은 자신이 맡은 역할을 획기적으로 확대했다. 여기에는 비용 분담뿐만 아니라, 한국의 군사력을 강화해 방위 책임을 더 많이 짊어지는 것까지 포함되었다.

첫째, 비용 분담 측면에서 방위비 분담은 한미동맹을 지속하는 데 중요한 역할을 했다. 미국이 주요 동맹국들에게 방위비 분담을 요구하기 시작한 것은 1980년대 후반, 소위 '쌍둥이 적자'(재정 및 무역 적자)로 어려움을 겪던 시기였다. 당시 미국은 먼저 1987년에 일본과 '방위비 분담 특별협정'을 체결해 일본에 주둔한 미군의 운영 유지 및 주둔 경비 일부를 부담하도록 요구했다. 이후 미 의회는 1988년 미 하원 군사위원회 산하에 '방위비 분담 소위원회'를 설치하고, 나토 동맹국과 한국에도 방위비 분담을 요구하기 시작했다. 특히, 주한미군 감축 논의의 배경이 되었던 1989년 '넌-워너 법안'에는 한국이 주한미군 주둔 비용

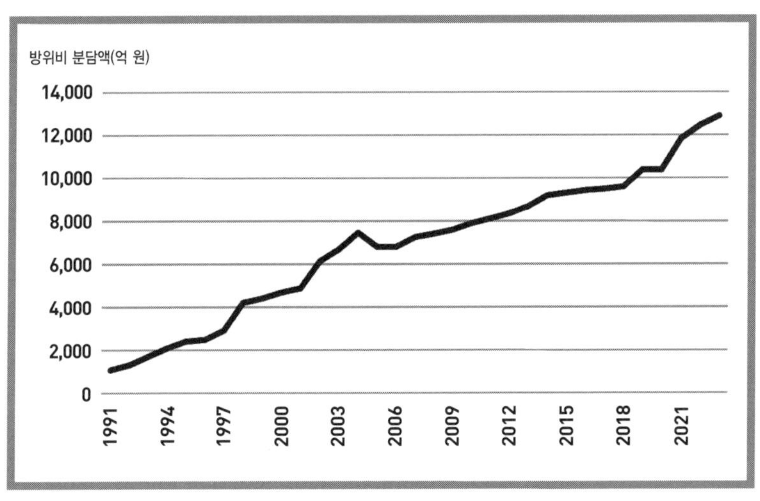

〈그림 5-2〉 연도별 방위비 분담액 추이

〈출처 : 통계청 e나라지표〉

의 일부를 부담해야 한다는 내용이 포함되어 있었다.[23]

이러한 요구에 따라 1989년과 1990년 한미안보협의회의SCM, Security Consultative Meeting에서는 분담금 수준을 정했고, 1991년부터는 '주한미군지위협정SOFA, Status of Forces Agreement'의 특별협정, 일명 '방위비분담협정Special Measures Agreement'을 체결해 한국의 비용 분담을 공식화하고 정례화했다. 이 협정은 한국인 인건비, 시설 건설비, 군수 지원이라는 세 가지 항목으로 이루어졌으며, 1991년에 처음으로 체결된 이후 2021년까지 총 11차례에 걸쳐 재협상이 이루어졌다. 그 결과, 분담금은 최초 1,000억 원 규모에서 1조 3,000억 원까지 13배 증가했다. 이후 2024년에 다시 방위비 분담금 협상이 열렸는데, 이 협상에서 양국은 2026년부터 2030년까지 물가상승률에 맞춰 매년 방위비 분담금을 인상하기로 합의했다. 이에 따라 2026년 방위비 분담금이 1조 5,192억 원으로 확정되면서 한국은 2019년 분담금이 1조 원을 돌파한 이후 7년 만에 50% 인상된 금액을 부담하게 되었다.

물론 연간 1,000조 원에 가까운 국방비를 쓰는 미국이 1조 원을 아끼기 위해 동맹국에 도움을 요청하는 모습은 언뜻 이해하기 어려울 수도 있다. 하지만 미국의 국방예산을 자세히 들여다보면 상황은 달라진다. 약 60%의 예산이 군인들의 봉급, 복지, 운영 유지비로 사용되고, 무기 구매에 쓰일 수 있는 예산은 15% 남짓에 불과하다.[24] 즉, 1,000조 원의 국방비가 있더라도, 실제로 무기 구매에 투입할 수 있는 금액은 약 150조 원 정도에 불과하다. 이마저도 항공모함이나 스텔스기 같은 첨단 무기체계를 구매하는 데 큰 비용이 들어가므로, 정작 지역 동맹국을 보호하는 데 사용할 자원은 한정될 수밖에 없다.

이런 상황에서 한국이나 일본 같은 동맹국이 주둔비용의 절반 가까이를 분담해준다면, 이는 미국에 큰 도움이 될 수밖에 없다. 미 정부 통계에 따르면, 2016년부터 2019년까지 주한미군 주둔비로 총 134억 달러가 지출되었는데, 이 중 주한미군 주둔비 총액의 절반에 가까운 약 58억 달러를 한국이 부담했다. 참고로 같은 기간 일본의 주일미군 주둔비 분담 비율은 약 75%에 달한다.

이처럼 방위비 분담을 통해 미국은 주한미군 유지에 드는 직접적인 비용을 상당히 줄일 수 있었을 뿐만 아니라 아시아-태평양 지역에서 확장억제를 유지하는 데 필요한 자원을 더 효율적으로 활용할 수 있게 되었다. 이는 한미동맹을 유지하는 비용 대비 효과를 증대시키는 중요한 요소로 작용했으며, 미 의회와 국민을 설득하는 데도 유용한 논리가 되었다.

둘째, 책임 분담의 측면에서 볼 때, 한국의 군사력 강화는 한미동맹의 중요한 기반이 되었다. 한국은 자주국방력을 키우면서 미국과의 상호운용성을 유지하기 위해, 미국과 우방국으로부터 첨단 무기를 수입하고 이를 발전시키는 방향으로 나아갔다. 이러한 과정은 지상, 공중, 해상에서 한국의 방위 책임이 확대되는 배경이 되었으며, 자연스럽게 주한미군의 역할 조정과 미국의 전략적 부담 감소로 이어졌다.

한국군의 군사력 강화 과정은 크게 세 단계로 나눌 수 있다. 첫 번째 단계는 1960년대부터 1970년대에 걸쳐 진행되었다. 이 시기는 한국이 베트남 전쟁에 참전하면서 군사력을 현대화하던 시기였다. 이 시기에 한국은 미국으로부터 F-4 팬텀Phantom 전투기, M48 패튼Patton 전차, M16 소총, UH-1 휴이Huey 헬기 등 당시 최첨단 무기를 수입하며 군사력을 급속히 키웠고, 국방과학연구소ADD, Agency for Defense Development를 설립(1970년)하여 주로 소형 무기 개발에 집중하며 자체 방위산업을 발전시키기 시작했다. 이때 개발된 백곰 지대지 미사일은 한국 방위산업의 발전을 보여주는 상징적인 성과물이었다. 이러한 군사력 강화는 한국이 지상에서 주도적으로 방위 책임을 질 수 있는 능력을 갖출 수 있게 해주었으며, 역설적으로 카터 행정부의 주한미군 철수 정책 결정의 중요한 근거로 활용되기도 했다.

두 번째 단계는 1980년대와 1990년대에 걸쳐 방위산업이 급성장한 시기이다. 이 시기에는 주로 미국과 우방국의 무기체계를 개량해 개발하는 데 집중했다. 장갑차, 소형 잠수함, 현무 지대지 미사일 등이 이 시기에 개발되었으며, 1990년대에 들어서면서 한국은 K9 자주포, K1 전차, 광개토대왕급 구축함, KT-1 훈련기 등 정밀 무기체계를 독자적으로 개발하고 운용하기 시작했다. 또한, F-16 전투기, 장보고급 잠수함, UH-60 헬기 등 첨단 무기를 수입해 전력을 현대화했다. 이를 통해 한국은 지상뿐만 아니라 공중과 해상에서도 주도적인 방위 책임을 질 수 있는 능력을 갖추게 되었다.

세 번째 단계는 2000년대 이후로, 한국이 거의 모든 첨단 무기를 직

〈표 5-2〉 시대별 한국 자체 개발 무기체계와 수입 무기체계, 그리고 방위 책임의 변화

	1960–1970년대	1980–1990년대	2000년대 이후
한국 무기	• 박격포 등 소부대 화기 • 백곰 미사일	• K1 전차 • K9 자주포 • K200 장갑차 • 구축함 • 탄도미사일 • KT–1 훈련기	• K2 전차 • K21 장갑차 • 이지스 구축함 • 중형 잠수함 • 탄도미사일 • 순항미사일 • KA–50 전투기 • KF–21 전투기 • 인공위성
수입 무기	• F–4 팬텀 전투기 • M48 전차 • UH–1 헬기 • M–16 소총	• F–16 전투기 • UH–60 헬기 • 코브라 헬기 • 잠수함	• F–15 전투기 • F–35 스텔스기 • 아파치 헬기 • 글로벌 호크 무인 항공기
방위 책임 – 지상			한국 주도, 미국 지원
방위 책임 – 공중			
방위 책임 – 해상	미국 주도, 한국 지원		

한국은 1960~1970년대 소부대 화기를 시작으로 2000년대 이후에는 첨단 무기체계를 직접 개발하여 생산하는 데까지 방위산업이 발전했다. 또한, 지상, 공중, 해상에서 점차 주도적인 역할을 하는 방향으로 방위 책임이 확대되어가는 양상을 보인다.

접 개발하고 운용하며, 나아가 이를 수출하는 시기이다. K2 전차, K21 장갑차, 수리온 헬기, 이지스 구축함, 독도함, 중형 잠수함, 순항미사일 등이 이 시기에 개발되었다. 또한, KA-50 전투기와 KF-21 전투기 같은 공중 무기체계도 독자적으로 개발 중이다. 이와 함께 탄도미사일, 인공위성, 무인 무기체계 분야에서도 한국은 세계적으로 가장 발전된 방위산업을 보유하게 되었다. 물론 F-35 스텔스 전투기, 아파치Apache 헬기, 글로벌 호크Global Hawk 무인 항공기, 패트리어트Patriot 요격미사일

등은 여전히 미국으로부터 수입에 의존하고 있지만, 이들 무기체계의 자체 개발도 진행하고 있다.

한국의 군사력이 강화되면서 주한미군도 더욱 융통성 있는 역할을 맡을 수 있게 되었다. 전통적인 일선 방어 역할에서 벗어나 보다 전략적인 임무를 수행할 수 있게 된 것이다. 한편, 이는 주한미군이 다른 지역에서 군사적 책임을 분담할 수 있게 되었다는 의미이기도 하다. 결과적으로 미국의 시각에서 볼 때 방위비 분담과 전략적 책임 분담은 미국의 부담을 낮춤으로써 한미동맹의 장기적 지속을 보장하는 중요한 요소이다.

한반도 전쟁 위험의 관리

1980년대 이전에는 미국이 한반도에서의 전쟁 위험을 매우 크게 인식했다. 그 일례로 한국이 북한을 선제공격할 것을 우려해 미국이 한국에 중화기 제공을 거부한 사례도 있다. 또한, 한미동맹이 체결될 당시 6·25전쟁 중 유엔군 사령관에게 이양된 한국군의 작전통제권을 계속 유지하려 했던 이유도 한국군을 통제해 미국의 연루 위험을 최소화하려는 목적 때문이었다. 1968년 밴스 보고서에도 한반도 분쟁에 미국이 연루될 위험이 크다는 평가가 있었다.

그러나 1990년대 이후 한반도에서의 전쟁 위험에 대한 미국의 인식이 달라졌다. 먼저, 민주화와 경제성장을 이룬 한국이 북한을 선제공격할 가능성은 매우 낮아졌다. 한국은 북한과 몇 차례 국지적 충돌을 겪었으나, 한국의 대응은 주로 위기를 관리하고 전면전으로의 확산을 방지하는 데 중점을 두었다. 결과적으로 한국이 전쟁을 일으키고 미국이 연루될 가능성은 점차 낮아진 것이다.

탈냉전기 이후 미국이 한반도에서의 연루 위험을 크게 우려하지 않게 된 점은 작전통제권 전환 논의에서도 드러난다. 작전통제권이 유엔군 사령관에게 넘어간 이유를 고려하면, 1994년에 평시작전통제권이 한국군에 이양되고 전시작전통제권 이양 논의가 이루어질 때 연루 위험 관리에 대한 조치가 나왔어야 했다. 그러나 미국이 작전통제권을 이양하겠다고 결정했을 때 미국의 계산은 냉전 이후 변화된 전략 환경과 미군 재배치에 초점을 맞췄을 뿐이었다. 즉, 한국군에게 작전통제권을 이양하더라도 한반도에 불안정한 상황이 초래되어 미국이 연루될 가능성은 그다지 크지 않다고 보았던 것이다.

한반도에서의 전쟁 위험이 잘 관리되고 있는 또 다른 이유는 1970년대 이후 한국과 미국이 발전시켜온 안보협력 체계 덕분이다. 이 안보협력 체계는 양국이 국가 이익과 전략적 접근을 조율하고, 위기 발생 시 정책을 함께 조정해 갈등을 예방하는 중요한 역할을 한다. 그중에서도 가장 중요한 협의 기구는 1968년부터 이어져온 한미안보협의회의SCM이다. 한미안보협의회의는 매년 한국과 미국의 국방장관이 만나 다양한 안건을 논의하는 자리로, 주한미군 철수 문제, 연합사 창설, 북한 핵 문제, 용산기지 이전 등 한미동맹의 주요 사안들을 대부분 이 자리에서 협의했다. 이를 통해 양국은 서로의 의도를 명확히 파악하고, 공동으로 위협에 대응할 수 있는 기반을 마련했다. 이로 인해 양국 간의 행동이 예측 가능해져, 동맹국이 공격적 행동을 할 가능성과 그로 인해 미국이 연루될 가능성을 효과적으로 관리할 수 있게 되었다.

또한, 한미 간의 밀접한 군사적 통합은 한반도에서 전쟁이 발발하더라도 그 범위와 비용을 최소화할 수 있는 안전망을 제공한다. 다시 말해, 전쟁이 일어나더라도 한국과 미국이 협력하여 전쟁의 범위를 제한하고 최소한의 피해로 승리를 거둘 수 있다는 것이다. 이러한 협력의 중심에는 1978년 창설된 한미연합사령부(이하 한미연합사)가 있다. 한미연합사 창설 논의는 1974년 공산권 국가들이 유엔사 해체를 요구한 것과도 관련이 있다. 당시 공산권 국가들은 유엔 총회에서 미국이 유엔사를 통해 한반도에서 군사적 영향력을 행사하는 것을 비판하며 유엔사 해체를 요구했고, 이로 인해 1975년에 유엔사 해체 결의안이 통과되었다.[25] 유엔군사령부가 더 이상 한국 방위를 책임질 수 없는 상황이 된 것이다. 이에 따라 한국 방위를 위한 별도의 기구가 필요해졌고, 그 대안으로 한미연합사가 창설되었다.

이후 카터 대통령의 주한미군 철수 정책이 추진되면서 한반도에서 확장억제를 유지하기 위한 방안으로 한미연합사 창설이 다시 논의된다. 즉, 한미연합사 창설은 한국이 주한미군 철수 이전에 확장억제 신뢰성을 보장할 선조치를 요구했기 때문에 추진된 것이다. 그리고 카터 행정부가 주한미군 철수 계획을 공식적으로 포기한 이후에도, 한미연합사 창설은 계속 추진되었다.

한미연합사 창설은 두 가지 중요한 변화를 가져왔다. 첫째, 지휘 구조가 근본적으로 바뀌었다. 이전에는 유엔안보리결의안에 따라 창설된 유엔군사령부를 통해 유엔군사령관(미군 4성 장군)이 한국군을 지휘했다. 즉, 유엔안보리결의안이 유엔군 사령부 창설에 대한 전략 지침 역할을 한 것이다. 그러나 한미연합사가 창설되면서부터는 양국의 합참의장으로 구성된 한미 군사위원회로부터 전략 지침을 받게 되었다. 그리고 이 전략 지침에 따라 한미연합사령관이 지휘권을 행사한다. 이는 군사전략과 작전 수립 과정에서 미국이 한국과 긴밀히 협의하게 되었음을 의미했다.

둘째, 한미연합사의 지휘부는 미국과 한국의 장교들로 동등하게 구성되었다. 한미연합사 사령관은 미군 4성 장군이 맡고, 부사령관은 한국군 4성 장군이 맡았다. 모든 참모진은 양국 군대에서 균등하게 배치되었으며, 한 부서의 부장이 미국 장교라면 차장은 한국 장교였고, 그 반대의 경우도 마찬가지였다. 이러한 구조는 한국 방어에서 양국 군대의 실질적인 통합과 책임 분담을 가능하게 했으며, 전략적 의사결정 과정에서 한국의 참여가 상당히 증가했음을 보여주는 상징적인 변화였다.

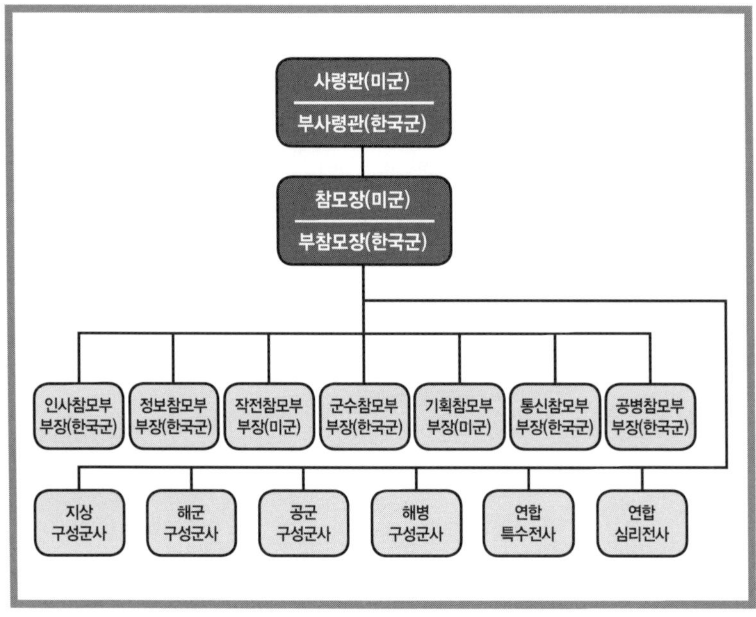

〈그림 5-3〉 한미연합사령부 기구도

한미연합사는 한국군과 미군이 혼합되어 편성되어 있다. 예를 들어, 사령관이 미군이면, 부사령관은 한국군, 부장이 한국군이면 차장은 미군인 형태이다. 예하에는 6개 구성군사령부가 있는데, 이 6개 구성군사령부는 전쟁 시 편성된다. 〈출처 : 국방부〉

한미연합사의 구조는 다소 복잡하게 보일 수 있지만, 그 의미는 명확하다. 과거 한국의 군사적 역량이 약했을 때는 미국이 주도하는 작전지휘에 무조건 따를 수밖에 없었다. 그러나 한국의 군사력이 강화된 지금은 양국 군사력을 통합할 연합방위체계가 절실히 필요해졌다. 또한 한국의 국익에 맞게 군사작전을 조율할 필요도 생겼다. 이러한 측면에서 한미연합사는 단순히 조직을 통합하는 데 그치지 않고 유사시를 대비한 연합훈련을 주도하며 한국군과 미군이 함께 싸울 수 있는 능력을 기르는 데 중요한 역할을 한다. 이를 통해 북한의 오판을 방지하고, 한반도 확장억제의 핵심 역할을 담당하는 것이다.

***

1990년대를 전후로 한국은 한미동맹에서 자신이 분담해야 할 비용과 책임을 획기적으로 늘렸다. 한국은 방위비 분담을 통해 주한미군 유지에 드는 미국의 경제적 부담을 줄여주었고, 자체 군사력을 강화하여 미국의 책임을 분담하며 동맹의 역할을 재조정했다. 또한, 한국의 자제력과 전쟁수행 능력이 강화되면서 미국이 동맹을 유지할 때 감수해야 할 위험도 줄어들었다. 이와 동시에 한국의 눈부신 경제성장과 민주화는 미국과 공유하는 이익을 더욱 크게 만들었다. 이로 인해 미국은 한국을 더욱 가치 있는 동맹으로 인식하게 되었다. 냉전이 끝나면서 위협에 대한 인식이 변화했음에도 불구하고, 미국이 계속해서 한국을 지키기로 한 이유가 여기에 있다. 따라서 한미동맹은 단순히 냉전시대의 잔재가 아니라, 시대적 변화 속에서 한국과 미국이 핵심 가치를 공유하고 상호 이익을 극대화하면서 계속 발전해가는 살아 있는 생명체와 같다.

한미동맹의 지속성을 이끈 여러 요인을 종합해보면, 이익, 부담(비용과 위험), 그리고 동맹국 역할의 조화가 동맹의 견고함을 유지하는 데 핵심적인 역할을 한다는 결론에 이르게 된다. 지금까지 이러한 요소들이 균형을 이루면서 동맹의 안정성과 지속 가능성을 보장해왔다. 그러나 최근 중국이 미국에 필적할 만한 강력한 도전자로 떠오르면서 동맹 유지와 전략적 균형에 새로운 변수가 등장했다. 이어지는 제6장에서는 이처럼 변화하는 환경에 한미동맹이 어떻게 대응하는지, 그리고 한미동맹의 미래가 어떻게 전개될지를 심도 있게 탐구해볼 것이다.

★ CHAPTER 6 ★

중국의 부상과 미중 패권 경쟁이 한미동맹에 미친 영향

이 책의 제1장~제5장은 한국의 정치적·경제적 발전과 한미동맹 내 역할 분담이 미국이 인식하는 한국의 가치에 어떻게 영향을 미쳤는지 설명했다. 한국의 눈부신 경제성장과 놀라운 민주화는 미국이 주도하는 자유주의 질서의 모범 사례가 되었고, 한국이 한반도 방위에서 점점 더 큰 역할을 맡고 방위비를 분담하면서 미국의 부담도 줄어들었다. 이는 시간이 지나면서 한국의 가치가 상승했음을 나타낸다. 이러한 이유로 냉전이 종식된 이후에도 한미동맹이 견고하게 유지되었으며, 미국은 한국을 계속 필요로 하게 되었다는 것을 이 책 전반부에서 다루었다.

그러나 오늘날 중국의 부상으로 한미동맹은 다시 한 번 위기를 맞고 있다. 사실 1950년대~1960년대 고립되었던 중국을 세계 무대로 이끌어내어 성장할 기회를 제공한 것은 미국이었다. 하지만 미국은 중국이 장차 미국 자유주의 질서에 도전할 것이라고는 예상하지 못했다.[1] 미국의 기대와 달리, 경제적으로 성장한 중국은 군사력을 증강하며 동아시아에서 패권을 추구하기 시작했고, 이제는 미국과 맞서는 '대등한 경쟁자Peer-Competitor'로 부상했다.

이에 따라 동아시아의 위협 세력은 크게 둘로 나뉘었다. 하나는 미국의 자유주의 패권에 도전하는 세력이고, 다른 하나는 동맹국을 위협하는 지역적 세력이다. 이 두 위협 세력이 동시에 존재하는 상황은 한반도 방위에 대한 미국의 부담을 증가시킨다. 미국이 북한과 같은 지역적 위협에 지나치게 연루될 경우, 중국의 패권 도전에 효과적으로 대응하기 어렵기 때문이다. 따라서 미국은 가능한 한 전략적 유연성을 확보하고자 하며, 이는 한반도에 대한 확장억제의 약화로 이어질 수 있다.

한미동맹에서 미국의 부담이 증가한 것은 이번이 처음이 아니다. 앞에서 살펴본 바와 같이, 1960년대 초 중남미의 공산주의 위협으로 인해 한반도 방위에 대한 미국의 부담이 커졌고, 1960년대 중반에는 베트남 전쟁, 1970년대에는 국내 문제로 인해 미국은 한국에 대한 개입을 줄이려 했다. 그때마다 한국은 더 많은 책임을 분담하며 미국의 부담을 완화하고 한미동맹을 강화해왔다.

그러나 중국의 부상이 한국에 어려운 문제로 작용하는 이유는 한국이 중국 봉쇄에 적극적으로 나설 수 없어서 미국과 책임을 분담하기 힘들기 때문이다. 한국은 경제적으로 중국과 매우 밀접하게 연결되어 있어, 중국을 적대국으로 삼으면 큰 경제적 손실을 감수해야 한다. 또한, 지나치게 중국 문제에 집중할 경우 정작 북한이라는 직접적인 위협에 적절히 대응하기 어려워진다.

이러한 역할 분담의 구조적 한계는 오늘날 한미동맹이 직면한 또 다른 위기를 초래하고 있다. 따라서 중국과 북한의 위협이 동시에 부상하는 문제는 현재 우리에게 핵심적인 이슈이다. 이러한 이유로 필자는 현재 진행 중인 미중 경쟁과 한반도 상황을 더 깊이 논의하고자 한다. 앞으로 이어질 제6장~제8장에서는 중국의 부상을 배경으로 미중 전략 경쟁의 양상과 북한의 핵 위협이 한미동맹과 한반도 확장억제에 미치는 영향을 구체적으로 다룰 것이다.

1989년 천안문 사태

중국은 인구와 영토, 자원을 바탕으로 엄청난 잠재력을 지닌 나라이다. 1964년에는 핵무기 개발에도 성공하면서 핵보유국이 되었다. 이러한 이유로, 미국은 1949년 중국이 공산화된 이후로 줄곧 중국을 견제해왔다. 그러나 '대약진운동大躍進運動'과 '문화대혁명文化大革命' 같은 정책적 실패로 인해 중국은 한동안 미국의 도전자가 되지 못했고, 단지 동아시

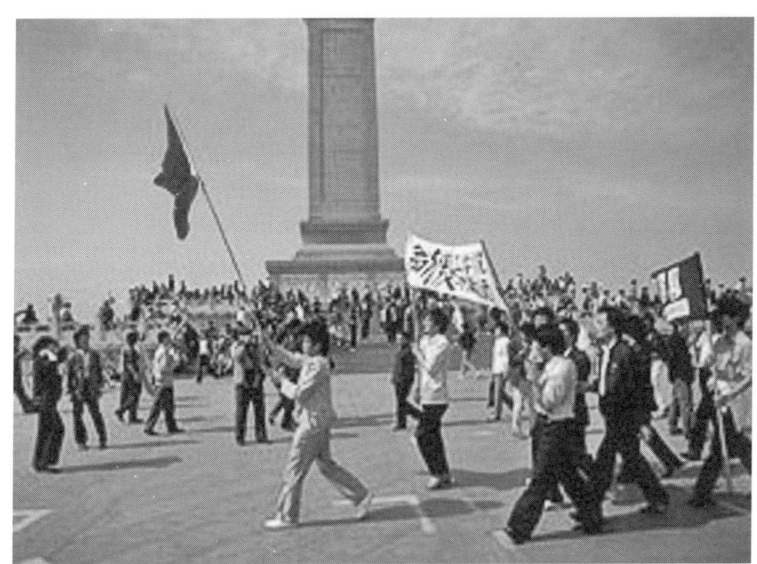

●●● 1989년 6월 2일 천안문 광장에 모인 학생 시위대. 이튿날인 6월 3일부터 중국 인민해방군은 무력으로 시위대를 진압하기 시작했고 이 과정에서 수천 명이 사망했다(정확한 사망자 미상). 이 사건 이후 중국은 서방으로부터 다시금 고립되게 된다. 〈출처: WIKIMEDIA COMMONS | Public Domain〉

아의 잠재력 있는 국가로만 여겨졌을 뿐이었다.

사실, 이러한 중국을 세계 무대에 끌어내고 그 성장의 기틀을 마련해 준 것은 다름 아닌 미국이다. 1971년, 헨리 키신저는 비밀리에 중국을 방문해 중국과 자유 진영 사이의 장벽, 즉 '죽의 장막Bamboo Curtain'을 걷어내기 시작했다. 이듬해 닉슨 대통령의 역사적인 중국 방문으로 양국은 적대관계를 끝냈으며, 1979년에는 정식으로 수교하게 된다. 이후 중국 경제는 눈부시게 성장했다. 그러나 이러한 성장 과정에서 중국의 공산당 체제는 필연적으로 중국민들의 민주화에 대한 열망과 충돌하게 되는데, 그것이 바로 '천안문 사태'이다.

1989년 봄, 베이징北京의 천안문 광장은 긴장감으로 가득했다. 그해 4월, 개혁주의자이자 학생들로부터 추앙받던 후야오방胡耀邦 전 공산당

천안문 사태

천안문 사태의 배경은 1970년대로 거슬러 올라간다. 마오쩌둥毛澤東이 1976년에 사망한 후, 중국 공산당은 덩샤오핑鄧小平을 새로운 지도자로 선택했다. 1978년, 덩샤오핑은 중국 경제를 현대화하고 발전시키기 위한 개혁 정책들을 추진하기 시작했다. 농업 분야에서는 집단농장을 해체하고 농민들에게 토지를 분배해 자율적으로 생산과 판매를 하도록 했고, 산업 분야에서는 국영기업의 자율성을 확대하며 민간 자본을 도입했다. 또한 경제특구를 설치해 외국 자본과 기술을 유치하고 무역을 활성화했다. 이로 인해 중국 경제는 빠르게 성장했으며, 1980년대 중국의 연평균 GDP 성장률은 7.9%에 달하며 고도성장을 이루었다.[2]

그러나 이러한 급격한 경제성장에는 부작용도 뒤따랐다. 도시와 농촌 간 소득 격차는 더욱 심화되었고, 부유한 지역과 가난한 지역 간의 경제적 불균형 역시 커졌다. 공무원들과 기업인들 사이에서는 부정부패가 만연했고, 급격한 경제성장으로 물가가 치솟아 국민들의 생활은 점점 더 어려워졌다. 또한 많은 중국인은 정치적 자유와 인권의 결핍을 절실히 느끼기 시작했다. 특히 대학생들과 지식인들은 더 많은 정치적 개혁을 요구하며 목소리를 높였다. 그들은 표현의 자유, 언론의 자유, 집회의 자유를 요구했으며, 정부의 투명성과 책임성을 강화하고 민주적인 선거를 통해 지도자를 선출할 것을 촉구했다. 이런 가운데, 1989년 4월 전 중국 공산당 총서기이자 개혁주의자였던 후야오방胡耀邦의 사망은 이와 같은 불만과 요구를 하나로 모으는 계기가 되었다. 그의 사망 이후, 그를 추모하는 집회가 베이징 천안문 광장에서 시작되었다. 이것이 곧 정치적 자유와 민주화를 요구하는 대규모 시위로 발전하자, 중국 정부가 전차를 동원하여 이를 강경진압했고, 그 과정에서 많게는 수천 명의 중국민이 사망했다. 이것이 바로 천안문 사태이다.

총서기가 사망하자 그를 추모하고 개혁을 요구하는 대학생들이 천안문 광장에 모여든 것이다. 일반 시민들까지 동참하면서 이 집회는 민주화 운동으로 발전했다. 광장은 지식인, 노동자, 학생, 일반 시민 등 100만 명이 넘는 사람들로 가득 찼다. 이는 곧 정치적 자유와 민주화를 요구하는 대규모 시위로 발전했다.

1989년 5월에 접어들면서 천안문 광장의 시위는 날이 갈수록 더 커졌다. 학생들과 시민들은 매일 모여 정치적 자유와 민주화를 요구하는 목소리를 더욱 강하게 냈다. 이에 중국 정부는 시위를 국가에 대한 위협으로 간주하며 점차 강경한 대응을 보이기 시작했다.

결국 5월 중순, 중국 정부는 계엄령을 선포하고 베이징에 군대를 투입하기로 결정했다. 처음에는 군인들이 시위대와 대치하면서도 무력 사용을 자제했기 때문에 큰 충돌이 없었다. 그러나 시간이 흐르면서 정부와 시위대 간 갈등은 더욱 격화되었고, 6월 3일 밤부터 6월 4일 새벽까지 중국 인민해방군은 천안문 광장과 그 주변 지역에서 시위대를 무력으로 진압하기 시작했다. 천안문 광장은 순식간에 비극의 현장이 되었고, 민주화를 외치던 목소리들은 총성과 전차 소리에 묻히고 말았다.

천안문 사태 이후, 서방 국가들은 일제히 중국 정부를 강하게 비난했다. 미국 국무부는 "거의 모든 외국 정부들이 중국의 시위대 진압에 대해 혐오감을 표했다"고 보고했다.[3] 특히, "사회주의 혁명 국가로서 중국이 자격이 있는지에 대해 서유럽의 공산주의자들뿐만 아니라 동유럽의 진보 세력들과 일부 소련 인사들조차 의문을 제기하고 있다"고 덧붙였다.[4]

결과적으로, 일부 서방 국가들은 중국과의 외교관계를 일시적으로 단절했다. 유엔과 국제 인권 단체, 언론도 중국 정부의 행위를 규탄하며 사건의 진상 조사와 책임자 처벌을 요구했다. 서방 국가들은 정치적 비난에 그치지 않고 경제적 제재도 가해, 중국 경제는 상당한 타격을 입었다.[5] 세계은행, 아시아개발은행, 외국 정부들은 중국에 대한 대출을 중단했고, 이로 인해 중국의 신용등급은 하락했다. 이처럼 천안문 사태는 중국을 정치적·외교적·경제적으로 고립시키는 결과를 초래했다.

중국이 미국의 질서 속으로 들어오다

사실, 대부분의 국가들이 중국 정부를 강하게 비난했지만, 미국의 대응은 좀 더 신중했다. 미국 역시 천안문 사태 직후 공식적으로는 중국과의 대화를 중단했지만, 백악관은 비밀리에 국가안보보좌관 브렌트 스코우크로프트Brent Scowcroft와 국무부 부장관 래리 이글버거Larry Eagleburger를 베이징에 파견해 대화와 협력을 지속하려는 의지를 보였다.[6] 이 사실이 나중에 알려지면서 H. W. 부시 행정부는 비판을 받았지만, 미국은 중국을 미국이 주도하는 자유주의 세계 질서에 편입시키고 이를 통해 미국의 이익을 도모해야 한다고 판단했다. 특히 소련이 붕괴하고 지정학적 상황이 급변하는 상황에서 중국을 적대시하는 것은 현명하지 않다고 생각했던 것이다.

H. W. 부시 행정부 이후 들어선 클린턴Bill Clinton 행정부는 인권을 중시하는 민주당 정부였음에도 불구하고, 중국의 인권 문제를 들추기보다는 대중국 포용 정책을 그대로 이어갔다. 클린턴 행정부는 이 정책에 대해 "중국을 국제사회의 책임 있는 구성원으로 끌어들이고, 상호 이익이 맞닿는 분야에서 협력을 증진시키기 위한 것"이라고 설명했다.[7] 또한, "중국이 아시아-태평양 지역의 안정과 번영에 긍정적으로 기여할 수 있도록 그 현대화를 지원하는 것이 미국의 중요한 과제"라고 강조했다.[8]

클린턴 행정부의 포용 정책은 2001년 중국의 세계무역기구WTO, World Trade Organization 가입이라는 중요한 성과로 이어졌다. 이 사건은 단순한 경제 개혁을 넘어서는 의미를 지녔다. WTO 가입은 중국이 국제사회의 책임 있는 일원으로 받아들여졌고, 미국 중심의 자유주의 세계 질서

●●● 1998년 6월 26일 빌 클린턴 대통령과 영부인 힐러리 클린턴 여사가 중국 시안(西安)의 병마용갱을 방문한 장면. 중국을 향한 클린턴 행정부의 포용 정책은 많은 비판을 받았다. 그러나 클린턴 대통령은 세계에서 가장 인구가 많은 국가를 봉쇄하는 것은 현명하지 못하며, 중국 사회를 변화시키고 미국이 주도하는 자유주의 세계 질서에 편입시켜 더 나은 미래를 건설하게 하는 것이 중요하다고 강조했다. 이때만 하더라도 미국은 중국을 변화시킬 수 있다는 희망을 갖고 있었다. 〈출처: WIKIMEDIA COMMONS | Public Domain〉

에 공식적으로 편입되었음을 선언한 것이다. 특히, WTO가 관세 철폐 및 완화와 같이 자국의 경제 문호를 개방하는 조치와 관련이 있기 때문에 중국이 WTO에 가입했다는 것은 고립주의를 탈피하고 국제사회와 교류하겠다는 의지를 보여주는 것이었다.

WTO 가입 이후, 중국 경제는 폭발적인 성장을 이루었다. 중국에 대한 외국의 직접투자는 2000년 420억 달러에서 2010년에는 2,437억 달러로 약 6배 증가했다.[9] 미국으로의 수출 역시 2000년 1,000억 달러에서 2010년 3,650억 달러로 3.6배 늘어났다.[10] 이러한 성장은 중국뿐만 아니라 미국에도 큰 이익을 안겨주었다. 중국의 저임금 노동자들이 생산한 값싼 제품은 미국 내 인플레이션을 억제하는 데 기여했고, 2000년대 미국의 인터넷 산업 성장과도 맞물려 시너지 효과를 냈다.

게다가 중국이 경제성장에 주력하고 주변국들과의 분쟁을 자제한 것은 미국의 동아시아 확장억제 전략에도 긍정적인 영향을 미쳤다. 특히, 중국은 1998년부터 2008년 사이 주변국들과의 관계를 개선하려고 다각도로 노력했다. 가장 대표적인 사례가 2004년 중국과 베트남의 통킹만 어업협정이다. 이 협정에서 중국은 영해 분할 문제에 대해 베트남에 양보했고, 이는 남중국해에서의 긴장을 완화하는 데 중요한 역할을 했다. 그 결과, 두 나라는 남중국해 분쟁이 격화되기 전까지 우호적인 관계를 유지할 수 있었다.[11]

미중 패권 경쟁의 시작

클린턴 행정부에 이어 집권한 조지 W. 부시 행정부도 중국을 세계 무대에 중요한 파트너로 끌어들이려는 노력을 지속했다. 특히 2001년 9·11 테러 이후, 미국은 테러에 대응하기 위해 중국과 러시아와 같은 주요 국가들의 협력이 어느 때보다 필요했다. 그래서 중국과 좋은 관계를 유지하는 데 많은 노력을 기울였다. 이와 동시에 부시 행정부는 새로운 안보 위협에 맞서 중국을 '책임 있는 이해 당사자Responsible Stakeholder'로 자리 잡게 하려는 전략을 추진했다. 이 표현은 국제사회에서 중국의 적극적인 역할을 요구할 때 미국이 자주 사용한 용어였다.[12]

한편, 부시 행정부는 경제성장과 군사력 강화에 몰두하는 중국이 미국의 패권에 도전할 가능성에도 대비했다. 예를 들어, 부시 행정부의 국가안보전략은 "강력하고 평화롭고 번영하는 중국의 등장을 환영한다"고 말했지만,[13] 행정부의 핵심 국가안보 참모였던 콘돌리자 라이스Condoleeza Rice는 "중국은 현상 유지를 원하는 세력은 아니다. 우리는 협력을 추구하겠지만, 우리의 이익이 충돌할 때는 베이징과 맞서야 할 필요가 있다"고 경고했다.[14]

이러한 경고를 하게 된 이유는 중국이 억눌러왔던 패권 의지를 행동으로 드러내기 시작했기 때문이다. 중국의 패권 의지가 본격적으로 드러난 계기는 2008년 리먼 브라더스Lehman Brothers 파산으로 촉발된 금융위기였다. 이 금융 위기로 미국의 경제는 심각한 타격을 입었고, 주식시장이 폭락하면서 실업률이 급격히 상승했다. 결국, 2011년에는 미국의 신용등급이 강등되는 사태까지 벌어졌다. 이로 인해 미국의 국제적 리더십이 흔들리면서 상대적으로 중국의 영향력이 부각되기 시작한 것이다.[15]

중국은 이 기회를 놓치지 않았다. 중국은 공격적으로 미국 국채를 사들였고, 어려움에 놓인 주변국과 통화 스와프를 체결하며 동아시아 경제 안정화에 앞장섰다. 결과적으로 2008년 이후, 중국은 미국의 최대 국채 보유국으로 올라섰으며, 2010년에는 일본을 제치고 세계 2위의 경제대국이 되었다. 이런 흐름에 따라 골드만 삭스Goldman Sachs를 비롯한 많은 투자은행들은 "이제 중국이 미국 경제를 넘어서는 것은 시간문제"라는 분석을 내놓았다.[16]

●●● 2020년 5월 3일 촬영된 남중국해의 피어리 크로스(Fiery Cross) 암초 사진. 피어리 크로스 암초는 2014년에서 2017년 사이에 스프래틀리(Spratly) 제도에 건설된 중국 인공섬 7개 중 하나이다. 중국은 이 인공섬들에 활주로와 보급기지를 건설하는 하는 등 인공섬들을 군사 기지화했다. 이는 중국의 영토 확장 야망을 보여준다. 이러한 배경 속에서 미국의 전략가들은 "중국의 부상은 결코 평화롭지 않을 것"이라고 경고하기 시작했다. 〈출처: WIKIMEDIA COMMONS | Public Domain〉

그 이후로 중국은 이익이 충돌하는 문제에 대해 더욱 강경하게 대응하기 시작했다.[17] 자국의 이익이 걸린 지역에 대해서는 공격적으로 군사 및 준군사 행동을 감행했고, 주변국과 갈등이 벌어지면 외교적으로 강압하고 경제적으로 제재했다. 또한, 국제기구에서 지역 국가들의 항의를 공개적으로 무시하는 등 중국의 태도는 그동안 쌓아온 우호적 관계와 신뢰를 훼손했다. 특히 주목할 만한 행동은 남중국해에서 중국이 일부 산호섬에 대한 영유권을 무단으로 주장하고, 인공섬을 건설해 이를 군사 기지화한 것이었다. 이러한 배경 속에서 미국의 전략가들은 "중국의 부상은 결코 평화롭지 않을 것"이라고 경고하기 시작했다.[18]

시진핑의 등장과 중국몽

미중 패권 경쟁은 2012년 후진타오胡錦濤에 이어 집권한 시진핑習近平 주석을 빼놓고는 이야기할 수 없다. 시진핑 주석은 중국의 외교 및 군사 정책에 중요한 변화를 가져왔다. 특히, 그의 대외 정책은 적극적이다 못해 공격적이기까지 했다.

공산권이 붕괴하고 급격한 전략적 환경 변화가 있었던 1980년대 말과 1990년대 초, 중국의 지도자 덩샤오핑은 중국이 앞으로 추구해야 할 대외 정책 방향을 제시했다. 이것이 바로 '24자 전략'이다. 이 24자 전략은 냉정관찰冷靜觀察, 참온각근站穩脚跟, 침착응부沉着應付, 도광양회韬光養晦, 선우수졸善于守拙, 절부당두絶不当頭로, 이것을 순서대로 풀이하면 "냉정하게 관찰하라", "입지를 확고히 하라", "침착하게 대응하라", "능력을 감추고 때를 기다려라", "세태에 융합하지 말고 우직함을 지켜라", "실력이 될 때까지 절대로 앞장서지 말라"이다. 이 중 중국의 대외정책을 가장 잘 드러내는 상징적인 전략은 도광양회, 즉 "능력을 감추고 때를 기다려라"라는 전략이다. 특히, 1989년 천안문 사태와 1991년 소련 붕괴 이후, 중국은 국제사회에서 우호적인 이미지를 구축할 필요가 있었기 때문에 이 전략은 필수적이었다.

●●● 2008년 8월 10일, 중국을 방문한 조지 W. 부시 대통령을 만난 시진핑 당시 부주석. 시진핑은 2012년 11월, 제18차 중국 공산당 전국대표대회(당대회)에서 당 총서기로 선출되었고, 이듬해 3월 14일에는 중국 국가주석으로 공식 취임한다. 중국은 시진핑의 등장과 함께 '도광양회'에서 '분발유위'로 대외 정책을 전환한다. 이는 아시아에서 중국의 패권을 위한 전략적 여건을 조성하겠다는 정책이다. 〈출처: WIKIMEDIA COMMONS | Public Domain〉

도광양회 전략은 1990년대 장쩌민江澤民 시기를 거쳐 2002년 공산당 총서기가 된 후진타오胡錦濤 시대에도 지속되었다. 그러나 2012년 시진핑習近平이 집권하면서 대외 정책의 방향이 바뀌기 시작했다. 2013년 10월 시진핑은 새로운 대외 정책 비전인 '분발유위奮發有爲'를 제시했고, 2017년 당대회에서 이것을 다시 한 번 강조했다.[19] 분발유위는 "분발해 성과를 이룬다"는 의미로, 중국이 더 이상 도광양회에 머물지 않고 중국의 핵심 이익을 지키기 위해 공세적인 정책을 펼치겠다는 의지를 나타낸다.[20]

더 나아가 이 새로운 전략은 아시아의 패권을 차지하려는 중국의 대전략과 연결된다. 중국의 저명한 국제정치학자이자 시진핑 주석의 외교안보 조언자인 옌쉐퉁閻學通은 덩샤오핑의 도광양회가 중국을 국제 환경 변화에 수동적으로 적응하게 만들었고, 국내 경제 발전에 과도하게 집중하게 했다고 분석한다. 반면, 시진핑의 분발유위는 중국이 외부 환경을 유리한 방향으로 만들기 위해 주도적으로 나서게 하는 것을 의미한다. 즉, 중국의 부흥과 패권을 위해 주변국과의 마찰도 감수할 수 있다는 것이다.[21]

시진핑의 분발유위 전략은 그의 다른 정책들과도 긴밀하게 연결된다. 예를 들어, 그는 '중국몽中國夢'을 통해 중화민족의 위대한 부흥을 목표로 삼고, 이를 통해 세계 무대에서 중국의 위상을 강화하고자 한다. 이 전략의 일환으로 '일대일로一帶一路' 사업을 추진하여 아시아, 유럽, 아프리카로 경제적 영향력을 확장하고 있다.[22] 이를 통해 중국은 새로운 국제 질서를 구축하며 경제적·정치적 영향력을 확대하려 한다.[23]

한편, 미국에 대해서는 새로운 강대국의 관계와 새로운 질서를 뜻하는 '신형대국관계新型大國關系'를 제시했다. 신형대국관계의 핵심은 "협력, 인정, 존중"으로, 중국과 미국이 "갈등하지 않고 협력하며, 중국의 부상을 미국이 인정하고, 상호 핵심 이익을 존중하자"는 것이다.[24] 이것은 겉으로는 상호 존중과 '상생Win-Win'을 강조하는 것 같지만, 동아시아에서 미국 중심의 기존 질서에 무조건적으로 편입되기보다 중국의 비전과 의지, 핵심 이익을 지키고자 하는 중국의 전략적 사고를 반영한 것이다. 이러한 정책들은 시진핑의 분발유위 전략과 밀접하게 연결되어 있으며, 중국의 국제적 역할 확대와 패권 의지를 보여준다.

중국이 미국과 대등한 경쟁자로 떠오르다

미국이 중국을 견제하는 이유는 단순히 중국의 팽창 의도 때문만은 아니다. 중국은 강력한 경제력을 바탕으로 군사력을 현대화하며 미국과 '대등한 경쟁자Peer-Competitor'로 떠오르고 있다. 이는 동아시아에 있는 미국의 동맹국들이 어느 편에 서야 할지 고민하게 만든다. 미군이 세계 최강이라는 사실에는 변함이 없지만, 중국이 지리적으로 더 가까울 뿐만 아니라 군사력 측면에서도 미국과 충분히 견줄 만한 상대가 되었기 때문이다.

중국 인민해방군의 현대화는 오랜 시간이 걸렸다.[25] 1980년대까지 인민해방군의 무기는 1950년대 소련제 무기를 약간 개조한 수준에 머물렀다. 덩샤오핑이 1978년 개혁·개방 정책을 추진하며 '4대 현대화'의 목표 중 하나로 군 현대화를 제시했지만, 우선순위는 경제 발전에 있었기 때문에 군 현대화는 뒤로 밀렸다.[26]

그러나 1990년대 들어 중국 지도자들은 세 가지 사건을 계기로 군 현대화의 필요성을 깨닫게 되었다.[27] 첫 번째 사건은 1991년 걸프전에서 미군이 정밀 유도탄과 첨단 정보·감시·정찰ISR, Intelligence Surveillance and

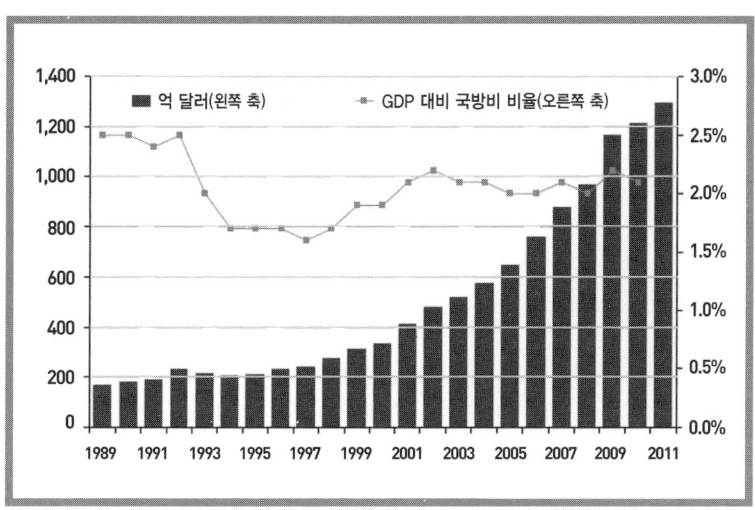

〈그림 6-1〉 연도별 중국의 국방비와 GDP 대비 국방비 비율

중국의 국방비는 중국이 WTO를 가입한 2001년을 전후로 급격하게 증가하기 시작했다. 이는 중국의 경제 규모가 급속하게 커지면서 중국의 국방비도 이에 맞추어 증가했기 때문이다. 국방비의 증가는 중국군의 현대화와 정보화로 이어졌고, 2000년대 후반부터 미국은 이러한 중국의 군사력 증강을 경계하기 시작했다. 〈출처 : 스톡홀름 국제평화연구소(SIPRI) 연도별 국방비 지출 데이터〉

Reconnaissance 능력을 활용해 이라크군을 몇 주 만에 제압한 것이다. 걸프전은 현대전에서 첨단 무기체계와 정보화 능력이 얼마나 중요한지 여실히 보여주었고, 당시 재래식 전력에서 열세였던 중국 인민해방군에게 큰 충격을 주었다.

두 번째 사건은 1996년 대만해협 위기이다. 중국이 대만 총통 선거에 개입하려는 시도로 군사훈련과 미사일 발사를 감행했을 때, 미국은 항공모함 2척을 대만해협으로 파견해 중국을 압박했다. 이로 인해 중국 지도부는 대만의 독립 가능성에 위기감을 느끼고 인민해방군의 현대화 예산을 대폭 증액했다.

세 번째 사건은 1999년 코소보 분쟁 중 미국이 중국 대사관을 오폭한 사건이다. 미국은 이를 실수라고 해명했으나, 중국 지도부는 이를 의도적인 공격으로 해석했다. 이 사건 이후 미국에 대한 중국의 불신이 심화되고, 인민해방군의 현대화 예산이 한층 더 확대되었다.

이후 중국은 군 현대화를 위해 국방비를 급격히 증가시키기 시작했다. 2001년부터 2010년까지 국방비는 연평균 13%씩 증가했는데, 미국이 이를 우려하자 중국은 국방비 증액이 병사들의 훈련과 급여 개선을 위한 것이라고 설명했다.[28] 그러나 미국은 중국의 의도를 순수하게 보지 않았다. 2007년 아시아 순방 중 딕 체니Dick Cheney 당시 미국 부통령은 중국의 군사력 증강이 중국이 주장하는 '평화적 부상Peaceful Rise'과 일치하지 않는다고 지적했다.[29] 미국은 중국이 말하는 것과 실제 행동 사이에 차이가 있으며, 중국이 다른 의도를 숨기고 있다고 판단했던 것이다.

중국 인민해방군의 현대화는 동아시아에서 미국의 개입을 저지하는 데 우선적인 목적이 있다. 이를 위해 중국은 반접근·지역거부A2AD, Anti-Access/Area Denial 전략을 추진하면서 첨단 잠수함, 러시아제 S-300 지대공 미사일, 대함 탄도미사일, 중장거리 탄도미사일 등 다양한 군사 자산에 집중적으로 투자해왔다. 이러한 전략은 미군의 접근을 차단하고, 무력 충돌 시 미군의 피해를 증가시켜 억제력을 확보하는 데 중점을 둔다.[30]

아이러니하게도, 인민해방군의 현대화 목표 중 하나는 미군의 합동작전 수행 능력을 모방하는 것이다. 합동작전이란 육·해·공군이 협력하여 통합적으로 작전을 수행하는 것으로, 미국이 걸프전, 아프간전, 이라크전에서 성공할 수 있었던 주요 요인이었다. 이에 따라 중국은 전통적인 육군 중심의 전략에서 벗어나 해군과 공군이 협력하는 체제로 군사 조직을 재구성하고 있다.[31]

2012년 시진핑이 집권한 이후, 중국의 군 현대화는 더욱 가속화되었다. 이를 위해 2016년에는 대규모 군사개혁이 단행되었는데, 여기에는 통합된 합동작전 수행 능력을 강화하는 조치가 포함되었다. 이 군사개혁은 조직, 부대 운용, 무기 체계 측면에서 소련식 요소를 제거하고, 미군을 비롯한 선진 군대의 합동 지휘통제 및 작전 수행 방식을 도입하는 데 중점을 두었다.[32] 또한, 기존의 7대 군구 체제를 5대 전구 체제로 재편하여 각 전구에서 육·해·공군이 통합 작전을 수행할 수 있도록 했는데, 이는 미군의 통합군 체계를 모델로 삼아 통합 작전 능력을 강화하는 데 중점을 두었다.

중국 인민해방군의 임무에도 변화가 있었다. 2019년 7월 "신시대의 중국 국방정책新時代的中國國防政策"이라는 이름으로 발간된 국방백서는 대만을 조국통일의 대상으로 명시하며 영토 안보를 지키겠다는 의지를 분명히 했다.[33] 또한, 기존의 '근해방어近海防禦' 전략에서 인도-태평양 지역의 '원해방어遠海防禦'를 추구하는 전략으로 해군 전략을 확장하여 중국의 해양 권익을 확장하고 해외에 있는 중국의 이익을 보호하는 책임을 강조했다.

이러한 개혁을 통해 인민해방군은 세계적 수준의 현대화된 군대로 변모하고 있다. 시진핑 주석은 2049년까지 중국이 군사력에서 미국을 앞서는 것을 목표로 삼고, 이에 따라 인민해방군을 지속적으로 발전시켜나가고 있다.[34] 특히, J-20 스텔스 전투기, 첨단 전자전 장비를 갖춘 Type 055 난창南昌 구축함, 전자기 사출장치를 장착한 Type 003 푸젠福建 항공모함, 위성과 무인기 기술 등은 세계적인 수준에 도달했다.

물론, 이러한 군 현대화의 성과가 즉각적으로 나타나는 것은 아니다. 일부 첨단 무기 개발 과정에서 실패가 반복되고 있지만, 중국이 꾸준한 투자와 개혁을 통해 동아시아에서 미국과 전략적 균형 또는 우위를 달성할 가능성을 완전히 배제할 수는 없다. 이것이 바로 미국이 우려하는 점이다.

●●● 중국의 J-20 스텔스 전투기. J-20는 제5세대 스텔스 전투기로, 2011년 1월 11일 시험비행에 성공했고, 2017년 3월 10일에 실전배치되었다. 이는 중국의 전투기 제작 기술이 얼마나 빠르게 발전하고 있는지를 보여주는 중요한 사례이다. 비록 스텔스 성능과 엔진 성능에서 문제가 제기되었지만, 점진적으로 개선을 이어가고 있다. 〈출처: WIKIMEDIA COMMONS | Public Domain〉

●●● 2020년 취역한 Type 055 난창 구축함. 만재배수량 1만 3,000톤으로, 1만 톤급인 우리나라의 세종대왕급 구축함, 일본의 아타고급 구축함, 곤고급 구축함보다 큰 동북아시아 최대 크기의 구축함이다. 함교 4면에 AESA 레이더를 배치하여 전방위 감시를 할 수 있으며, 112개의 수직발사대를 장착하여 대공미사일, 순항미사일, 대잠어뢰미사일 등을 발사할 수 있다. 미군에서는 이지스 순양함으로 분류한다. 〈출처: WIKIMEDIA COMMONS | Public Domain〉

중국이 미국의 핵패권에 도전하다

1990년대부터 시작된 중국의 군사력 강화는 재래식 전력의 현대화에 초점을 맞췄지만, 2020년 이후부터는 초점을 핵전력 현대화로 전환했다. 중국 핵전력 현대화의 속도는 매우 빠르다. 미국의 전략가들은 중국이 조만간 미국과 러시아에 필적하는 핵전력을 보유할 수 있을 것이라고 전망하고 있다.[35]

중국의 핵전력 현대화는 총 네 단계에 걸쳐 지속적으로 이루어졌다. 첫 번째 단계는 1960년대에서 1970년대에 걸쳐 진행되었는데, 이 기간에 중국은 전략폭격기를 개발하고, DF-1, DF-2, DF-3과 같은 액체연료 기반 준중거리 탄도미사일MRBM을 도입했다. 두 번째 단계는 1980년대에서 1990년대에 걸쳐 이루어졌는데, 이 기간에 중국은 러시아와 인도, 그리고 미국을 사정권에 두는 액체연료 기반 대륙간탄도미사일ICBM, InterContinental Ballistic Missile인 DF-4와 DF-5A를 도입했다. 세 번째 단계는 2000년대에 진행되었는데, 이 기간에 중국은 고체연료 기반 이동형 ICBM인 DF-31, 다탄두개별목표재진입유도탄MIRV, Multiple Independently targetable Reentry Vehicle을 장착한 액체연료 기반 ICBM인 DF-5B, 그리고 소규모 SSBN 함대(Type 094)를 도입했다.[36]

현재 진행 중인 중국의 네 번째 핵전력 현대화 단계는 가장 광범위한 핵전력 강화를 목표로 하고 있다. 이는 궁극적으로 ICBM, SLBMSubmarine-Launched Ballistic Missile(잠수함발사탄도미사일), 전략폭격기로 구성되는 3축 핵전력 체계를 완성하려는 것이다.[37] 만약 이 3축 핵전력 체계가 완성된다면, 중국은 적대국의 전면적 핵공격에도 생존할 수 있는 제2격 능력을 갖추게 될 것이다.

〈표 6-1〉 시기별 중국의 핵전력 개발 현황

		1단계	2단계	3단계	4단계
시기		1960년대~1970년대	1980년대~1990년대	2000년~2020년	2020년~현재
주요 무기 체계	중거리미사일 (MRBM/IRBM)	DF-1/2/3	DF-4, DF-21/A	DF-26	DF-21E, DF-17(HGV)
	대륙간탄도미사일 (ICBM)		DF-5A	DF-31/A, DF-5B(MIRV)	DF-31AG, DF-5C, DF-27, DF-41(MIRV)
	전략잠수함		Type 092	Type 094	Type 096
	전략폭격기	H-6A	H-6E	H-6K/N	H-20
핵탄두 보유량(추정)		150~200기	150~200기	200~300기	2023년 500기 추정 2030년 1,000기 예상

순항미사일의 경우 CSIS의 Missile Defense Project에서는 중국의 순항미사일이 핵 임무를 수행할 수 있다고 분석했지만, 미국과학자협회(FAS, Federation of American Scientists)는 핵 임무가 부여되어 있지 않다고 분석했다.[38]

먼저, 중국은 모든 ICBM을 액체연료 기반에서 고체연료 기반의 사일로silo 및 이동형 발사체로 전환하고 있다. 이러한 전환은 기습공격에 대한 취약성을 줄이고, 즉각적인 보복능력을 강화한다. MIRV ICBM인 DF-41이 그 대표적인 예로, DF-41은 최대 10개의 탄두를 장착할 수 있는 것으로 알려져 있다. 이를 운영하기 위해 중국은 간쑤성甘肅省 일대에 대규모 사일로 기지를 건설하고 있다.

해상 전력 면에서 중국은 현재 6척의 Type 094 전략잠수함을 운용하고 있는데, 각 잠수함은 16개의 SLBM 발사관을 갖추고 있다. 이들 잠수함은 사거리 1만 km 이상의 JL-3 SLBM을 운용할 것으로 예상되며, 향후 업그레이드된 Type 096 잠수함이 추가 배치될 예정이다. 이는 은밀한 작전 수행이 어려웠던 기존 잠수함의 한계를 극복하고, 억제력을 크게 향상시킬 것으로 보인다.

마지막으로, 전략폭격기의 개량도 진행 중이다. H-6K/N은 최근 개발된 공중발사탄도미사일ALBM, Air-Launched Ballistic Missile을 운용할 수 있으며, H-6N은 공중급유 기능을 통해 부족한 비행거리(약 6,000km)를 보완했다. 장기적으로는 비행거리가 1만 km 이상인 신형 H-20 폭격기가 H-6을 대체할 것으로 예상된다. 이러한 단계적 핵전력 강화는 중국이 3축 핵전력 체계를 완성하고, 향후 미국과 러시아와의 전략적 균형을 달성하기 위한 기반이 되고 있다.

이러한 중국의 핵전력 현대화는 중국이 다음과 같은 네 가지 전략 목표를 추구하고 있음을 시사한다.[39] 첫째, 중국은 핵전력의 생존성을 높이고자 한다는 것이다. 핵탄두 수를 늘리고 3축 핵전력 체계를 완성하여, 어떠한 상황에서도 핵 억제력을 유지하려는 것이다. 특히 중국은 미국의 선제공격에도 생존 가능한 핵무기를 보유함으로써 핵 억제력을 강화하고자 한다. 둘째, 중국은 미국을 상대로 한 핵 보복 능력을 강화하려 한다는 것이다. 미국의 미사일 방어 체계가 발전하더라도, 중국의 핵미사일이 이를 뚫고 미국의 핵심 지대를 타격할 수 있어야 핵 억제가 가능하다는 전략에 기반한 것이다. 셋째, 중국은 핵 위기 고조 시 확전 능력을 갖추고, 모든 핵 사용 시나리오에서 미국과 맞설 수 있는 능력을 강화하고자 한다. 이를 위해 저위력부터 고위력까지 다양한 핵탄두를 배치하여, 재래식 분쟁부터 고위력 핵무기 사용에 이르기까지 유연하게 대응할 수 있도록 준비하고 있다. 넷째, 중국은 아시아-태평양 지역에서 핵 강압 및 공격 능력을 강화하고자 한다. 이를 위해 중국은 DF-21E, DF-26, DF-17 등 중거리미사일과 극초음속미사일을 배치함으로써, 이 지역에 배치된 미군 자산을 타격할 수 있는 능력을 갖추었다. 중국은 아직 주변국을 핵무기로 위협하지 않지만, 유사시 핵 강압을 통해 이 지역에서 미국과의 연대를 차단할 가능성이 있다.

오바마 행정부와 트럼프 행정부가 바라본 중국의 부상

중국이 경제적·군사적으로 부상하면서 미국의 경계심도 높아졌다. 본격적으로 미국이 중국의 부상에 대응하기 시작한 것은 오바마Barack Obama 행정부 시기였다. 당시 오바마 행정부는 미국이 테러와의 전쟁으로 중동에 지나치게 개입한 탓에, 21세기의 부와 힘이 집중되는 아시아-태평양 지역에 충분한 관심을 두지 못했다고 평가했다.[40] 이에 따라 미국은 테러와의 전쟁을 종식하고 아시아-태평양 시대를 여는 '아시아로 전환Pivot to Asia' 정책을 추진했다.[41] 오바마 대통령 자신도 아시아 동맹국에 대한 보장을 최우선으로 하는 '최초의 태평양 대통령The First Pacific President'이 되겠다고 선언했다.[42] 이로써 미국 안보전략의 초점이 테러 조직과 불량국가의 도전을 예방하는 것에서 강대국 경쟁으로 전환된 것이다.

그러나 오바마 행정부의 중국 정책은 견제와 봉쇄보다는 미국 주도의 세계 질서 내에서 '평화롭게 부상Peaceful Rise'하도록 중국을 설득하는 데 중점을 두었다. 미국은 특히 동중국해와 남중국해에서의 영유권 분쟁과 군사력 증강을 자제하고, 후진타오 시기처럼 온건한 태도로 돌아갈 것을 중국에 요구했다. 이러한 '포괄적 관여Comprehensive Engagement' 정책은 중국이 미국 주도의 질서로 복귀할 수 있다는 희망을 미국이 여전히 포기하지 않았음을 보여준다.

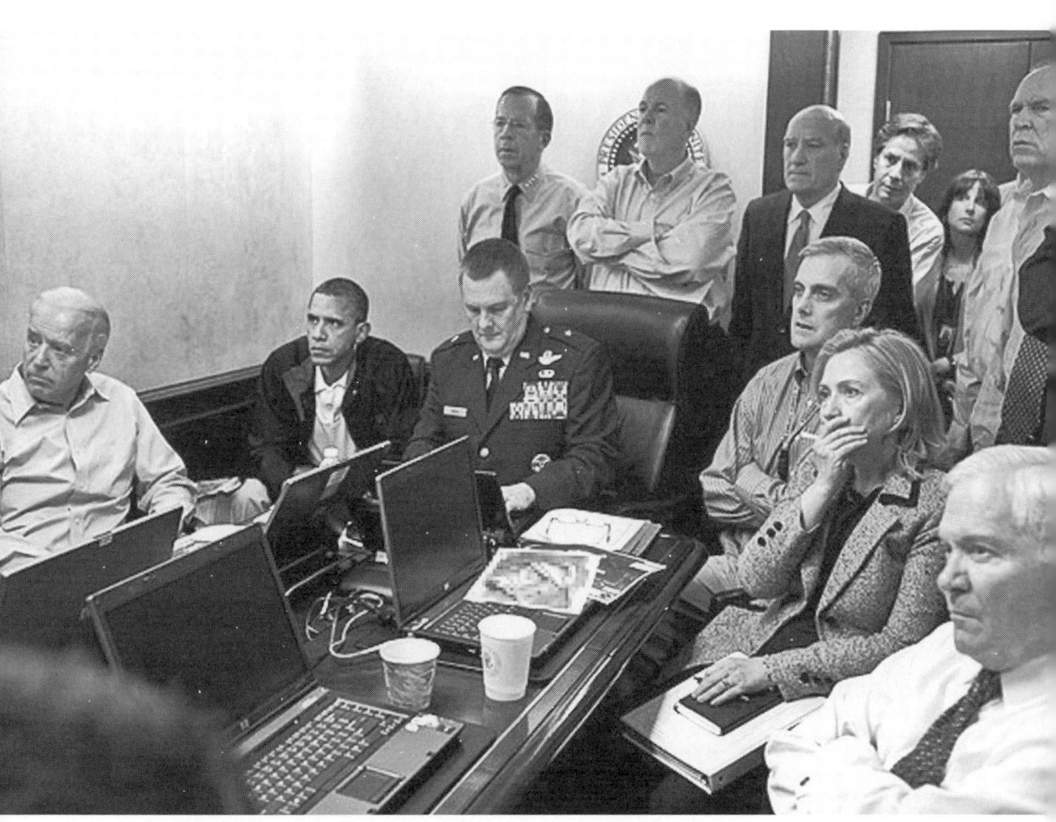

●●● 2011년 5월 1일 오사마 빈 라덴 제거 작전 당시 백악관 상황실에 모인 오바마 대통령(왼쪽 두 번째)과 외교안보 참모들. 빈 라덴의 제거를 계기로 오바마 행정부는 사실상 테러와의 전쟁을 종식하고 아시아-태평양 시대를 열기 시작했다. 이제 미국 안보전략의 초점이 테러 조직과 불량국가의 도전을 예방하는 것에서 강대국 경쟁으로 전환된 것이다. 이러한 맥락에서 나온 전략이 '아시아로의 회귀' 전략이다. 이때까지만 해도 미국은 중국이 평화롭게 부상할 수 있을 것이라는 믿음을 가지고 있었다. 그래서 중국을 적극적으로 봉쇄하기보다는 '포괄적 관여'를 통해 '평화로운 부상'을 유도하고자 했다. 이 사진에서 오바마 대통령의 왼쪽에 앉은 사람이 미국의 제46대 대통령이 되는 조 바이든 당시 부통령이다. 〈출처: WIKIMEDIA COMMONS | Public Domain〉

따라서 오바마 행정부의 재균형 전략은 외교적 및 경제적 관여를 특징으로 했다.[43] 예를 들어, 오바마 대통령 취임 직후 미국은 중국과 전략경제대화US-China Strategic and Economic Dialogue를 통해 지역 문제를 비롯한 환경, 경제 등 폭넓은 의제를 논의하며 협력을 모색했다. 또한, 환태평양파트너십TPP, Trans Pacific Partnership 같은 다자간 협력기구를 통해 아시아-태평양 지역의 동맹국 및 우방국을 연결하고, 미국 중심의 질서를 강화하고자 했다.[44]

동시에 미국은 중국의 군사력 증강에 대응해 군사적 재균형도 모색했다. 미국이 아시아-태평양 지역에서 군사적 우위를 상실할 수 있다는 우려를 했기 때문이다.[45] 이에 따라 미국은 두 가지 측면에서 변화를 추구했다. 첫째, 미국은 해군 전력의 약 60%를 아시아-태평양 지역에 재배치하고, 첨단 기술을 바탕으로 '3차 상쇄전략'을 발전시켜 중국의 군사력 증강에 대응하고자 했다.[46] 둘째, 미국은 지역 국가들과의 군사 협력을 강화하고 아시아-태평양 주둔 미군의 규모를 늘렸다. 이를 위해 필리핀과의 군사관계를 복원하고, 호주에 해병 2,500명을 추가로 배치했으며, 베트남에 미 해군 함정을 정박시키고, 태국 및 싱가포르와 군사협정을 체결했다.[47] 이러한 정책들의 목표는 아시아-태평양 지역에서 군사적 안정을 유지하고, 중국의 반접근·지역거부A2AD 전략에 대응하며, 중국의 군사적 도발을 억제하는 데 있었다. 또한, 충돌이 발생할 경우 이를 신속히 종결하여 장기적 군사적 충돌로 확대되는 것을 방지하는 데 중점을 두었다.[48]

한편, 2017년 출범한 트럼프Donald Trump 행정부는 중국의 부상에 대해 오바마 행정부와는 정반대의 접근을 취했다. 이전의 관여와 설득 대신, 경쟁과 대결, 봉쇄의 구도를 명확히 설정한 것이다. 이러한 접근은 미국의 기존 관여 정책이 중국을 민주국가로 변화시키고 미국 주도의 질서에 편입시킬 수 있다는 가정이 잘못되었다는 인식에 기반했다.[49]

특히, 트럼프 행정부는 중국의 군사적·경제적 성장이 지속된다면 자유주의 질서와 세력균형이라는 미국 대전략의 원칙을 무너뜨리고 미국 본토의 안전을 위협하리라고 보았다. 이러한 인식은 2018년 발표

●●● 2017년 9월 11일, 미국 국방부 건물인 펜타곤에서 9·11테러 추모식에 참석한 트럼프 대통령(맨 왼쪽)과 멜라니아 트럼프 여사(왼쪽에서 두 번째), 제임스 매티스 국방장관(왼쪽에서 세 번째), 조셉 던포드 합참의장(왼쪽에서 네 번째). 2017년 출범한 트럼프 행정부는 중국을 민주국가로 변화시키고 미국 주도의 질서에 편입시킬 수 있다는 기대가 잘못되었다고 말한다. 그리고 중국을 봉쇄하지 못하면 중국이 미국 대전략의 근간인 동맹체제를 약화시키고 결국 미국 본토를 위협할 것이라고 보았다. 따라서 트럼프 행정부는 강대국 경쟁으로의 전환을 추구했다. 〈출처: WIKIMEDIA COMMONS | Public Domain〉

된 미국 국방전략에서 명확히 드러났다.

이 전략이 제대로 수행되지 못하면 그 대가는 명확하다. 미국이 국방 목표를 달성하지 못하면 미국의 영향력은 감소하고, 동맹국

과의 결속력도 약해질 것이다. 또한, 시장 접근성이 축소되면서 미국의 번영은 물론 국민들의 생활 수준까지 저하될 수 있다. 군사 대비태세를 회복하고 현대의 위협에 대응할 수 있도록 군을 지속적으로 현대화하지 않으면, 미국은 군사적 우위를 빠르게 상실하게 될 것이며, 그 결과 미군은 미국 국민을 제대로 방어할 수 없게 될 것이다.[50]

미국은 자국의 국익을 보호하고 자유주의적 가치를 유지하기 위해 중국의 위협에 적극적으로 대비해야 한다고 판단한 것이다. 트럼프 행정부는 오바마 행정부의 포용적 정책이 오히려 중국이 더 강해질 기회를 제공했고, 결과적으로 미국의 질서를 약화시켰다고 보았다. 따라서 미국이 다시 강대국 간 경쟁 구도로 되돌아가야 한다고 결론지으면서 '경쟁적인 세계Competitive World'가 도래했다고 보았다.[51]

트럼프 행정부는 중국의 부상에 맞서 세 가지 대응을 추진했다. 첫째, 경제적 대응으로, 중국과의 무역을 전략적 시각에서 접근했다. 트럼프 행정부의 국가안보전략은 중국이 자유무역 규칙을 왜곡하고 불공정한 이익을 취하고 있다고 지적하면서 경제적 불균형이 미국 국민과 국가안보에 장기적 위험을 초래할 것이라고 경고했다.[52] 이에 따라 관세 인상과 핵심 기술 수출 제한 등 강경한 경제 제재를 시행했다.[53] 이러한 대응은 단순한 무역적자 해소를 넘어서, 중국의 부상에 대한 전략적 우려가 반영된 것이었다.[54]

둘째, 군사적 대응이다. 트럼프 행정부는 국방비를 대폭 증액하고(2016년 6,398억 달러에서 2020년 7,782억 달러로 약 25% 증가),[55] 생존성이 향상된 폭격기, 기동성이 높아진 헬리콥터, 무인 무기를 비롯한 차세대 무기체계 개발에 투자했다. 특히, 우주군을 창설하고 우주전력을 강화하는 등 새로운 전력 분야에서의 군사력 증강에 집중했다. 또한, 핵전력 현대화를 위해 B-21 폭격기, 컬럼비아Columbia급 핵잠수함, 신형 대륙간탄도미사일 등 신형 핵무기 개발을 추진한다.[56]

셋째, 미국의 영향력 복원과 확대이다. 트럼프 행정부는 국제기구, 조약, 동맹을 재검토하고 이를 미국의 이익에 맞게 개혁하거나 필요시 탈퇴하는 전략을 취했다. 미국의 보수층 내에서는 동맹국들이 국제기구와 조약을 자국의 이익을 위해 악용하고 충분한 비용을 분담하지 않는다는 목소리가 있었다.[57] 이에 따라 트럼프 행정부는 국제기구 내에서 경쟁력을 강화하고, 동맹국들에게 더 많은 방위비 분담을 요구했으며, 쿼드Quad 같은 다자 협력체에 자원을 투자해 중국 봉쇄와 경쟁을 강화했다.

***

요컨대, 중국에 대한 트럼프 행정부의 대응은 중국을 변화시킬 수 있다는 가정이 틀렸다는 인식에서 출발했다. 또한, 지금 중국과의 경쟁과 봉쇄를 강화하지 않으면, 결국 중국이 미국을 앞지를 것이라는 위기감이 작용했다.[58] 이러한 위기가 계속된다면, 미국의 동맹국과 우방국들은 미국과 중국 사이에서 어느 편에 서야 할지 고민하게 될 것이고, 그렇게 되면 미국의 패권이 약화되어, 결국 미국 주도의 세계 질서가 무너지고 중국이 그 자리를 대체하게 될 것이라는 우려가 컸다. 이런 위기감은 바이든Joe Biden 행정부에도 이어졌고, 대만 문제가 미국 확장억제 전략의 초점이 되도록 만들었다. 이에 대한 더 깊은 논의는 다음 장에서 다루도록 하겠다.

★ CHAPTER 7 ★

대만 문제가 미국 동아시아 확장억제의 초점이 된 이유

2021년 1월 조 바이든이 미국 대통령으로 취임하면서 미국과 중국 간의 패권 경쟁에서 대만이 핵심 이슈로 부상했다. 중국은 태평양으로 진출하기 위해 대만을 확보해야 한다고 본 반면, 미국은 중국의 팽창을 저지하기 위해 대만을 방어해야 한다고 생각한 것이다. 이러한 배경에서 대만 방어가 미국의 동아시아 확장억제 전략의 최우선 과제로 떠올랐다.

한편, 바이든 행정부는 동아시아에서 통합된 확장억제, 즉 통합억제 전략을 추진하면서 동맹국들에 중국의 태평양 진출을 저지하는 데 적극적으로 참여할 것을 요구했다. 이에 따라 AUKUS(호주-영국-미국 간 안보 파트너십), 인도-태평양 경제 프레임워크IPEF, Chip 4 동맹 같은 새로운 협력체들이 등장했다. 이를 통해 아시아 동맹국들은 중국의 팽창을 억제하기 위해 공동의 책임을 분담하고 있다.

이번 장에서는 대만이 왜, 그리고 어떻게 미국과 중국 간 경쟁의 초점이 되었는지, 또한 이것이 미국의 동아시아 동맹 및 확장억제 전략에 어떤 영향을 미쳤는지를 탐구할 것이다. 더불어 미국의 아시아 동맹국들이 이에 어떻게 대응하고 있는지, 그리고 중국을 겨냥한 패권 억제와 한반도에서의 지역억제 사이에 발생하는 간극을 살펴볼 것이다.

대만이 독립을 추구하다

2024년 1월 13일 대만 총통선거에서 민주진보당의 라이칭더賴清德 후보가 중국국민당의 허우유이侯友宜 후보를 약 90만 표 차이로 꺾었다. 이로써 라이칭더는 차이잉원蔡英文 총통의 뒤를 이어 대만의 15대 총통으로 선출되었다. 이번 대만 총통선거는 전 세계의 이목을 끌었는데,

이는 미국과 중국 간의 패권 경쟁 속에서 대만 독립을 둘러싼 긴장이 고조되는 가운데 치러졌기 때문이다. 특히 친중 성향의 국민당과 친미 성향의 민주진보당 간의 경쟁은 초강대국 간 경쟁의 축소판으로 여겨졌으며, 민주진보당의 승리는 독립에 대한 대만인들의 열망을 반영한 결과였다.

친미 성향의 라이칭더 총통이 취임하고 대만 독립 지지 여론이 고조되자, 중국은 이를 압박하기 위해 대만 주변에서 대규모 군사훈련을 실시했다. 중국 당국은 이번 군사훈련이 "대만 독립 세력의 분리주의 행위에 대한 강력한 처벌이자 외부 세력의 간섭과 도발에 대한 엄중한 경고"라고 발표했는데, 이는 사실상 라이칭더 총통의 취임에 대한 경고성 도발임을 분명히 한 것이었다.[1]

중국은 '하나의 중국One China'이라는 원칙을 내세우며 본토의 중화인민공화국 정부만이 유일한 합법 정부이고, 대만은 중화인민공화국의 영토의 일부분이라고 주장한다.[2] 따라서 대만을 언젠가는 중국과 합쳐질 하나의 성Province으로 간주하며, 통일을 위해서는 무력 사용의 가능성도 배제하지 않고 있다.

중국인들이 왜 이렇게 대만을 중요하게 생각하는지 이해하려면 그 역사적 배경을 살펴볼 필요가 있다. 대만이 중국의 영토로 편입된 것은 청나라 시대로 거슬러 올라간다. 1683년, 청나라는 대만을 정식으로 복속시키고 하나의 성으로 통치했다. 그러나 1895년 청일전쟁에서 청나라가 패배하면서 대만은 일본의 식민지가 되었고, 제2차 세계대전이 끝난 후 다시 중국의 영토로 반환되었다.

그 이후, 중국은 마오쩌둥이 이끄는 공산당과 장제스蔣介石가 이끄는 국민당 사이의 내전으로 혼란에 빠졌다. 1949년, 공산당이 내전에서 승리하자, 장제스는 약 150만 명의 지지자와 함께 대만으로 건너가 중

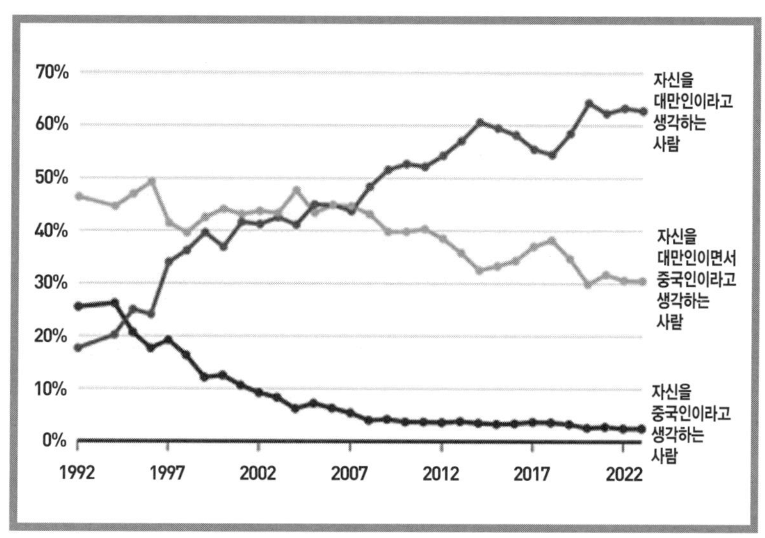

〈그림 7-1〉 대만인들의 정체성 조사

위 그래프는 대만 국립정치대학이 실시한 대만인들의 정체성 조사를 나타낸 것이다. 2023년 기준으로 60%가 넘는 대만인들은 자신이 '대만 사람'이라고 생각한다. 이는 1992년 20%도 못 미치는 수준에서 3배 넘게 상승한 것이다. 반면, 자신이 대만인이면서 중국인이라고 생각하는 사람의 비율은 1992년에 70%에 달하던 것이2023년 기준으로 30%대로 떨어졌다. 이러한 대만인들의 정체성 변화는 대만의 독립을 추구하는 정책으로 이어지고 있으며, 하나의 중국 원칙을 고수하는 중국과의 갈등이 고조되는 배경이 되고 있다. 〈출처 : 대만 국립정치대학〉

화민국 정부를 수립했다. 당시 국민당의 핵심 목표는 중국 본토를 회복하는 것이었기 때문에, 대만의 독립은 공식 정책이 아니었다. 따라서 원래 대만에 살고 있던 원주민(본성인)들은 중국 본토에서 넘어온 이주자(외성인)들에 의해 정치적으로 소외되었고, 대만 정치에서 큰 역할을 하지 못했다.

이후 1980년대에 들어서면서 대만은 점차 민주화의 길을 걷기 시작했다. 장제스 사망 후 그의 아들 장징궈蔣經國가 정치 개혁을 추진하면서 1987년에 계엄령이 해제되었고 민주진보당이 정당으로 인정받는 등 본격적인 민주화가 이루어졌다. 1996년에는 첫 직선제로 총통을 선출하는 민주적 선거가 시행되었고, 2000년에는 천수이벤陳水扁이 총통으로 당선되면서 국민당에서 민주진보당으로 정권이 교체되는 역사적인 전환점을 맞이했다.

2008년부터는 친중 성향의 국민당 소속 마잉주馬英九 총통이 정권을 잡아 중국과의 관계를 개선하고 경제적 협력을 강화하는 정책을 펼쳤다. 그러나 2016년, 민주진보당 소속 차이잉원蔡英文이 총통으로 선출되면서 대만과 중국의 관계는 급속히 냉각되었다. 차이잉원 총통은 대만을 독립된 국가로 인식하고 중국으로부터의 정치적 독립을 강조했기 때문이다.

결국 중국은 차이잉원 총통이 '하나의 중국' 원칙을 인정하지 않는다는 이유로, 2016년 6월부터 양국 간 공식 대화를 중단하고 중국 관광객의 대만 방문을 제한하는 등 경제적 제재를 가했다. 2019년 1월 신년사에서 시진핑 주석은 대만과 중국이 하나의 국가라고 선언하며 평화적 통일을 압박했으나, 차이잉원 총통은 중국의 '일국양제一國兩制'를 수용하지 않겠다고 맞섰다. 사실상 대만과 중국은 별개의 국가라는 입장을 고수한 것이다.[3]

2020년대에 들어서면서 대만과 중국 간의 갈등은 더욱 심화되었다. 2019년 홍콩에서 민주화 시위가 발생하자, 차이잉원 총통은 "홍콩인들은 민주주의와 자유를 추구할 권리가 있다"며 시위대를 지지하고, 필요시 지원하겠다는 입장을 밝혔다.[4] 이에 반발하여 중국은 코로나19 사태에도 불구하고 대만의 세계보건기구WHO, World Health Organization 가입을 반대했다. 이러한 상황은 대만 내에서 반중 정서를 더욱 고조시켰으며, 심지어 국민당도 중국에 등을 돌리게 만들었다.

이러한 대만의 독립 움직임에 중국은 강력하게 대응했다. 2021년에는 홍콩의 무역사무소가 업무를 중단했으며, 2022년부터는 대만 주변

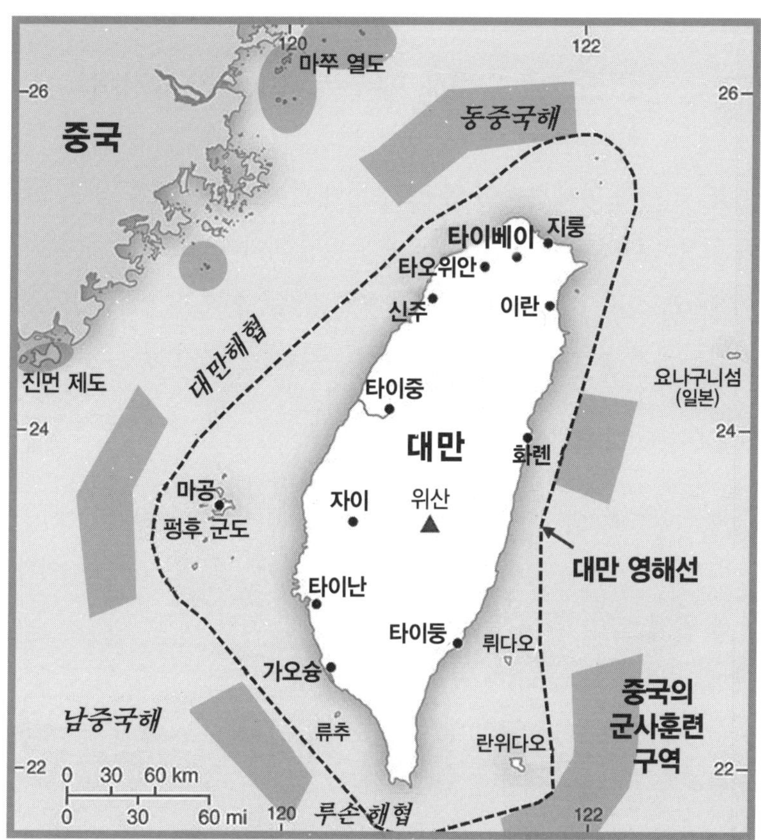

〈그림 7-2〉 2024년 5월 23일과 24일에 실시된 중국의 군사훈련 구역을 표시한 지도[5]

진회색(■)으로 표시된 지역은 중국이 군사훈련을 실시한 구역이다. 중국은 반중 성향이 강한 라이칭더 대만 총통의 취임식이 열린 지 사흘 만에 대만을 겨냥한 대규모 군사훈련을 시작했다. 이번 훈련은 대만 본섬뿐만 아니라 중국 본토와 가까운 진먼(金門)섬과 마쭈(馬祖)섬까지 포함해 대만을 포위하는 형태로 진행되었다. 중국은 군사훈련 구역의 지도를 공개했는데, 이 군사훈련은 대만의 최대 도시인 타이베이를 겨냥함으로써 라이칭더 총통에게 정치적 압박을 가하고, 전쟁 발생 시 대만의 제1항구이자 남부 거점도시인 가오슝항과 대만 동부를 차단함으로써 해외로부터의 지원을 봉쇄할 수 있음을 시사한 것으로 해석된다. 〈출처 : WIKIMEDIA COMMONS | Public Domain〉

에서 실사격 훈련을 하면서 사실상 대만 침공 훈련을 실시했다. 또한, 중국은 대만을 지원하는 국가들에 대해 외교적 압박과 경제적 제재를 가하는 등 단호한 태도를 보이고 있다.

대만은 중국에게 매우 중요한 존재이다

왜 인구 13억 명의 중국이 인구 2,300만 명에 불과한 작은 섬에 그토록 집착하는 것일까? 대만이 중국에게 어떤 의미와 중요성을 가지는지 이해하는 것은 대만을 둘러싼 미중 패권 경쟁을 이해하는 핵심이다. 여기에는 크게 정치적·지정학적·경제적·기술적 이유가 있다.

정치적 이유

대만은 중국공산당의 독재 통치 정당성과 직결된다. 흔히 독재 정부는 권력의 정당성을 고민하지 않을 것으로 생각하지만, 이는 큰 오해이다. 독재 체제도 권력의 정당성을 확보할 필요가 있다. 경제 불안, 군사적 패배, 자연재해 대응 실패 등은 체제의 정당성을 위협할 수 있다. 중국공산당은 인민에게 중국의 영토 보전과 경제·사회적 안정이 가능함을 입증해야 권력을 유지할 수 있다. 그렇지 않으면 국민의 저항을 초래하여 체제를 오래 지속시킬 수 없다.

중국은 2027년 인민해방군 창설 100주년과 2049년 건국 100주년이 다가오면서, 체제의 정당성 문제가 더욱 중요해졌다. 과거 '대약진 운동'과 '문화대혁명'으로 많은 고통을 안겨준 중국공산당은 이제 군사, 경제, 기술, 사회 모든 분야에서 안정과 발전을 증명해야 한다. 특히, 반부패 캠페인을 통해 정적을 제거하며 2022년 3연임에 성공한 시진핑은 이후 권력을 더욱 집중시키고 정치적 통제를 강화했다.[6] 그러나 시진핑도 이러한 방식으로 권력을 영구히 유지할 수 없으며, 국민들에게 가시적인 성과를 보여주어야 한다는 압박을 받고 있다.

이러한 배경에서 시진핑은 2021년 중국공산당 창립 100주년 연설에서 '굴욕의 세기'를 바로잡겠다고 선언했다.[7] '굴욕의 세기'는 1842년 제1차 아편전쟁 패배로 시작되었으며, 중국은 홍콩을 영국에 할양하고 서구 열강과 일본에 수탈당하며 영토를 잃었다. 중국공산당은 이 굴욕의 역사를 청산하고, 완전한 주권과 영토 회복을 통해 국민들의 지지를 얻고자 한다. 이는 중국의 군사적·경제적 부흥을 통해 '중화민족의 위대한 부흥', 즉 중국몽中國夢을 이루겠다는 시진핑의 목표와 맞닿아 있다.[8]

그중에서도 1895년 청일전쟁 패배로 일본에 빼앗긴 대만은 이러한 '굴욕의 상징'이다. 또한 대만이 여전히 중국과 분리되어 있는 것은 미국 등 외세의 '내정 간섭' 때문이라고 중국은 주장한다. 따라서 중국이 대만의 독립 요구에 소극적으로 대응하거나 이를 허용한다면, 이는 중국공산당과 시진핑의 정당성에 치명적인 타격을 줄 수 있다. 이것이 중국이 대만 독립 문제에 강하게 반응하는 이유이다.

지정학적 고려사항

중국의 입장에서 대만은 지정학적으로 아주 중요하다. 중국은 지리적으로 내륙으로부터의 위협은 적지만, 해상으로부터의 공격에 취약한 특징을 가지고 있다. 내륙은 서쪽의 사막과 고산지대, 북쪽의 고비 사막과 몽골, 남쪽의 티베트 고원과 정글 지대로 둘러싸여 있어 외세의 침입 가능성이 낮다. 반면, 중국의 핵심 도시인 베이징과 상하이上海를 비롯한 주요 산업이 동부 해안에 집중되어 있기 때문에, 해상으로부터의 공격에 노출되어 있다. 따라서 동중국해와 남중국해의 방어는 필수적이다. 특히 중국 경제가 개방 이후 해상 무역에 크게 의존하게 되면서 이러한 방어의 중요성은 더욱 커졌다.

1950년대~1960년대 마오쩌둥은 이러한 지정학적 취약성을 극복하

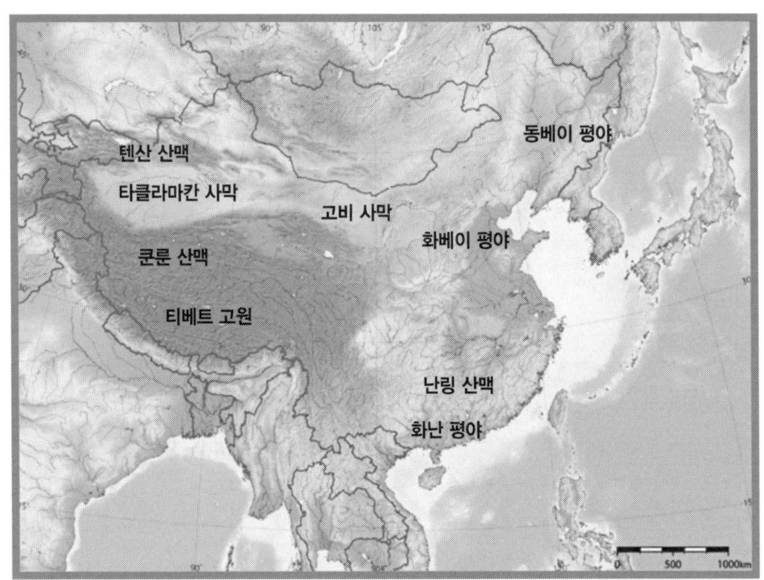

〈그림 7-3〉 중국의 지형도

중국은 북쪽의 고비 사막, 서쪽의 타클라마칸 사막과 쿤룬 산맥, 남쪽의 티베트 고원과 난링 산맥 등이 중부 평야 지대를 둘러싸고 있다. 따라서 내륙으로부터의 위협은 적지만, 동부 해안으로부터의 위협에 취약한 특징을 가지고 있다. 〈출처 : WIKIMEDIA COMMONS | Public Domain〉

기 위해 내륙 전략을 추구했다. 해상 위협에 대비해 산업을 내륙 깊숙이 배치한 것이다.[9] 그러나 이 전략은 방어에는 유리했을지 모르지만, 산업 발전에는 불리했다. 내륙에 위치한 산업은 국제 무역과 교류에 적합하지 않았기 때문이다. 이후 덩샤오핑이 경제 개혁을 추진하면서 산업과 경제의 중심을 동부 해안으로 옮겼고, 여러 경제특구가 설치되었다. 이후 중국의 경제성장은 주로 동부 해안 도시들을 중심으로 이루어졌다.[10] 하지만 이러한 경제 발전은 동시에 외부 위협에 대한 취약성을 높이는 결과를 낳기도 했다.

따라서 해상 봉쇄는 중국을 압박하는 유효한 수단이 될 수 있다. 중국의 주요 수출입 경로를 차단하면 경제에 심각한 타격을 입힐 수 있기 때문이다. 중국은 필수 자원인 식량과 에너지를 해외에서 수입하기 때문에, 이러한 자원의 유입이 차단되면 경제적 혼란이 발생할 것이다. 예를 들어, 일본, 대만, 필리핀, 베트남과 같은 주변 섬 국가들을 연결하여 중국의 해상 운송로를 봉쇄하면 중국의 경제는 마비되고, 내부적으로 사회적 불안정이 초래될 것이다. 전쟁 시 해상으로부터의 공격에 대한 취약성도 문제이다. 해상 공격은 중국의 주요 항구와 해군 기지들을 타격해 군사적 능력을 약화시킬 수 있다.[11]

이러한 맥락에서 대만을 통제하는 것은 중국에게 매우 중요한 전략적 이점을 제공한다. 대만을 확보하면 중국은 연안 수역에 갇히지 않고 태평양으로의 접근성을 확보할 수 있게 된다. 이는 미국, 일본, 호주, 필리핀 등 미국의 동맹국들이 섬을 연결해 해상 봉쇄를 시도하는 것을 막을 수 있으며, 중국의 해상 교통이 더욱 자유로워진다. 또한, 대만 해역에서 중국군은 외국 잠수함과 수상 함정의 이동을 감시하고, 적의 공격을 사전에 포착할 수 있는 능력을 갖추게 된다.

나아가 대만을 완전히 통일한다면, 중국은 일본과 한국을 전략적으로 고립시키고 이 국가들이 연합하여 중국에 대해 봉쇄나 공격을 시도하는 것을 주저하게 만들 수 있다. 대만에 지대공 미사일, 레이더, 조기경보통제기 등을 배치하면, 중국은 태평양 지역, 괌, 하와이, 심지어 호주까지 감시할 수 있게 된다. 이는 외부 세력의 해양 및 공중 공격에 대한 방어 능력을 강화하고, 조기 경보 시스템과 미사일 요격 능력을 향상시킬 것이다. 결과적으로, 대만을 확보함으로써 중국은 해안을 방어할 완충지대를 얻게 되고, 주요 전략적 중심지를 더욱 효과적으로 보호할 수 있게 된다.

경제적 및 기술적 측면

중국의 입장에서 대만을 재통합하는 것은 자립 경제를 달성하고 외부 의존도를 낮추는 데 중요한 역할을 할 수 있다. 대만은 세계 최대의 조선업 국가 중 하나로, 2020년에 세계 6위를 차지했으며,[12] 2022년 세계 철강 생산에서 12위를 기록했다.[13] 이러한 산업들은 쉽게 이전하거나 철수할 수 없는 자산으로, 중국이 대만을 통일한 이후 이 시설들을 확보할 가능성이 크다. 이를 통해 중국은 경제적 능력을 크게 향상시키고, 공급망의 자율성과 품질을 더욱 강화할 수 있을 것이다.

특히 중요한 것은 대만의 기술 역량이다. 대만은 첨단 산업 공급망에서 중요한 역할을 하고 있으며, 대만의 반도체 산업은 글로벌 시장에서

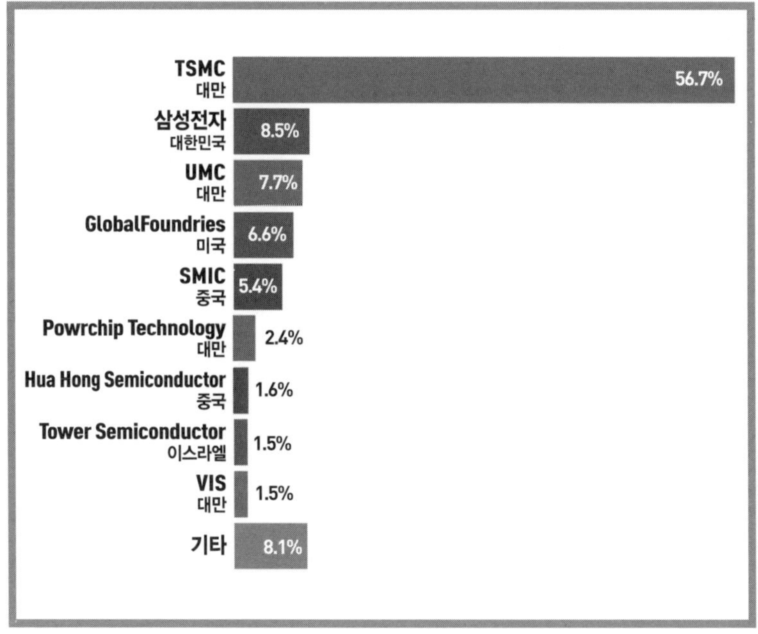

〈그림 7-4〉 세계 반도체 시장에서 대만 기업이 차지하는 비중

TSMC는 전 세계 반도체 시장의 56.7%를 차지하고 있으며, 다른 기업들을 포함하여 대만은 반도체 시장의 약 70%를 담당한다. 〈출처: Council on Foreign Relations Research〉

선두를 차지하고 있다. 대만 기업들은 전 세계 칩 생산의 약 70%를 차지하고 있으며, 7나노미터 이하의 첨단 칩 제조에서는 약 67%의 시장 점유율을 가지고 있다.[14] 여기에는 엔비디아Nvidia와 같은 회사들이 만드는 고성능 인공지능 칩이 포함되며, 이들은 대만의 반도체 위탁생산 회사인 TSMC 없이는 생산할 수 없다.

이처럼 대만의 반도체 산업은 중국에게 필수적이다. 중국의 반도체 제조 능력은 대만만큼 발전하지 않았기 때문에, 중국이 대만의 반도체 생산 능력을 확보하면 수입에 대한 의존도를 줄이고, 다른 국가들에 대한 영향력을 확대할 수 있는 강력한 도구를 얻게 된다. 이는 군사무기, 컴퓨터, 휴대폰 생산 등 여러 분야에서 중국의 글로벌 영향력을 크게 증대시킬 수 있다.

대만은 미국에게도 매우 중요하다

대만이 미국에게 중요한 이유는 대만이 중국의 핵심 이익과 직결되기 때문이다. 즉, 대만은 중국이 패권국으로 부상하기 위해 반드시 확보해야 할 지역이며, 미중 패권 경쟁에서 대만의 향방이 동아시아의 전략적 우위를 결정할 수 있다. 그렇기 때문에 중국이 대만을 차지하려 하고, 미국이 대만을 지키려는 상황이 전개되고 있는 것이다.

중국이 대만을 확보하면, 미국은 동아시아에서 군사력을 투사하기 어려워지고, 동맹국을 방어하기도 힘들어지며, 태평양에서의 제해권을 확보하기도 어려워진다. 경제적 영향도 무시할 수 없다. 만약 중국이 대만을 공격하면, 성공 여부와 상관없이 미국 경제에 심각한 타격을 줄 것이다. 앞에서 설명했듯이, 대만은 한국과 함께 세계 반도체 생산의 중심지이다. 중국이 대만을 봉쇄하거나 공격한다면, 미국에 대한 반도체 공급이 중단되어 핵심 산업이 정지될 것이다. 한 전문가는 중국이 대만을 봉쇄하기만 해도 그 여파로 연간 약 2.5조 달러의 손실이 발생할 것으로 예측한다.[15]

요컨대, 미국이 중국의 부상을 경계하는 이유는 중국이 아시아에서 패권국이 되려는 의도가 분명하고, 자국 중심의 질서를 구축하여 미국의 질서를 대체하려 하기 때문이다.[16] 중국이 미국의 힘을 약화시키고 패권국으로 부상하기 위해서는 대만을 확보하는 것이 무엇보다 중요하다. 따라서 미국이 대만을 중국에 내준다면, 이는 돌이킬 수 없는 손실이 될 것이다.

문제는 제6장에서 언급했듯이, 중국의 재래식 군사력 및 핵 능력이 강화됨에 따라 미국이 중국의 공세를 저지하기 위한 대응이 점점 어려워지고 있다는 점이다. 지난 30년간 중국은 꾸준히 군사력 강화에 투자하여 중국군 전력은 미군 전력을 수적으로 넘어섰다. 예를 들어, 중국 해군은 이제 전 세계에서 가장 많은 수상 전투함을 보유한 해군이 되었다. 2024년 기준으로 항공모함, 구축함, 초계함 등 중국 해군의 수상 전투함(잠수함 제외)은 약 234척으로, 미국 해군의 219척을 넘어섰다.[17]

〈그림 7-5〉에서 보듯이, 중국 해군의 수상 전투함 대부분은 지난 10년간 건조된 반면, 미국 해군의 수상 전투함은 20~40년의 연식을 가지고 있다. 이러한 격차는 앞으로 더 커질 것으로 예상되는데, 중국은 지난 20년간 조선업을 육성해 미국보다 약 200배 이상 선박 건조 능력을 갖추게 되었기 때문이다.[18]

물론 미국은 여전히 질적인 우위를 유지하고 있다. 그러나 문제는 미국이 유럽, 중동, 아프리카 등 여러 지역에서 동시에 위협에 대응해야 하다 보니 특정 지역에 군사력을 집중하기가 어렵다는 점이다. 이는 미

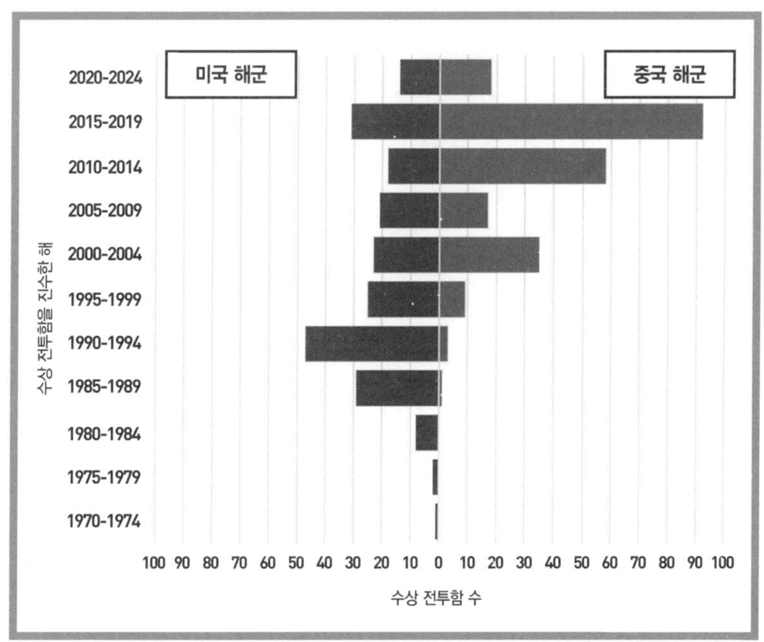

〈그림 7-5〉 미국과 중국의 해군 수상 전투함 규모와 진수한 해

위 그래프에서 보듯이, 미국은 대부분의 해군 수상 전투함이 1985년과 2014년 사이에 진수되었지만, 중국의 경우는 절반 이상이 2010년 이후에 진수되었다. 〈자료 출처: CSIS, Janes 해군 전투함 연감 23/24〉

국이 전 세계를 관리하는 글로벌 패권국이기 때문이다. 반면, 중국은 자국의 군사력을 동아시아에 집중할 수 있다. 따라서 대만과 같은 지역에서 분쟁이 발생하면 미국이 중국을 상대로 압도적인 전력 우위를 달성하기가 어려워질 것이다. 예를 들어, 미 해군 전투함 217척 중 인도태평양사령부에 상시 배치된 전투함은 50~70척에 불과하다.[19] 이와 같은 상황에서 대만을 놓고 미국과 중국이 군사적으로 충돌하는 상황을 가정한 미국 국제전략문제연구소CSIS, Center for Strategic and International Studies의 워게임 연구는, 비록 미국이 전쟁에서 승리하더라도 수백 대의 항공기 손실을 포함해 중대한 피해를 입을 것이라고 분석했다.

미국은 대만을 지키기 위해 동맹국을 필요로 한다

대만 문제는 지난 70년간 계속된 이슈였지만, 이를 동아시아 확장억제 전략의 중심으로 가져온 것은 트럼프 행정부 때부터이다. 트럼프 행정부는 중국을 압박하기 위해 대만을 적극적으로 지원하고, 고위 인사의 대만 방문을 허용하며,[20] 첨단 무기 판매를 늘리는 등 군사 협력을 강화했다. 이를 통해 중국에 대한 강력한 억제 신호를 보내고, 대만의 자체 방위 능력을 강화하려 했다.

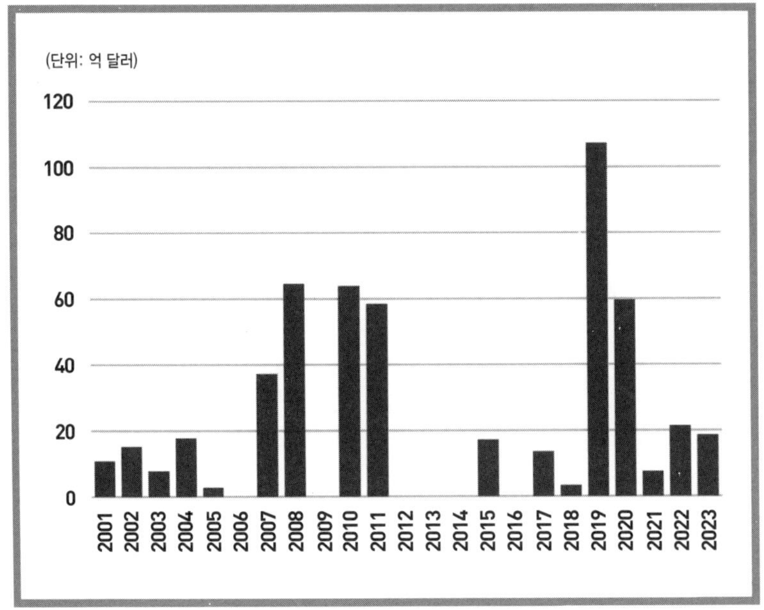

〈그림 7-6〉 연도별 미국의 대만 무기판매액

오바마 행정부 시기인 2009년부터 2016년, 대만에 대한 미국의 무기판매액은 매우 적었다. 그러나 트럼프 행정부가 들어서고 미국과 중국 사이의 무역 분쟁이 격화되기 시작한 2018년 이후 무기판매액이 급격히 증가했다. 〈출처: US Defense Security Cooperation Agency〉

●●● 미국 낸시 펠로시 하원의장이 무력행사까지 시사한 중국의 위협에도 불구하고 미국 민주당 의원 5명과 함께 2022년 8월 2일과 3일 이틀간 공식적으로 대만을 방문했다. 펠로시 하원의장은 자신의 대만 순방이 "대만의 활기찬 민주주의를 지지하는 미국의 확고한 의지를 보여주는 것"이라고 말했다. 펠로시 하원의장이 대만을 떠자나, 중국은 2022년 8월 4일부터 7일까지 예고했던 군사훈련을 대만 주변 해역을 둘러싸고 실시했다. 위 사진은 2022년 8월 2일, 대만 총통 차이잉원(오른쪽)과 미국 하원의장 낸시 펠로시(왼쪽)가 대만 총통부 내에서 기자회견을 하는 모습이다. 〈출처: WIKIMEDIA COMMONS | CC BY 2.0〉

한편 2021년 바이든 행정부가 출범했을 때, 대만 정책이 바뀔 것이라는 예상도 있었다. 바이든은 대만 독립을 지지하지 않는 입장을 고수해왔기 때문이다. 그러나 실제로는 바이든 행정부도 대만을 중국의 위협으로부터 지키기 위해 적극적으로 나섰다. 예를 들어, 바이든 대통령은 취임식에 최초로 대만 대표부를 초대했고, 2022년에는 낸시 펠로시Nancy Pelosi 하원의장이 대만을 방문했다. 2023년에는 미국을 방문한 차이잉원 총통이 케빈 맥카시Kevin McCarthy 하원의장과 만났다. 이는 1994년 이후 대만 총통이 미국을 방문해 이루어진 가장 고위직과의 만남이었다.

또한 바이든 행정부는 확장억제 전략의 초점 역시 중국 봉쇄와 대만 방위로 맞추었다. 2022년 미국의 「국가방위전략서National Defense Strategy」는 "중국의 도전에 맞서 억제력을 유지하고 강화하기 위해 시급히 행동해야 한다"고 명시했다.[21] 또한, 국방차관보 엘리 래트너Ely Ratner는 "대만 유사 사태가 가장 가능성 높은 시나리오"라며 국방부가 대만 방어를 최우선 과제로 삼을 것임을 강조했다.[22]

이에 맞춰 미군은 중국의 위협에 맞서 대만에 대한 확장억제력을 강화하기 위해 전력을 증강하고 있다. 그러나 대만은 중국 본토에서 약 130km밖에 떨어져 있지 않은 반면, 미국 본토에서는 약 1만 3,000km 떨어져 있다는 지리적 차이가 미국의 확장억제 강화 효과를 약화시킬 수 있다. 미국은 오키나와, 괌, 하와이 등의 기지를 사용할 수 있지만, 중국이 이 기지들을 파괴할 경우 쓸 수 있는 기지가 부족하다. 따라서 항모전단 외에는 미국은 중국에 도달할 수 있는 전투기를 충분히 운용하기 어려울 것이다.

결국, 미국은 동아시아에서 확장억제를 유지하고 강화하기 위해 동맹국의 협력이 필요하다. 동맹국의 안전을 보장하기 위한 확장억제를 동맹국과 함께 강화하는 것이 자기실현적 모순같이 보일 수 있다. 그러나 미국의 동맹국들도 미국과 함께 확장억제를 강화하는 것이 자국에 이익이 된다고 보고 자발적으로 참여하고 있다. 이들은 미국 질서 속에서 오랜 기간 번영과 안정적 전략 환경을 누려왔기 때문이다. 만약 중국이 패권을 잡게 된다면 이들의 안보도 위협받을 가능성이 커진다.

또한, 미국과 동맹국들은 민주주의라는 가치를 공유하고 있기 때문에, 다른 가치를 추구하는 중국이 패권국이 되는 것을 거부한다. 따라서 미국 중심 질서의 '내구성Durability' 유지가 그들의 공통 이익이다. 이로 인해 태평양에 위치한 미국의 동맹국들은 군사력을 강화하고 대중국 세력균형에 적극적으로 참여함으로써 미국과 비용 및 책임을 분담하고 있다. 이는 미국의 부담을 덜어주고, 유사시 대응 능력을 강화함으로써 확장억제의 신뢰성을 높인다.

일본은 중국의 대만 공격에 대해 가장 큰 위협을 느끼는 국가 중 하나이다. 대만이 중국에 점령당하면 중국군은 일본 군도의 최서단인 요나구니섬与那國島에서 불과 100km 떨어진 곳에 위치하게 되어, 오키나와를 포함한 일본 영토를 방어하는 것이 훨씬 더 어려워진다. 나아가 중국은 센카쿠尖閣/댜오위다오섬钓鱼岛을 자국의 영토로 간주하고 있어, 대만 점령 후 이 섬을 점령하려 할 가능성도 있다.

또한, 중국의 대만 공격은 일본의 해상 무역에도 큰 충격을 줄 것이다. 일본 해상 무역의 40%가 대만해협을 포함한 중국 근해를 통과하기 때문이다. 이러한 이유로 일본은 대만 문제가 자국의 국가이익에 얼마나 중요한지를 지속적으로 강조해왔으며, 위기 시 미국을 적극적으로 지원할 것임을 밝혀왔다. 예를 들어, 2021년 스가 요시히데菅義偉 총리와 조 바이든 대통령은 50년 만에 처음으로 정상급 공동성명에 대만 관련 조항을 포함시켰다.[23] 같은 해 말, 아베 신조安倍晋三 전 총리는 "대만의 위기는 일본의 위기이며, 따라서 미일 동맹의 위기"라고 선언했다.[24] 더 나아가 기시다 후미오岸田文雄 총리는 "권위주의와 민주주의의 충돌의 최전선은 아시아, 특히 대만"이라고 강조했다.[25] 마지막으로 2024년 10월 1일 취임한 이시바 시게루石破茂 총리는 대만 문제에 대해 가장 적극적이고 명확한 입장을 보이고 있다. 시게루 총리는 대만이

●●● 일본은 중국의 대만 공격에 대해 가장 큰 위협을 느끼는 국가 중 하나이다. 대만이 중국에 점령당하면 중국군은 일본 군도의 최서단인 요나구니섬에서 불과 100km 떨어진 곳에 위치하게 되어, 오키나와를 포함한 일본 영토를 방어하는 것이 훨씬 더 어려워진다. 나아가 중국은 센카쿠/댜오위다오섬을 자국의 영토로 간주하고 있어, 대만 점령 후 이 섬을 점령하려 할 가능성도 있다. 중국의 대만 공격은 일본의 해상 무역에도 큰 충격을 줄 것이다. 일본 해상 무역의 40%가 대만해협을 포함한 중국 근해를 통과하기 때문이다. 이러한 이유로 일본은 대만 문제가 자국의 국가이익에 얼마나 중요한지를 지속적으로 강조해왔으며, 위기 시 미국을 적극적으로 지원할 것임을 밝혀왔다. 기시다 후미오 총리(왼쪽)는 "권위주의와 민주주의의 충돌의 최전선은 아시아, 특히 대만"이라고 강조했고, 2024년 10월 1일 취임한 이시바 시게루 총리(오른쪽)는 대만 문제에 대해 가장 적극적이고 명확한 입장을 보이며 "대만이 아시아의 우크라이나"라고 하면서 나토와 같은 집단방위체제가 없다면 러시아가 우크라이나를 침공했듯이 중국도 대만을 침공할 것이라고 말했다. 〈출처: WIKIMEDIA COMMONS | CC BY 4.0〉

아시아의 우크라이나라고 하면서 나토와 같은 집단방위체제가 없다면 러시아가 우크라이나를 침공했듯이 중국도 대만을 침공할 것이라고 말했다.[26]

일본은 이러한 동맹의 책임 분담을 강화하기 위한 군사력 증강에도 적극적이다. 2022년 국가안보전략은 일본의 안보 환경을 "제2차 세계대전 이후 가장 심각하고 복잡한" 것으로 묘사했다.[27] 이에 따라 일본은 향후 5년간 국방예산을 65% 증가시키고 장거리 정밀 타격 능력을 확보할 것이라고 발표했다. 이러한 일본의 군사력은 미국의 확장억제력 강화에 큰 도움이 될 것이다. 일본은 항모 4척, 잠수함 22척, 구축함 36척 등 150척이 넘는 수상함을 보유한 해군 강국으로, 미국 인도태평양사령부의 7함대 전력과 연합할 경우 중국 해군 전력을 능가하는 해군력을 발휘할 수 있다. 그렇게 되면 미국은 오키나와 외에도 일본의 전진기지들을 이용할 수 있게 되어 전략적 유연성이 크게 향상될 것이다.

지정학적 위치와 국력을 고려할 때, 미국이 호주의 지원을 확보하는 것도 중요하다. 호주는 중국의 급격한 군사적 팽창과 경제적 강압에 위협을 느끼고 있다.[28] 중국이 미국의 질서를 대체하고 아시아 국가들에게 중국의 질서에 편입하라고 강요한다면, 호주가 지금까지 유지해온 안보전략의 기반이 흔들릴 것이다. 사실 호주는 영국만큼이나 미국과 특별한 관계를 유지해온 동맹국이다. 호주는 미국과 가장 민감한 정보를 공유하는 '파이브 아이즈Five Eyes'(미국, 영국, 캐나다, 호주, 뉴질랜드 등 영어권 5개국이 참여하고 있는 기밀정보 동맹체) 중 하나이며, 지난 세기 동안 제1·2차 세계대전, 6·25전쟁, 베트남 전쟁, 걸프 전쟁, 아프간·이라크 전쟁 등 모든 주요 전쟁에서 미국과 함께 싸웠다.[29]

이러한 배경에서 호주는 대만 방어에 적극적으로 참여하겠다는 의지를 밝혀왔다. 예를 들어, 2021년 11월 호주 국방장관은 호주가 미국과 함께 대만 방어에 참여하지 않는 것은 "상상할 수 없다"고 말했다.[30] 2023년 10월, 조 바이든 대통령과 앤서니 앨버니지Anthony Albanese 호주 총리는 대만해협의 평화와 안정 유지의 필요성을 재확인하고 일방적인 현상 변경에 반대한다고 밝혔다.[31] 최근의 설문조사에 따르면, 대다수 호주 국민들은 중국이 대만을 침공할 경우 호주가 무기 지원, 해군 파병 등 군사적 지원을 하는 것에 찬성한다. 다만 호주 육군을 대만에

●●● 지정학적 위치와 국력을 고려할 때, 미국이 호주의 지원을 확보하는 것도 중요하다. 호주는 중국의 급격한 군사적 팽창과 경제적 강압에 위협을 느끼고 있다. 중국이 미국의 질서를 대체하고 아시아 국가들에게 중국의 질서에 편입하라고 강요한다면, 호주가 지금까지 유지해온 안보전략의 기반이 흔들릴 것이다. 사실 호주는 영국만큼이나 미국과 특별한 관계를 유지해온 동맹국이다. 호주는 미국과 가장 민감한 정보를 공유하는 '파이브 아이즈' 중 하나이며, 지난 세기 동안 제1·2차 세계대전, 6·25전쟁, 베트남 전쟁, 걸프 전쟁, 아프간·이라크 전쟁 등 모든 주요 전쟁에서 미국과 함께 싸웠다. 이러한 배경에서 호주는 대만 방어에 적극적으로 참여하겠다는 의지를 밝혀왔다. 2023년 10월, 조 바이든 대통령(오른쪽)과 앤서니 앨버니지 호주 총리(왼쪽)는 대만해협의 평화와 안정 유지의 필요성을 재확인하고 일방적인 현상 변경에 반대한다고 밝혔다. 〈출처: WIKIMEDIA COMMONS | Public Domain〉

보내야 하는가에 대해서는 아직 42%의 응답자만이 찬성하고 있다.[32]

미국과 호주는 이미 지난 10년에 걸쳐 중국을 견제하기 위해 동맹을 강화하는 여러 조치를 취해왔다. 2011년, 오바마 행정부는 아시아 재균형 정책의 일환으로 미국은 호주 다윈Darwin에 미 해병대를 순환배치할 것이라고 발표했는데, 이 조치로 호주에 주둔하는 미 해병대 규모가 200명에서 2,500명으로 확대되었다.[33] 2021년에는 호주, 영국, 미국이 3자 안보 협정AUKUS(이하 AUKUS로 표기)을 발표했다. AUKUS 협정의 핵심은 호주가 미국과 영국의 협력을 통해 핵 추진 잠수함을 보유하도록 지원하는 것이다. 이 핵 추진 잠수함은 영국과 호주가 공동개발하며, 협정의 이름을 따서 'SSN-AUKUS'로 명명되었다. 이 핵 추진 잠수함이 완성되기 전까지 전력 공백을 메우기 위해 미국의 버지니아Virginia급 핵 추진 잠수함을 호주에 판매하는 방안도 검토 중이다. 호주가 장기간 잠항 능력을 보유한 핵 추진 잠수함을 확보하면 대만에 대한 중국의 위협에 대응하는 미국의 확장억제 능력이 향상될 것이다.[34] 이는 호주도 일본과 마찬가지로 미국의 동아시아 확장억제 전략에서 적극적인 책임 분담을 하고 있다는 것을 보여준다.

마지막으로, 일본과 호주만큼 적극적이지는 않지만 중국의 위협 대응에 공통의 이익을 가지고 있는 동맹국은 필리핀이다. 필리핀은 남중국해에서 일어나는 중국의 도발에 피해를 받는 당사자이기도 하다. 사실 대만 방어와 미중 패권 경쟁에서 필리핀은 미국에 어느 동맹국보다 지정학적으로 중요하다. 필리핀은 지리적으로 대만과 매우 가깝다. 필리핀 북쪽에 위치한 섬은 대만과의 거리가 150km밖에 되지 않으며, 여러 개의 섬으로 이루어진 필리핀 해역은 잠수함 배치에 최적의 조건을 제공한다.

그러나 최근까지 필리핀은 중국의 대만 위협과 관련하여 뚜렷한 입장을 밝히지 않았었다. 이러한 입장은 페르디난드 마르코스 주니어Ferdinand Marcos Jr. 대통령이 집권하면서 변화하기 시작했다. 특히 마르코스 대통령은 대만과 400km밖에 떨어지지 않은 지역에 미군을 추가

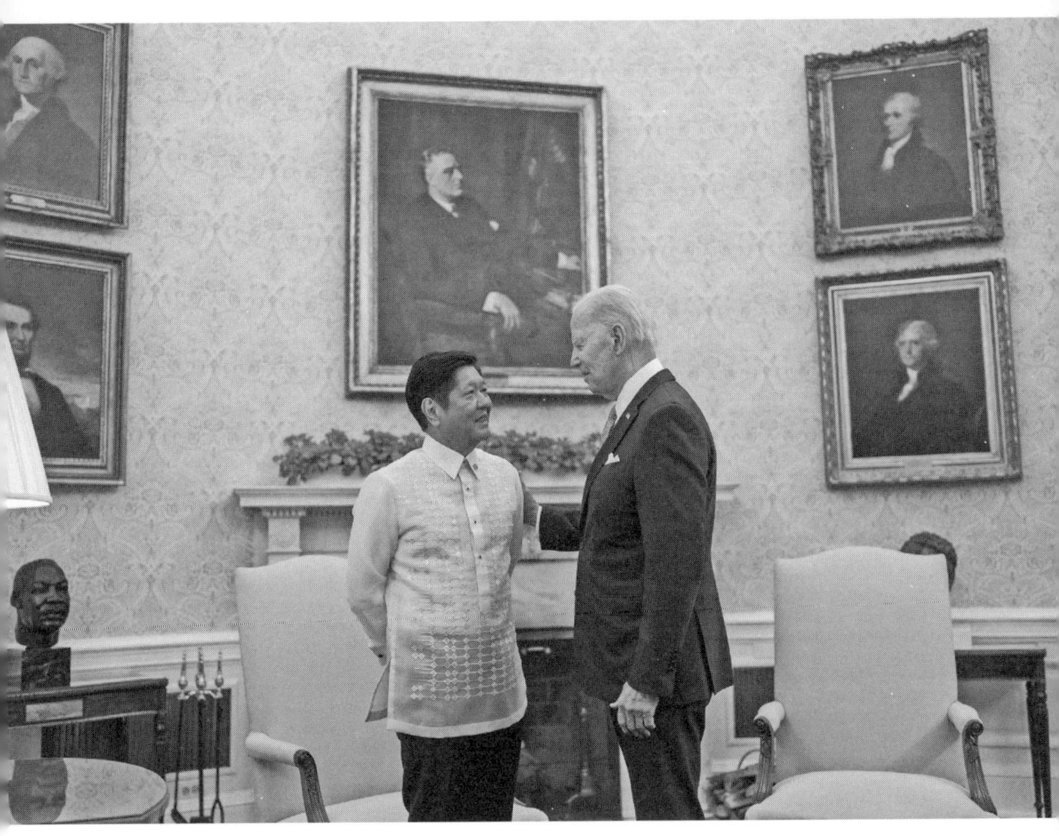

●●● 일본과 호주만큼 적극적이지는 않지만 중국의 위협 대응에 미국과 공통의 이익을 가지고 있는 동맹국은 필리핀이다. 필리핀은 남중국해에서 일어나는 중국의 도발에 피해를 받는 당사자이기도 하다. 사실 대만 방어와 미중 패권 경쟁에서 필리핀은 미국에 어느 동맹국보다 지정학적으로 중요하다. 최근까지 필리핀은 중국의 대만 위협과 관련하여 뚜렷한 입장을 밝히지 않았었다. 이러한 입장은 페르디난드 마르코스 주니어 대통령이 집권하면서 변화하기 시작했다. 특히 마르코스 대통령은 대만과 400km밖에 떨어지지 않은 지역에 미군을 추가 배치할 수 있도록 허용했다. 2023년 5월 미국을 방문한 마르코스 대통령은 바이든 대통령과 정상회담을 한 후 발표한 공동성명에서 "대만해협의 평화와 안정이 세계 안보와 번영에 필수적인 요소임을 확인했다"고 명시하면서 대만 위기 시 필리핀의 미군기지는 "유용할 것"이라고 언급함으로써 필리핀이 미군의 후방기지 역할을 할 수 있음을 내비쳤다. 〈출처: WIKIMEDIA COMMONS | Public Domain〉

배치할 수 있도록 허용했다. 이로써 필리핀의 미군기지는 5개에서 9개로 늘어난다. 물론 필리핀의 미군기지들을 대만 방어 목적으로 사용할 수 없다는 제한을 두기는 했지만, 이 필리핀의 미군기지들은 미국에 중

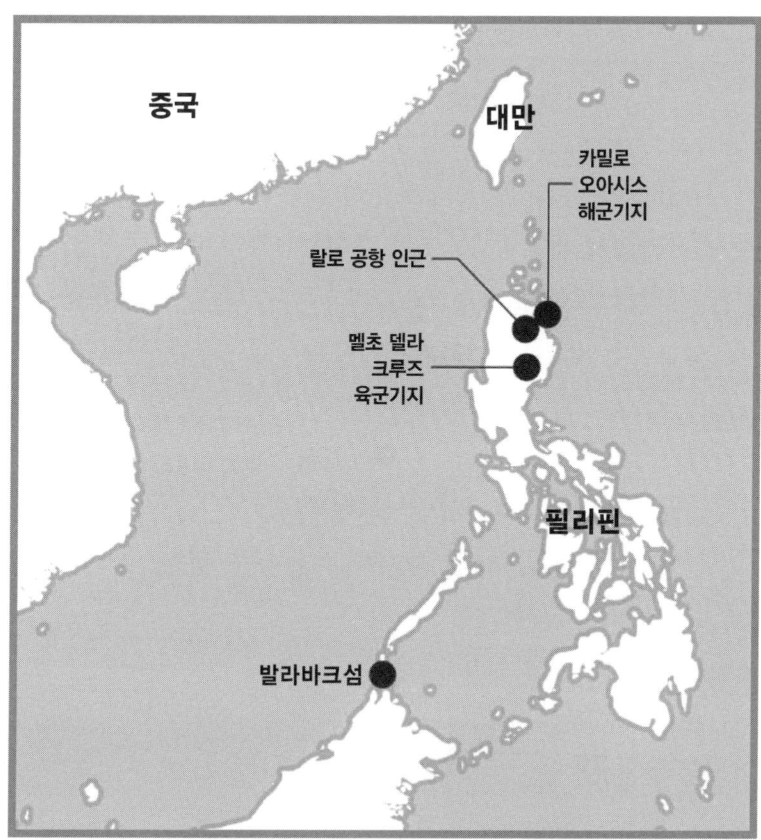

〈그림 7-7〉 필리핀의 미군 추가 주둔 예정지

필리핀은 약 7,000개의 섬으로 이루어진 국가로, 필리핀 북쪽에 위치한 푸가(Fuga)섬은 대만과 150km 남짓 떨어져 있다. 또한 필리핀은 잠수함을 배치하기에 최적의 조건을 가지고 있어 대만 방어와 미중 패권 경쟁에서 어느 동맹국보다 지정학적으로 중요하다. 〈출처: 경향신문[35]〉

대한 전략적 이점을 제공할 것이다.

대만 위기 시 개입을 주저하는 필리핀의 입장도 조금씩 변화하고 있다. 예를 들어 마르코스 대통령은 대만 위기가 발생하면 필리핀은 어떤 쪽이든 개입하게 될 수밖에 없다며, 필리핀은 최전선에 있다고 말했다. 이후 2023년 5월 미국을 방문한 마르코스 대통령은 바이든 대통령과 정상회담을 한 후 발표한 공동성명에서 "대만해협의 평화와 안정이 세계 안보와 번영에 필수적인 요소임을 확인했다"고 명시했다.[36] 또한 마르코스 대통령은 대만 위기 시 필리핀의 미군기지는 "유용할 것"이라고 언급함으로써 필리핀이 미군의 후방기지 역할을 할 수 있음을 내비쳤다.[37] 필리핀이 중국 견제에 있어 얼마나 더 적극적인 역할을 할지는 미지수이지만, 필리핀이 점진적으로 미국과 책임을 분담해나가려는 노력을 하고 있는 것만은 분명하다.

대만 문제가 한반도 확장억제에 미치는 영향

요컨대 미국이 대만을 전략적으로 우선시하는 이유는, 중국이 패권을 차지하기 위해서는 대만을 반드시 확보해야 하기 때문이다. 즉, 경쟁자인 중국이 대만을 필요로 하기 때문에, 미국도 대만을 지키는 것이 중요해진 것이다. 반면, 중국은 한국을 대만 문제만큼 시급하게 여기지 않는다. 여기에는 중국이 한국을 확보한다고 해도 일본에 가로막혀 태평양으로 나아가기 어렵다는 지정학적 이유도 있고, 대만의 경우 중국이 회복해야 할 영토라는 정치적 당위성이 있지만, 한국에는 그러한 당위성이 없다는 이유도 있다. 또한, 한국과의 경제적 상호의존성도 한국에 대한 공세를 숙고하게 만드는 점이다. 따라서 중국에게 한반도를 확보하는 것은 대만을 확보하는 것만큼 절박하지 않다. 이러한 맥락에서 미국도 한국 문제를 대만 문제만큼 시급한 문제로 여기지 않는다. 이는 전 합참의장 마이크 멀린Mike Mullen이 "대만 문제는 가장 중요하고 가장 위험한 문제"라고 강조한 것과 일치한다.[38]

그러나 한국을 방어하는 일이 당장 시급하지 않다고 해서 한국의 중요성을 간과할 수는 없다. 오히려 한국의 전략적 가치는 과거보다 더 커졌다. 첫째, 한반도에 주둔한 주한미군은 중국의 핵심 지역인 베이징과 보하이만渤海湾을 겨냥할 수 있는 위치에 있다. 이는 중국이 대만을 위협하여 위기를 고조시킬 때, 중국의 자제를 요구하고 공격을 억제하는 데 중요한 수단이 될 수 있다.

둘째, 미국의 입장에서 한국이 해군력을 지원한다면 미국은 중국을 상대로 효과적인 해양 우위를 달성할 수 있을 것이다. 한국은 만재배수량 1만 2,000톤급의 정조대왕함을 비롯하여 구축함 13척, 호위함 17척, 잠수함 21척, 독도급 강습상륙함 2척 등 강력한 해군을 보유하고 있다. 이러한 해군력을 바탕으로 미국과 연합군을 형성하여 중국에 대응할 경우 중국의 해군력을 효과적으로 억제하는 데 유용할 것이다. 물론 한국의 최우선 위협은 북한이기 때문에 한국이 이러한 연합에 참여할 가능성은 높아 보이지 않는다. (이러한 점에 대해서는 다음 장에서 더 자세히 논의하겠다.)

셋째, 한국은 대만이 공격당하면 반도체 생산의 중요한 대체 거점이 될 수 있다. 현대의 첨단 무기체계는 반도체 없이는 생산, 유지, 보수가 어렵다. 그렇기 때문에 대만이 중국에 점령당하면 미국은 첨단 무기에 필요한 반도체 확보에 큰 어려움을 겪게 된다. 이는 첨단 무기체계를 제대로 사용하지 못해 중국과의 분쟁에서 불리해지는 결과를 초래할 수 있다. 따라서 미국은 대만을 대체하는 반도체 생산국을 확보하는 것이 필수적이다. 이런 점에서 반도체 생산 능력이 뛰어난 한국은 대만을 대체할 만한 중요한 반도체 생산국이기 때문에 미국의 군사 및 경제적 안보에 매우 중요하다.

***

이러한 배경에서 미국은 한국이 동아시아 확장억제체제 내에서 더 큰 책임을 분담하기를 바라면서 ① 한반도에서 한국이 더 많은 비용과 더 큰 역할을 분담함으로써 동아시아에서 미국의 재래식 전력 분산을 최소화하는 것, ② 한국이 대만해협의 안정의 중요성을 인정하는 등 미국의 인도-태평양 전략에 적극적으로 참여하는 것, ③ 일본과의 관계 개선을 통해 유사시 미국을 중심으로 단결할 수 있음을 보이는 것 등을 요구하고 있다.[39]

그러나 한국의 입장에서 중국과의 경제적·정치적 관계를 고려할 때 이러한 요구들을 다 들어줄 수는 없다. 한국의 역할 분담이 구조적으로 제약을 받을 수밖에 없다는 것이다. 이는 오늘날 한국과 미국 사이에 새로운 갈등을 불러오는 요인이 되고 있다. 따라서 이어지는 장에서는 중국의 부상으로 한국이 마주한 전략적 딜레마와 이를 한국과 미국이 어떻게 조율해나가는 지에 대해 자세히 논의할 것이다.

★ CHAPTER 8 ★

복잡해지는 한반도 확장억제

중국이 미국과 대등한 경쟁자로 부상함에 따라 동아시아의 안보 환경이 근본적으로 변화하고 있다. 이제 미국은 동아시아에서 중국이라는 패권적 위협과 북한과 같은 지역적 위협을 동시에 상대해야 한다. 게다가 중국과 북한이 각자의 이익에 따라 독립적으로 행동하면서도 상황에 따라 연합할 가능성이 있다는 점은 안보 환경을 더욱 복잡하게 만든다. 이로 인해 동아시아에서 미국의 확장억제 전략도 새로운 방향을 요구받고 있다.

이러한 상황은 한미 간 위협 인식의 차이를 야기한다. 한국에 있어 가장 심각한 위협은 여전히 북한이다. 핵무기를 보유한 북한은 지속적으로 한국을 위협하며 도발의 수위를 높이고 있다. 미국도 북한을 위협으로 인식하지만, 미국은 중국을 최대의 전략적 도전으로 보고 있으며, 한국이 이 대중국 견제 전략에서 더 큰 역할을 맡아주기를 기대하고 있다. 더불어 미국의 국내 상황, 즉 2017년 등장한 트럼프 대통령의 '미국 우선주의America First'와 미국의 개입을 줄이자는 '자제주의자Restrainers' 및 '역외균형자Off-shore Balancers'의 부상은 동맹에 대한 미국의 부담을 가중시키는 요인이다.

결과적으로 한국은 미국의 동맹 관여와 확장억제의 신뢰성에 의문을 제기하기 시작했고, 미국은 중국과 관련하여 한국의 모호한 입장에 대해 아쉬움을 표명하기 시작했다. 한미동맹이 다시 한 번 위기의 순간에 놓인 것이다. 이러한 상황을 대표적으로 보여주는 현상은 한국 내에서 높아지고 있는 독자적 핵무기 개발 요구이다. 2023년에 한국이 미국과 확장억제체제를 보완하기로 한 결정으로 핵무기 개발 요구는 다소 완화되었지만, 여전히 그 불씨는 남아 있다. 이번 장에서는 한미동맹이 다시 도전에 직면한 과정을 위협 구조의 변화, 미국 국내 정치의 변동, 그리고 한국의 역할 분담의 제한이라는 측면에서 이야기할 것이다.

"북한이 가장 시급한 위협입니다"

2022년 9월 25일, 윤석열 대통령이 미국 CNN 뉴스의 앵커 파리드 자카리아Fareed Zakaria와 인터뷰를 가졌다. 자카리아 앵커가 한국 안보의 핵심 과제에 대해 묻자, 윤석열 대통령은 "북한이 가장 시급한 위협입니다North Korea remains an imminent threat"라고 말하며 날로 커져가는 북한의 핵 위협을 지목했다.[1]

2000년대 이전만 해도 한국이 우려했던 것은 북한의 대규모 재래식 전력이었다. 약 120만 명의 병력, 한국군을 압도하는 수의 기갑 및 기계화 부대, 그리고 20만 명이 넘는 특수전 부대가 휴전선을 넘어 기습 공격하면 단기간에 서울을 포위할 수 있다는 우려가 있었다. 또한 북한군은 다양한 화학무기를 개발해 전장에서 사용할 준비를 하고 있었다.

그러나 시간이 흐르면서 북한의 재래식 무기는 점점 낡아졌고, 단순한 양적 우위로는 한국군의 첨단 무기체계를 이기기 어려워 보였다. 예를 들어, 북한은 약 4,300여 대의 전차를 보유하고 있지만, 대부분 냉전 시기에 생산된 구형 전차로, 한국군의 주력 전차인 K2와 K1A1에 비해 성능이 크게 떨어졌다.[2]

북한의 공군력도 마찬가지로 노후화되었다. 북한이 800대 이상의 전투기를 보유하고 있다고는 하지만, 대부분 MiG-19, MiG-21, MiG-23과 같은 소련 시대의 오래된 기종이었다. 1989년에 도입한 MiG-29 역시 소련 붕괴 이후 부품을 구하기 어려워 현재 약 20여 대만 운용 중인 것으로 알려져 있다.[3] 반면, 한국은 최신 스텔스기 F-35를 비롯해 F-15, F-16, FA-50 등 약 400여 대의 전투기를 운용 중이다.[4]

그러나 북한의 핵 위협이 날이 갈수록 커지면서 이제는 한국의 가장 중요한 안보 문제가 되었다. 2009년 이전만 해도 북한의 핵 개발 속도는 완만했고, 북한의 핵 문제를 외교적으로 해결할 수 있다는 인식이 지배적이었다. 그러나 2009년 이후 북한이 영변 핵 시설에서 국제원자력기구IAEA, International Atomic Energy Agency와 미국 사찰단을 추방하고 2차 핵실험을 감행하면서 북한의 핵 개발 의도가 분명해졌다. 2011년 김정일 사망 후 김정은이 집권하면서 이러한 의도는 더욱 강화되었다.

김정은 집권 이후 북한은 핵 능력을 강화하기 위해 세 가지 방향으로 나아갔다. 첫째, 핵탄두의 소형화, 표준화, 다종화를 추진했다. 소형화는 미사일에 탑재할 수 있도록 핵탄두의 크기와 무게를 줄이는 것이고, 표준화는 대량생산을 위한 공정을 표준화하는 것을 의미한다. 다종화는 다양한 상황에 맞게 저위력부터 고위력까지 다양한 종류의 핵탄두를 보유하는 것을 말한다.

이를 위해 북한은 여섯 차례의 핵실험을 진행했다. 초기 2006년, 2009년, 2013년 실험은 성공적이지 않았지만, 이 과정에서 핵탄두 소형화에 필요한 기술적 노하우를 확보한 것으로 보인다. 이후 2016년과 2017년에 실시된 4차와 6차 핵실험에서 수소탄 실험에 성공하면서 다종화된 핵탄두 보유에 성과를 거둔 것으로 평가받았다. 이후 북한은 저위력 핵탄두인 화산-31과 장구형 수소탄 모형을 공개하며 소형화, 표준화, 다종화를 달성했음을 과시했다.

둘째, 김정은은 핵탄두를 발사하기 위한 다양한 미사일 개발에 주력했다. 특히, 단거리 미사일 부문에서 눈에 띄는 진전을 보였다. KN-23과 KN-24는 500kg의 탄두를 탑재해 400km 이상 떨어진 표적을 정확히 타격할 수 있는 능력을 갖추었으며, 한국 후방지역의 지휘시설이나 항구, 군수공장 등 전쟁 수행에 필요한 주요 시설들을 위협할 수 있다. 이와 함께 600mm 초대형 방사포인 KN-25는 400km 거리의 표

〈표 8-1〉 2006년부터 지금까지 북한이 실시한 여섯 차례의 핵실험

	실험 날짜	지진 규모	추정 폭발력	북한의 발표
1차 실험	2006년 10월	4.1mb	0.52kt	성공적인 핵 실험
2차 실험	2009년 5월	4.25mb	24kt	폭발력 향상
3차 실험	2013년 2월	4.9mb	69kt	성공적인 소형화
4차 실험	2016년 1월	4.85mb	710kt	첫 수소폭탄 시험
5차 실험	2016년 9월	5.1mb	10kt	성공적인 표준화
6차 실험	2017년 9월	6.1mb	140kt 이상	ICBM용 수소폭탄

북한은 2006년부터 지금까지 총 여섯 차례의 핵실험을 진행했다. 〈표 8-1〉에서 보는 바와 같이 초기 2006년, 2009년, 2013년 실험은 성공적이지 않았지만, 이 과정에서 핵탄두 소형화에 필요한 기술적 노하우를 확보한 것으로 보인다. 이후 2016년과 2017년에 실시된 4차와 6차 핵실험에서 수소탄 시험에 성공하면서 다종화된 핵탄두 보유에 성과를 거둔 것으로 평가된다. 참고로 표에 나오는 지진 규모는 지진과 같은 지진 활동의 크기를 측정하는 규모(mb)를 의미한다. 〈출처: 함형필, "북한의 핵전략 변화 고찰"[5]〉

적에 대해 4발을 거의 동시에 발사할 수 있어 기습공격에도 유리하다. 최근 북한이 공개한 사진에 따르면, 이러한 단거리 미사일에 표준화된 핵탄두인 화산-31이 탑재될 것으로 예상된다.

또한, 북한은 미국 본토를 위협할 수 있는 대륙간탄도미사일ICBM 개발에도 주력하고 있다. ICBM은 사거리가 5,500km 이상이어야 하는데, 북한의 화성-14형이 그 대표적인 예이다. 북한은 2017년 7월 4일과 28일 화성-14형 미사일을 시험 발사하여 거의 수직으로 발사했을 때 약 2,800km까지 상승했으며, 45도 각도로 발사할 경우 사거리가 약 9,000km에 이를 것으로 추정되었다. 같은 해 11월에는 화성-15형을 시험 발사했는데, 이 미사일은 최고 고도 4,475km에 도달했으

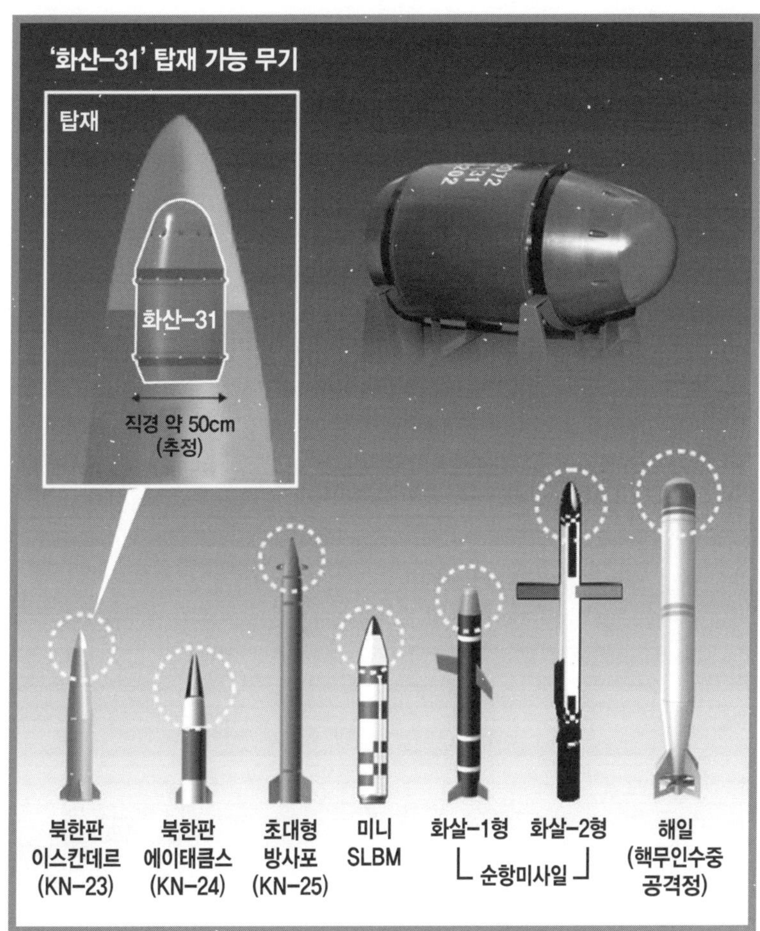

〈그림 8-1〉 북한이 2023년 3월 공개한 화산-31 핵탄두와 탑재 가능 무기

북한은 핵탄두 표준화를 통해 다양한 투발 수단에 탑재할 수 있도록 다양한 미사일 개발에 주력하고 있다. 〈출처: 동아일보[6]〉

며, 정상 각도로 발사할 경우 약 1만 3,000km를 비행할 수 있는 것으로 분석되었다. 이는 북한이 미국의 주요 도시인 워싱턴 D. C., 뉴욕, 샌프란시스코 등을 공격할 수 있는 능력을 갖추었다는 의미이다. 이후 북한은 미사일을 계속 개발하여 2023년에는 최신 ICBM인 화성-18형을

미사일의 연료: 액체연료와 고체연료

미사일은 로켓 연료를 연소시켜 추진력을 얻는데, 사용되는 연료는 크게 액체연료와 고체연료로 나뉜다. 이 두 종류의 연료는 각각 미사일의 군사적·전략적 특성에 큰 영향을 미친다.

액체연료 미사일의 주요 장점은 엔진의 추력을 조절할 수 있다는 점이다. 이를 통해 미사일의 속도와 방향을 비행 중에도 조정할 수 있어 궤도를 세밀하게 수정하거나 특정 비행 경로를 유지하는 데 유리하다. 따라서 액체연료는 주로 인공위성을 운반하는 우주로켓에 사용된다. 그러나 액체연료 시스템은 구조가 복잡하고 취급이 까다롭다. 예를 들어, 액체연료로 자주 사용되는 하이드라진은 독성이 강하고, 산화제로 쓰이는 질산은 부식성이 높아 특수한 용기에 담아 저온에서 보관해야 한다. 따라서 액체연료는 발사 직전에 미사일에 주입되는데, 이 과정에서 시간이 소요되어 발사 준비 중에 적에게 노출될 위험이 있다.

반면, 고체연료 미사일은 구조가 단순하고 신뢰성이 높으며 즉각 발사할 수 있다는 특징이 있다. 이는 전략적 상황에서 큰 이점이 된다. 적의 공격이 임박했을 때나 적의 미사일 발사에 대응할 때 지체 없이 즉각적으로 대응할 수 있기 때문이다. 또한, 고체연료는 상온에서 안정적으로 장기간 저장할 수 있고, 운송도 용이하다. 그러나 고체연료의 단점은 연소가 시작되면 종료될 때까지 추력 조절이 어렵다는 점이다. 따라서 비행 중에 궤도나 경로를 변경하기가 어렵다. 그럼에도 불구하고 신속한 발사와 즉각적인 대응 가능성, 그리고 보관과 취급의 용이성 덕분에 전략 미사일의 연료로서 고체연료가 널리 사용되고 있다.

세 차례 시험 발사했다. 화성-18형은 최고 고도가 6,000km 이상으로, 미국 전역을 타격할 수 있는 사거리를 가진 것으로 추정된다. 더 중요한 점은 이 미사일이 고체연료로 제작되었다는 점인데, 이는 액체연료 미사일처럼 긴 연료 주입 시간이 필요하지 않아 기습공격에 매우 유리하다. 그리고 북한은 가장 최근인 2024년 10월 31일에 화성-18형보다 성능이 개선된 화성-19형을 시험 발사했다.

김정은 시대의 북한 핵 위협 세 번째 특징은 핵무기 사용을 위한 전

주체111(2022)년 9월 9일 (금요일) 로동신문

조선민주주의인민공화국 최고인민회의 법령
조선민주주의인민공화국 핵무력정책에 대하여

조선민주주의인민공화국 최고인민회의

주체111(2022)년 9월 8일 평양

●●● 북한이《노동신문》을 통해 발표한 핵무력정책법. 핵무력정책법은 북한 핵무기의 기본 사명이 전쟁을 억제하는 데 있으며, 침략과 공격을 방지하는 것이 북한 핵무기의 목적이라고 말한다. 그러나 북한은 핵무기를 다양한 상황에서 사용할 가능성도 열어두고 있다. 핵무력정책법은 핵 또는 비핵 공격이 임박하거나 전쟁에서 주도권을 확보해야 할 때 핵무기를 사용할 수 있음을 명시하고 있는데, 이는 북한이 핵 보복, 선제공격, 강압 등 모든 형태의 사용을 고려하고 있음을 보여준다.

략과 조건을 명확히 제시했다는 점이다. 2022년 북한이 발표한 '핵무력정책법'에 따르면, 북한 핵무기의 기본 사명은 "공화국과의 군사적 대결이 파멸을 초래한다는 점을 명확히 인식시키고, 침략과 공격 의도를 포기하게 함으로써 전쟁을 억제하는 것"으로 정의된다. 즉, 기본 목적은 '억제'에 있다는 것이다. 그러나 이 법은 동시에 다양한 상황에서 핵무기를 사용할 가능성을 열어두고 있다. 예를 들어, 북한이 핵 또는 비핵

공격이 임박했다고 판단할 경우나, 전쟁에서 주도권을 확보할 필요가 있을 때 등 모든 상황에서 핵무기를 사용할 수 있음을 명시하고 있다. 이는 북한이 핵 보복, 핵 선제공격, 핵 강압 등 모든 형태의 핵무기 사용을 '전략적 모호성Strategic Ambiguity' 하에 고려하고 있음을 의미한다.

이러한 배경에서 한국은 북한의 핵 문제를 가장 중대하고 심각한 문제로 인식하고 있다. 북한이 억제 목적으로 핵무기를 개발하고 있다고 하지만, 핵 능력이 계속 강화된다면 한국과의 힘의 균형에서 북한이 우위를 차지하게 될 것이다. 그렇게 되면 한국과의 분쟁 발생 시 북한의 핵 강압력이 현재보다 훨씬 더 커질 수 있다. 이는 그동안 한국이 주요 위협으로 인식했던 북한의 장사정포 문제와는 차원이 다른 문제가 될 것이다. 또한 북한이 직접적으로 핵 위협을 하지 않더라도, 앞으로 북한과의 모든 재래식 군사적 위기는 핵 위기로 확대될 가능성이 있다는 점도 고려해야 한다. 북한의 어떠한 재래식 위협도 핵 강압의 성격을 띠게 될 것이다. 더욱이 북한이 ICBM 개발을 완성하면, 이는 미국의 확장억제 신뢰성에 심각한 도전이 될 것이다. 북한이 미국 본토를 핵미사일로 공격할 수 있는 상황에서 북한이 한국을 공격한다면 미국이 북한으로부터 핵미사일 공격을 받을 수 있는 위험을 감수하면서까지 한국을 위해 북한에 핵보복 공격을 가해야 하느냐라는 위험 계산을 해야 하기 때문이다.

중국을 향한 한국의 마음은 복잡하다

시진핑 시대에 들어 시작된 중국의 공세적인 대외 정책은 남중국해에만 머무르지 않는다. 중국은 한국을 향해서도 압박 수위를 높여오고 있다. 여러 사례 중 여기에서는 세 가지 사례를 들어 설명하겠다.

첫째, 2016년 7월 13일, 한국 국방부의 류제승 정책실장은 북한의 핵미사일 위협에 대비하여 경북 성주군 지역에 고고도미사일방어체계인 사드THAAD, Terminal High Altitude Area Defense를 배치하기로 했다고 발표했다. 배치 장소로 선정된 곳은 성주에 있는 롯데그룹 소유의 골프장이었다. 이 발표에 중국 정부는 즉각 반발하면서 사드 기지의 레이더가 자국을 감시하기 위한 수단이라고 주장했다. 이에 대한 보복으로, 중국 정부는 중국에 진출한 롯데 계열사들을 대상으로 강도 높은 세무조사와 소방 안전 점검을 실시했다. 그 결과, 중국 내 롯데마트 112개 매장 중 87곳이 영업정지 처분을 받았고, 결국 롯데는 중국에서 운영하던 마트, 백화점, 제과 사업 등 대부분을 철수해야 했다.[7]

둘째, 2019년 7월 23일 오전 8시 40분, 중국의 H-6 폭격기 2대와 러시아의 Tu-95 폭격기 2대가 동해안의 한국방공식별구역KADIZ, Korea Air Defense Identification Zone에 진입했다. 이어서 러시아의 A-50 조기경보기가 독도의 영공을 두 차례 침범하는 사건이 발생했다. 이에 대한민국 공군의 F-16과 F-15 전투기들이 긴급 출동했고, F-16 전투기는 러시아 군용기를 향해 360발의 경고사격을 가했다. 민간 항공기가 아닌 군용기가 대한민국의 영공을 침범한 것은 중대한 주권 침해였다. 한국의 영공과 방공식별구역은 중국과 러시아의 군사행동과 무력시위의 대상이 되고 있는 것이다. 이후에도 중국과 러시아 군용기들은 주기적으로 KADIZ를 침범하고 있다.[8]

셋째, 2020년 9월, 중국은 서해에서 100여 척의 군함을 동원해 대규모 실탄 사격 훈련을 실시했다. 문제는 중국이 작전구역으로 설정한 지역이 서해 동경 124도 선이라는 점이었다. 이 선은 백령도에서 불과 40km 떨어진 지점으로, 중국은 매일 여러 차례 해안 경비선과 군함을

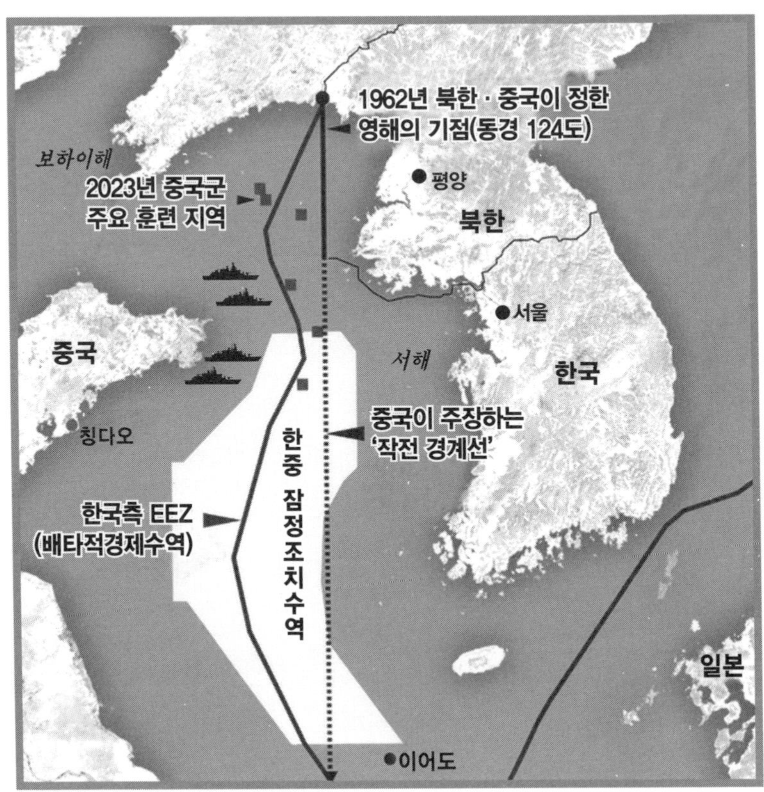

〈그림 8-2〉 중국이 서해 동경124도를 연해 설정한 작전경계선

중국이 서해 동경124도를 연해 설정한 작전경계선은 우리나라의 백령도에서 불과 40km밖에 떨어지지 않았을 뿐 아니라 한국의 배타적경제수역(EEZ)도 포함하고 있다. 중국은 최근 이 지역에서 군사훈련을 활발히 실시하고 있다. 〈출처: 조선일보[10]〉

124도선 부근까지 보내고 해상초계기를 띄우고 있다. 이 해역에서는 중국 잠수함도 포착되었다. 이러한 중국의 위협적인 행동은 서해를 자국의 앞바다로 만들려는 '서해 공정'으로 불리기도 한다.[9]

여기까지만 보면, 중국이 한국의 주요 안보 위협이며, 한국이 즉각적으로 대응해야 할 것처럼 보인다. 그러나 한국은 중국과의 군사적 대결을 최대한 피하려고 노력한다. 한국의 전략적 목표는 중국과의 긴밀한 경제관계를 유지하면서도 미국과의 강력한 동맹을 지속하는 것이다. 바로 이 점에서 '헤징Heging', 즉 위험분산전략이 등장한다.

한국이 헤징 전략을 선택하는 중요한 이유 중 하나는 중국에 대한 경제의존도가 높기 때문이다.[11] 2021년 기준으로 한국과 중국 간의 무역 규모는 한국 국내총생산GDP의 약 24%에 달했으며, 이는 한국 전체 무역의 약 30%를 차지한다. 특히 2017년 이후 미국이 중국과의 경제의존도를 줄여가는 동안, 한국은 오히려 중국과의 경제관계를 더욱 강화해왔다. 예를 들어, 2018년과 2021년 사이 한국의 중국 및 홍콩으로의 수출액은 2,000억 달러를 넘었으며, 이는 미국으로의 수출의 2배, 일본으로의 수출의 6배에 달한다. 또한, 2020년 한국이 수입한 주요 물자의 약 29.3%가 중국산으로, 반도체와 배터리 등 첨단 산업의 핵심 부품이 주를 이룬다.

두 번째 이유는 유사시 중국의 군사적 압박으로 인해 한국이 고립될 위험이 있기 때문이다. 만약 미국과 중국 간의 직접적인 충돌이 발생하면, 한국은 그 갈등의 최전선에 놓일 가능성이 크다. 특히 한국의 해상교통로SLOC, Sea Lines of Communication는 국가 경제에 매우 중요한데, 한국 원유 수송량의 약 90%가 남해를 통해 운송된다. 지금까지는 미국 주도의 질서 덕분에 이 해상교통로가 안전하게 보호되었으나, 한국이 중국을 군사적 경쟁자로 설정하면 상황은 달라질 수 있다.

세 번째 이유는 북한의 핵 문제 해결을 위해 중국의 협력이 필수적이기 때문이다. 중국은 북한 경제에 강력한 영향력을 가지고 있다. 실례로 북한 무역의 90% 이상이 중국과의 거래로 이루어진다. 그래서 2017년 중국이 대북 제재에 동참하자 북한은 비핵화 협상에 나서게 되었다. 따라서 한국은 북한의 도발을 억제하고 비핵화를 달성하는 데 중국이 필요하기 때문에 중국과 원만한 관계를 유지해야 한다.

이러한 이유로 중국에 대한 헤징 전략은 한국의 보수와 진보 정부 모두에서 일관되게 이어져왔다. 예를 들어, 박근혜 정부는 중국과의 경제 협력을 적극적으로 강화하는 한편, 미국과의 안보 동맹도 강화하는 이중 전략을 펼쳤다. 2015년 한국과 중국은 자유무역협정FTA, Free Trade Agreement을 체결해 무역 확대를 도모했다.[12] 또한, 한국은 중국 주도의 아시아 인프라 투자 은행AIIB, Asian Infrastructure Investment Bank에 창립 회원국으로 가입해 중국과의 경제 협력을 확대하는 모습을 보였다.[13]

문재인 정부 역시 비슷한 헤징 전략을 이어갔다. 문재인 대통령은 2017년 '3불 정책'을 발표하며 사드 추가 배치, 미국의 미사일 방어 체계 참여, 한미일 군사동맹 구축을 하지 않겠다는 입장을 밝힘으로써 중국과의 긴장을 완화하려 했다.[14] 이를 통해 문재인 정부는 중국과의 경제적 협력을 지속하려는 의지를 보이는 한편, 한미동맹의 중요성을 강조하며 정례적인 한미 연합 군사훈련을 지속하고 한미 정상회담을 통해 전략적 동맹을 재확인했다. 또한, 문재인 정부는 신남방정책을 추진해 동남아시아 국가들과의 경제적·외교적 협력을 강화함으로써 미중 전략 경쟁이 격화되는 상황에서 활로를 확보하는 노력도 병행했다.[15]

결과적으로, 한국의 역대 정부들은 헤징 전략을 통해 중국과 미국 사이에서 균형을 맞추기 위해 노력해왔다. 이러한 접근은 두 강대국과의 관계를 조정하면서 한국의 경제적 이익을 극대화하고, 안보 위협에 대비하려는 복합적인 시도라고 볼 수 있다. 즉, 한국은 중국과의 군사적 충돌을 피하면서 경제적 협력을 강화하고, 동시에 미국과의 동맹을 통해 안보를 확보하려는 전략적 선택을 지속해온 것이다.

그럼에도 미국은 한국이 중국 견제에 참여하기를 원한다

미국은 중국과 얽힌 동맹국들의 사정을 충분히 알고 있다. 그럼에도 불구하고 미국은 대對중국 견제 전략에서 동맹국들이 더 큰 역할을 하기를 기대한다. 이러한 경향은 트럼프 행정부와 바이든 행정부에서 두드러지게 나타났는데, 트럼프 행정부는 주로 동맹국들의 비용 분담을 강조하면서 한국에 방위비 분담금을 더 내라고 요구하는가 하면, 나토 회원국들에는 방위비 지출을 늘리라고 요구했다. 이를 통해 미국은 국제질서와 안정이라는 공공재를 유지하는 데 드는 비용을 동맹국들과 공평하게 부담하고, 절약된 자원을 중국이라는 핵심적인 위협에 더 집중하려 했다.

반면, 바이든 행정부는 동맹국들의 비용 분담을 직접적으로 요구하지는 않았지만, 그 대신 동맹국들이 중국 견제에서 더 큰 역할을 맡기를 기대하면서 동맹의 통합된 노력을 통해 중국이 대만해협과 남중국해에서 현상 변경을 시도하지 못하도록 억제하고, 만약 분쟁이 발생하더라도 그 비용을 최소화하기를 원했다. 즉, 바이든 행정부는 동맹국들과의 분업Division of Labor을 통해 확장억제의 위험과 부담을 줄이는 데 초점을 맞춘 이 전략을 '통합억제Integrated Deterrence' 전략이라는 이름으로 추진했다.[16]

이 통합억제전략은 바이든 행정부가 중국을 비롯한 경쟁국들에 대응하기 위해 제시한 전략으로,[17] 전통적인 군사적 억제를 넘어 동맹, 첨단기술, 경제적 압박 등 다양한 국력 요소를 활용해 도전국의 전략적 모험을 억제하는 다차원적 · 다층적 접근을 지향한다. 특히, 중국이 남중

●●● 미국은 대중국 견제 전략에서 동맹국들이 더 큰 역할을 하기를 기대한다. 트럼프 행정부는 주로 동맹국들의 비용 분담을 강조하면서 한국에 방위비 분담금을 더 내라고 요구하는가 하면, 나토 회원국들에는 방위비 지출을 늘리라고 요구했다. 이를 통해 미국은 국제 질서와 안정이라는 공공재를 유지하는 데 드는 비용을 동맹국들과 공평하게 부담하고, 절약된 자원을 중국이라는 핵심적인 위협에 더 집중하려 했다. 반면, 바이든 행정부는 동맹국들의 비용 분담을 직접적으로 요구하지는 않았지만, 그 대신 동맹국들이 중국 견제에서 더 큰 역할을 맡기를 기대하면서 동맹의 통합된 노력을 통해 중국이 대만해협과 남중국해에서 현상 변경을 시도하지 못하도록 억제하고, 만약 분쟁이 발생하더라도 그 비용을 최소화하기를 원했다. 바이든 행정부는 동맹국들과의 분업을 통해 확장억제의 위험과 부담을 줄이는 데 초점을 맞춘 이 전략을 '통합 억제' 전략이라는 이름으로 추진했다. 〈출처: WIKIMEDIA COMMONS | CC BY-SA 2.0〉

국해나 동중국해에서 현상 변경을 시도할 때 미국과 동맹국이 연합해 다양한 수단을 동원하여 그들의 계산을 복잡하게 만들고, 도발의 비용을 높이는 것을 목표로 한다. 따라서 이 전략에서 동맹국들의 역할 분담, 즉 분업이 매우 중요하다.

앞에서 언급했듯이, 이러한 역할 분담 요구에 맞춰 동아시아에서 한국을 제외한 다른 동맹국들은 중국 견제에 더욱 집중하고 있다. 일본은 호주, 인도와 함께 2017년부터 쿼드Quad 협의체에 참여하고 있으며, 바이든 행정부 때도 계속 협력했다. 쿼드는 군사적 성격을 띠지는 않지만, 사실상 중국의 팽창주의를 견제하기 위한 협의체로 평가받고 있다.

나아가 2024년 7월 28일, 일본과 미국은 외교 및 국방장관 2+2 회담을 통해 자위대는 '통합작전사령부'를 창설하고 주일미군은 인도·태평양사령부 예하의 '통합군사령부'로 개편하기로 합의했다. 공동발표문에 의하면, "자위대와 미군의 지휘통제 연계를 강화하기 위해 미국 측이 주일미군을 개편해 '통합군사령부'를 신설"하는 것이며, "새로 만들어지는 통합군사령부는 육·해·공군 등을 통합한 주일미군에 작전 지휘권을 부여한다."[18] 일본 방위가 통합군사령부의 주 임무이지만, 대만과 남중국해에서 분쟁이 발생할 경우 주일미군 전력이 작전을 수행할 것으로 예상된다.[19] 따라서 미국의 로이드 오스틴Lloyd Austin 국방장관은 통합군사령부 창설과 관련해 "대만과 남중국해에서 현상 변경을 시도하는 중국의 강압적인 행동을 주시하고 있다"고 밝혔다.[20]

미국은 한국도 다른 동맹국들처럼 미국의 대중국 견제 전략에 참여하기를 기대했다. 그러나 한국의 대중국 정책은 상대적으로 모호했다. 2017년 11월 첫 쿼드 회담 이후 한국의 참여가 지속적으로 논의되었으나, 한국은 쿼드 참여에 회의적인 입장을 유지해왔다. 예를 들어, 2020년 9월 강경화 외교장관은 한국이 쿼드에 참여하는 것이 좋은 생각이 아니라고 밝히며 "다른 국가의 이익을 배제해서는 안 된다"고 강조했다.[21] 또한, 최종건 외교1차관도 "특정 국가를 배척하기 위한 배타적 지역 구조는 만들면 안 된다"고 언급하며 미국과 중국 사이에서 한쪽만 선택하기 어려운 한국의 상황을 설명했다.[22] 한국이 이렇게 모호한 입장을 취하는 이유는 중국 견제에 참여할 경우 중국이 한국을 적으로 간주하고 경제 제재 등의 보복을 할 수 있기 때문이다.[23] 실제로 2017년 사드 배치로 인한 중국의 보복을 경험한 한국은 이러한 위협에 더욱 민감하다.[24]

한편 2022년 시작한 윤석열 정부는 미국과의 정책 공조를 통해 한미관계를 개선했다. 특히, 윤석열 정부는 대만 문제에 있어서도 미국과 궤를 같이하는 모습을 보인다. 2023년 4월 외신과의 인터뷰에서 윤석열 대통령은 대만해협 문제를 "힘으로 현상을 바꾸려는 시도"에 반대한다고 밝히며 국제사회와 함께 현상 변경에 반대하는 입장을 표명한 것이다.[25] 그럼에도 불구하고 윤석열 정부는 한중 관계도 원만히 관리하려고 노력했다. 예를 들어, 박진 전 외교장관은 한국이 중국을 견제하려는 의도가 없음을 분명히 밝혔다.[26] 또한, 한국은 미국 주도의 인도-태평양 경제 프레임워크IPEF, Indo-Pacific Economic Framework에 가입한 것이 중국 견제를 위한 것이 아니라고 정책의 배경을 설명했다.[27]

이러한 한국의 모호한 입장은 미국 내에서 불만을 초래하고 있다. 일부 미국 전략가들은 "대부분의 미국 전략가들은 중국의 힘에 대항하는 것을 외교 정책의 주요 목표로 보고 있다. … 그러나 한국은 보수든 진보든 상관없이 중국 견제에 별로 관심을 보이지 않았다"고 지적했다.[28] 다른 안보전문가는 낸시 펠로시 하원의장이 대만을 방문한 후 한국을 방문했을 때, 윤석열 대통령을 만나지 못한 일에 대해서도 "이것이 중국을 달래기 위한 것이라면, 미국에 대한 모욕이며, 한국이 공유 가치를 위해 나서지 않는다는 신호를 세계에 보낸 것"이라고 지적했다.[29]

결국, 미국 내에서는 한국이 맡아야 할 역할을 다하지 않는다는 불만이 커졌다. 일부 전문가들은 "미국의 안보 이익은 한국보다는 일본과 더 많이 겹친다"고 지적했다.[30] 실제로 바이든 행정부의 2022년 국가안보전략에서 호주와 일본은 여러 차례 언급된 반면, 한국은 한 번만 언급되었다.[31]

이렇게 한국과 미국 사이에 서로의 역할에 대한 불만이 고조되는 것은 두 동맹국의 위협 우선순위가 달라졌음을 의미한다. 한국은 북한이 가장 긴급하고 심각한 위협이므로 중국보다는 북한에 집중해야 하고, 미국이 북한을 억제하는 데 좀 더 신경을 써주기를 바란다. 반면에 미국은 중국이 가장 핵심적인 위협이므로 한국이 대중국 견제 전략에서 더 많은 역할을 분담해주기를 바란다. 이와 동시에 북한 문제에 대해서는 지나치게 연루되는 위험을 관리하고자 한다. 이러한 위협 우선순위의 차이는 서로가 추구하는 최우선 이익에도 차이를 만들었으며, 동맹의 결속력이 흔들리는 결과를 가져왔다. 결국 이는 양국 사이에 유사시 군사적 원조라는 약속이 지켜질 것인가라는 의문을 키웠다.

미국 내 자제주의의 부상과 한국의 커져가는 불확실성

한국의 안보 우려의 근본적인 원인은 북한의 핵 위협이 점점 더 심각해지고 있다는 것이다. 그러나 한국의 국가안보를 둘러싼 직접적인 불확실성은 한미관계에서 비롯된다. 특히, 미국이 북한의 핵 공격에 어떻게 대응할지에 대한 불확실성은 한국의 대응 전략과 능력에 큰 영향을 미친다.

한국은 두 가지 주요한 불확실성에 직면해 있다. 북한이 핵 공격을 한다면, 미국이 약속한 대로 북한의 핵 공격에 맞서 실제로 자국의 핵무기를 사용할 것인가? 만약 핵무기를 사용한다면, 언제, 어디에, 어떤 방식으로 사용할 것인가? 이 질문들에 대한 답은 한국 안보에 매우 중요한 의미를 가진다. 한국은 국가안보의 상당 부분을 미국의 확장억제에 의존하고 있기 때문이다. 그러나 만약 미국이 북한의 핵 공격에 대한 대응 약속을 지키지 않거나, 예상치 못한 시간과 방식으로 핵 보복을 감행한다면, 적절한 대응 수단이 없는 한국은 더 큰 위협에 직면할 수 있다. 미국이 필요 이상으로 대응하면 한국이 원하는 수준보다 위기가 고조될 수도 있고, 기대 이하로 대응하면 오히려 북한의 오판과 자신감을 키울 수도 있기 때문이다. 역사를 통해 볼 때, 한국은 이러한 이유로 미국의 방어 약속에 대한 신뢰성 변화나 불확실성에 민감하게 반응해왔음을 알 수 있다. 만약 미국에 대한 신뢰를 잃게 된다면, 한국은 자국의 안보를 지키기 위해 다른 수단을 모색할 수밖에 없을 것이다. 따라서 지난 20년간 미국은 북한의 핵 위협이 증가함에 따라 다양한 보장Assurance 대책을 제시했다.[32]

그럼에도 불구하고 미국의 확장억제에 대한 한국의 의구심은 계속해서 커지고 있다. 여기에는 앞서 말한 한미 간 '위협 인식의 차이'라는 요인에 더해 미국 내 '자제주의Restraint'의 부상도 영향을 미친다. 미국 정치에서 자제주의가 새로운 것은 아니다. 이미 한국은 1970년대 닉슨 대통령 시기 자제주의의 부상으로 인해 주한미군이 철수하고 한국에 대한 미국의 지원이 축소되는 일을 겪었다. 이러한 자제주의는 미중 패권 경쟁이 심화되자 다시 부상하기 시작했다. 특히, 중국의 패권 도전이 거세지는 상황에서 미국의 개입 정책이 힘을 과도하게 분산시키면, 글로벌 확장억제 전략이 약화될 수 있다. 따라서 미국의 자제주의자들은 중국과의 핵심 경쟁에 집중하고, 한국과 같은 주변 지역에서는 힘을 절약해야 한다고 주장하고 있다. 이러한 경향은 트럼프 행정부 시기부터 분명하게 드러나더니 바이든 행정부 때도 계속되었다. 존스 홉킨스 대학교 역사학과 교수이자 대전략가인 할 브랜즈Hal Brands는 이 같은 경향을 다음과 같이 설명한다.

> **바이든의 외교 정책은 간단한 원칙에 기반하고 있습니다. 즉, 중국이라는 중대한 도전에 집중하기 위해서는 상대적으로 작은 지역적 도전에 발목이 잡혀서는 안 된다는 것입니다. 그의 국가안보전략은 미국이 직면한 모든 위협 중에서 "안정적이고 개방적인 국제 시스템에 지속적으로 도전할 수 있는 유일한 경쟁자"로 중국을 지목하고 있습니다. 중국이 아시아에서 세력균형을 바꾸려는 시도를 가속화하면서 이러한 도전은 더욱 심각해집니다. 바이든은 다른 지역적 문제가 저절로 해결될 것이라고 낙관하지는 않지만, 중국과의 경쟁에서 미국의 힘이 분산되지 않도록 다른 지역에서는 힘을 절약하는 전략을 선택했습니다.[33]**

미국은 과거에 유럽과 아시아에서 동시에 전쟁을 치를 수 있는 군사력을 유지하려고 했다. 그러나 오늘날 미국이 중국과 러시아라는 두 강대국을 상대로 동시에 전쟁을 치를 수 있을지는 불확실하다. 이 때문에 북한이나 이란과 같은 부차적 위협이 있더라도 미국은 자국의 핵심 이익을 위협하는 중국과 같은 주요 도전에 우선적으로 대응하려는 경향을 보인다.

한국의 전문가들은 미국 내에서 자제 정책에 대한 지지가 최근 몇 년간 미국 외교 정책에 중요한 영향을 미쳤다고 보고 있다. 실제로 국제 문제에 대한 미국의 개입에 대한 대중의 지지는 시간이 지남에 따라 감소하고 있다. 선제적 군사력 사용에 대한 미국 대중의 지지도 꾸준히 줄어드는 추세이다. 예를 들어, 2017년 퓨 리서치 센터Pew Research Center의 조사에 따르면, 응답자의 48%가 선제적 군사력 사용은 거의 또는 전혀 정당화될 수 없다고 응답했는데, 이는 2003년의 30%에서 크게 증가한 수치이다. 또한, 국제 문제에 대한 개입에 대해서도 응답자의 57%는 "미국은 자국 문제를 해결하는 데 집중하고, 다른 국가들은 그들 문제를 스스로 해결해야 한다"고 답했다. 이 비율도 2000년대 초반의 약 30%에서 크게 증가한 것이다.[34] 이러한 성향은 2022년 러시아의 우크라이나 침공 이후 조금씩 변화하고 있다. 그러나 여전히 미국 국민들은 직접적인 군사적 개입보다 무기원조 등을 통한 간접적인 역외지원을 더 선호한다.[35]

이러한 자제 정책에 대한 국내적 지지는 아프가니스탄과 이라크에서의 오랜 분쟁, 그리고 ISILIslamic State of Iraq and the Levant과 같은 테러 조직과의 전쟁으로 인한 전쟁피로와 직접적인 관련이 있는 것으로 보인다. 실례로 브라운 대학교의 연구는 9·11 이후 테러와의 전쟁으로 지출한 경제적 비용은 8조 달러가 넘는다고 추산한 바 있다.[36] 우리 돈으로 1경에 달하는 금액이다. 이러한 배경에서 미국 내에서는 군사 지출을 줄이고 국내 인프라와 사회 프로그램에 더 많은 자금을 투입해야 한다는 주장도 점점 더 커지고 있다.

한국의 핵무장론이 다시 부상하다

이러한 두 가지 배경, 즉 한국과 미국 사이에 위협 우선순위가 일치하지 않는다는 것과 미국 내 자제주의의 부상은 한반도 유사시 미국이 약속한 대로 군사지원을 할 것인가에 대한 의구심을 부추긴다. 일례로 일부 한국 안보전문가들은 전쟁이 발발할 경우, 미국이 한국 안보에 적극적으로 개입하지 않을 가능성을 경고하고 있다.[37] 미국의 확장억제에 대한 이 같은 불확실성은 한국 내에서 미국의 핵무기 재배치나 나토식 핵 공유를 통한 억제력 강화, 더 나아가 한국의 자체 핵무기 개발을 요구하는 목소리를 낳고 있다.

실제로 한국의 자체 핵무장 요구는 상당한 대중적 지지를 받고 있다. 예를 들어, 아산정책연구소의 설문조사에 따르면(〈그림 8-3〉 참조), 71%의 한국인이 한국이 자체 핵무기를 개발해야 한다고 응답했다.[38] 이와 같은 논의는 최근 5년간 꾸준히 증가하고 있다.

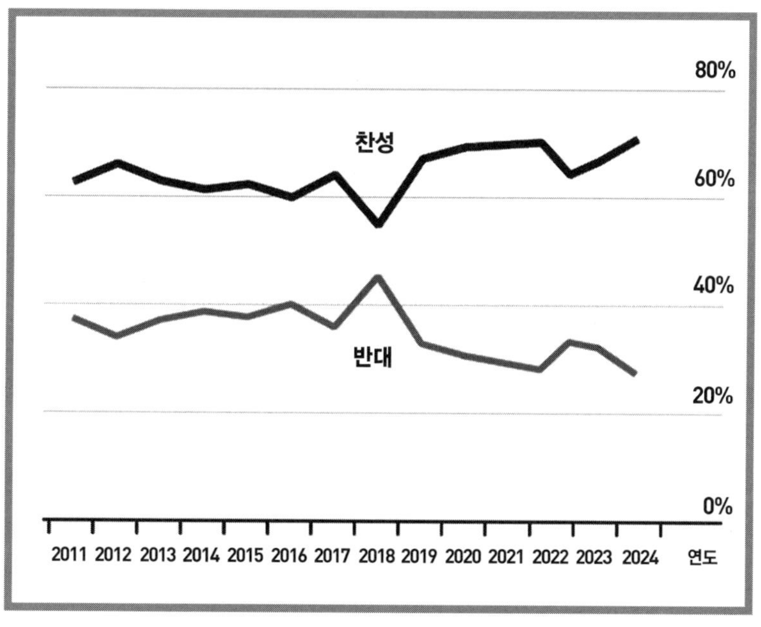

〈그림 8-3〉 한국의 자체 핵무장 지지율 변화

아산정책연구원이 한국인 1,000명을 대상으로 실시한 "한국의 핵무장을 지지하는가"에 대한 설문조사 결과, 지난 15년간 꾸준히 60% 이상의 응답자들이 한국의 핵무장을 지지한다고 답했다. 〈출처: 아산정책연구원〉

주목할 점은 한국에서 일어나고 있는 핵무장 논의는 과거와 다른 양상을 보인다는 것이다. 과거에는 핵무장 논의가 금기시되었고, 일부 전문가들 사이에서만 제한적으로 다루어지던 주제였다. 그러나 현재는 영향력 있는 정치인, 전략가, 과학자들을 비롯한 다양한 정책 전문가들이 이 논의에 적극적으로 참여하고 있다. 이는 한국 사회에서 핵무장이 더 이상 금기시되지 않으며, 오히려 현실적인 선택지로 고려되고 있음을 보여준다.

또한 최근에는 미국 내에서도 한국의 핵무장을 지지하는 목소리가 나오고 있다. 예를 들어, 다트머스 대학교Dartmouth College의 제니퍼 린드Jennifer Lind 교수와 대릴 프레스Daryl Press 교수는 2021년 10월 7일자 《워싱턴 포스트》 기고문에서 한국의 독자적 핵무장을 지지하며, 미국이 이를 지원해야 한다고 주장했다. 또한, 2024년 4월 20일 VOA '워싱턴 톡'에 출연한 엘브리지 콜비Elbridge Colby 전 미국 국방부 전략·전력개발부 차관보와 로버트 피터스Robert Peters 헤리티지 재단 연구원은 한국의 자체 핵무장 가능성을 열어두어야 한다고 제언했다. 이러한 미국 내 전문가들의 발언은 미국이 중국과의 패권 경쟁에 집중하되, 한국이나 일본과 같은 아시아 동맹국들의 안보는 독자적 핵무장을 통해 스스로 지키라는 맥락에서 나온 발언이다.

핵비확산을 중요하게 생각하는 바이든 행정부는 이러한 상황을 심각하게 우려했다. 특히, 2023년 1월, 윤석열 대통령이 북한과의 상황이 미국의 개입 없이 악화될 경우, 한국이 자체 핵무기 보유를 고려할 수 있다고 시사하자, 미국은 즉각 반응했다.[39] 물론 윤석열 대통령의 발언이 곧바로 핵무장을 하겠다는 의미는 아니었다. 그러나 미국은 한국의 핵무장이 동아시아에서 예측할 수 없는 상황을 초래할 수 있으며, 다른 지역 국가들, 특히 일본과 대만이 핵 개발을 추진하는 '핵 도미노 효과'

●●● '워싱턴 선언' 공동기자회견 후 악수하는 윤석열 대통령과 조 바이든 대통령. 북한 핵 위협이 고조되자 한국 내에서는 미국의 확장억제 신뢰성에 대한 우려가 제기되었다. 특히 중국이 부상하면서 한국과 미국 사이에 위협 우선순위에 대한 차이가 발생했고, 미국 내 자제주의가 부상하자 한국 내에서는 유사시 미국의 안보 지원 약속이 지켜질지에 대한 우려가 커진 것이다. 이러한 안보 우려를 해소하기 위해 2023년 4월 양국 정상은 정상회담을 갖고 워싱턴 선언을 발표했으며, 핵협의그룹(NCG)을 통해 미국 핵전력 운용에 대한 실질적인 정보 공유와 협의가 이루어지도록 했다. 〈출처: 한국 외교부 홈페이지〉

를 유발할 수 있다는 점을 걱정한다.[40] 동아시아에 연쇄 핵확산이 발생하면 지역의 안정이 무너지고, 미국의 확장억제 전략도 큰 타격을 입을 수 있기 때문이다. 만약 한국이 핵무장을 추진할 경우, '글렌 법안Glenn Amendment'에 따라 미국 행정부는 한국에 대한 지원을 중단해야 할 수도 있다. 그렇게 되면 한미동맹에 심각한 균열이 생길 수 있다.[41]

이러한 안보 우려를 해소하기 위해 2023년 4월 윤석열 대통령과 바이든 대통령은 한미동맹 70주년을 맞아 정상회담을 갖고 미국의 확장억제 공약을 강화하는 내용의 '워싱턴 선언Washington Declaration'을 발표했다. 워싱턴 선언은 한미 정상 차원에서 확장억제 운영 방안을 적시한 최초의 공동선언문이다. 양국은 확장억제를 구체적으로 작동시키기 위해 '핵협의그룹NCG, Nuclear Consultation Group'을 창설하기로 합의했다.[42]

핵협의그룹의 창설은 한국의 안보 불안을 완화하고 확장억제 신뢰성을 높이기 위한 미국의 중요한 보장 대책이다. 물론 미국은 한국에 미국 핵무기의 사용 권한을 부여하지 않겠다고 분명히 말했고, 여전히 미국 대통령만이 핵무기 사용을 명령할 수 있는 권한을 갖고 있기 때문에 이러한 협의체가 무슨 의미가 있느냐고 반문할 수도 있다. 그러나 이와 비슷한 협의체를 가지고 있는 나토의 사례를 볼 때 앞으로 핵협의그룹을 통한 한미 양국의 대화는 한국의 안보 불안감을 해소하는 데 중요한 역할을 할 것이다. 나토 동맹체계에 대해 연구한 션 그레고리Shaun Gregory는 나토 내 협의체의 중요성에 대해 다음과 같이 평가한다.

> **동맹 내 협의는 단순히 정보를 교환하는 것 이상의 의미를 가진다. 협의는 이미 내린 결정을 나토 이사회에 알리거나 그 결정을 지지해달라는 요청이 아니다. 협의란, 정책을 만들기 시작하는 초기 단계에서 각국의 입장이 굳어지기 전에 문제를 함께 논의하는 것이다. 이상적인 경우, 이 과정에서 동맹 전체에 영향을 미치는 공동 결정을 내릴 수 있다. 최소한, 각국이 다른 회원국들의 입장을 모른 채 결정을 내리는 일은 없도록 할 수 있다.**[43]

한미 핵협의그룹은 북한의 핵 위협에 대응하는 한국과 미국의 입장이 정해지고 굳어지기 전에 수시로 만나서 서로의 입장을 교환하고 정책의 방향을 조정하는 고위급 상설협의체이다. 무엇보다도 고무적인 것은 한국과 미국이 핵전력 운용과 관련하여 서로의 의견을 교환할 수 있게 되었다는 것이다. 이전까지는 미국과 이러한 논의를 하는 것이 제한되었기 때문에 한국은 유사시 미국이 어느 시점에 어느 지역에 핵전력을 운용할지 알기 어려웠다. 그러나 이제는 핵협의그룹에서 약속한 핵 공동기획과 정보교환을 통해 미국의 핵무기 사용과 관련된 불확실성을 어느 정도 제거할 수 있게 되었다. 따라서 핵협의그룹은 미국의 확장억제 신뢰성을 높이는 중요한 역할을 할 것으로 기대된다.[44] 이러한 이유로 미국의 전문가들은 핵협의그룹이 현 상황에서 가장 현실적이고 유연한 대안이 될 수 있다고 보고 있다.[45]

***

요컨대, 중국의 부상은 미국의 확장억제 전략의 초점을 근본적으로 변화시켰다. 미국은 중국이라는 패권적 위협에 집중하기를 원하고, 북한이라는 지역적 위협은 한국이 담당해주기를 원한다. 결국, 한국은 북한의 핵 공격 시 미국이 확장억제 약속을 제대로 지킬지 않을까 봐 우려하고 있다. 이러한 확장억제의 신뢰성 위기는 트럼프 행정부 때 고조되었으며, 바이든 행정부는 이를 해소하기 위해 워싱턴 선언을 발표하고 핵협의그룹을 창설했다.

이처럼 여러 변수로 한미동맹의 불확실성이 증가하는 상황에서 2024년 11월 트럼프가 제47대 대통령에 재선되면서 한미관계는 더욱 더 한 치 앞도 내다볼 수 없게 되었다. 미국 우선주의를 외치며 막대한 방위비 분담금 및 관세를 예고하고 있는 트럼프가 바이든 행정부와 합의했던 것들을 백지화할 가능성이 크기 때문이다. 따라서 이어지는 제9장에서는 트럼프 2기 시대의 미국의 동맹전략을 내다보고 그것에 우리가 어떻게 대응해야 할지를 모색해보고자 한다. 그리고 현재 핫이슈로 떠오르고 있는 한국의 핵무장이 확장억제 불확실성의 대안이 될 수 있는지 논의하겠다.

★ CHAPTER 9 ★

트럼프 2기 시대, 한미동맹의 위기에 어떻게 대응해야 하는가

2024년 10월 15일 당시 공화당 대선후보였던 도널드 트럼프는 시카고 경제 클럽Economic Club of Chicago과 블룸버그Bloomberg 통신이 함께 주최한 대담에서 한국을 "머니 머신money machine"이라고 부르며 자신이 계속 백악관에 있었다면 한국은 미군 주둔 대가로 연간 100억달러(약 14조 원)의 방위비 분담금을 냈을 것이라고 말했다. 이는 "한국은 부유한데 왜 미국이 방어해야 하는가?"라는 질문과 맥을 같이한다.

이 말은 주한미군 지원을 위해 한국이 더 많은 방위비 분담금을 내야 한다고 한국을 압박하기 위해 한 말로 해석할 수 있다. 트럼프 1기 행정부 당시 트럼프 대통령은 한국이 방위비 분담금을 더 내지 않으면 주한미군을 철수시킬 수 있음을 시사하기도 했다. 공개석상에서 이런 말을 서슴지 않고 하는 트럼프가 제47대 미국 대통령에 당선되자, 그가 바이든 행정부와 한국 정부가 맺은 합의를 백지화하고 막대한 방위비 분담금 청구서를 들이밀며 재협상을 요구할 것이라는 우려의 목소리가 들린다. 또 트럼프의 동맹국에 대한 회의적인 시각으로 인해 한미동맹의 신뢰가 약화되는 것 아니냐는 우려도 있는 것이 사실이다.

그렇다면 트럼프 2기 시대를 맞아 한국은 트럼프의 동맹전략에 어떻게 대응해야 할 것인가? 이 책은 미국이 동맹전략을 구상할 때 이익, 비용, 위험을 종합적으로 고려한다고 말했다. 특정 동맹국으로부터 얻는 이익이 클수록 미국은 더 큰 비용과 위험을 감수하려 할 것이다. 현재 한국에 대한 미국의 지정학적·산업적·정치적 이익은 커지고 있으며, 앞으로도 증가할 것이다. 또한 중국의 부상과 북한의 핵 위협, 중국·러시아·북한의 연합 가능성 등을 결코 무시할 수 없는 상황에서 자유민주주의 동맹국인 한국의 역할은 점점 더 커지고 한국의 가치는 점점 더 높아질 수밖에 없다. 따라서 한국은 이러한 주변 정세와 그에 따라 커지는 한국의 역할과 가치를 지렛대로 삼아 미국과의 협상에서 우리에게 지금 필요한 실익을 챙길 필요가 있다.

제9장에서는 트럼프 2기 행정부 시대를 맞아 트럼프의 동맹전략을 전망하고 이에 대한 대응책을 모색하기 위해서 먼저 '트럼프주의Trumpism'라 불리는 그의 외교·안보 접근법을 앞서 논의한 미국의 동맹전략에 비추어 자세하게 설명할 것이다. 그리고 이를 바탕으로 한미동맹의 주요 쟁점과 한국의 대응 방안에 대해 이야기할 것이다.

트럼프주의, 트럼프 1기 시대의 사고방식

트럼프 2기 시대를 이야기하기에 앞서 트럼프 1기 시대를 먼저 되돌아보고자 한다. 미국 역사에서 재선에 실패한 대통령이 4년 뒤 다시 대선에 도전하여 대통령에 당선된 것은 제22대, 제24대 대통령이었던 그로버 클리블랜드Grover Cleveland를 제외하고 트럼프가 유일하다.[1] 트럼프 2기 행정부 시대에는 분명히 트럼프 1기 행정부 시대와 연속되는 정책도 있을 것이고, 달라지는 정책도 있을 것이다. 무엇이 연속되고 달라질 것인지 전망해보는 것은 동맹국인 한국의 입장에서 중요하다. 그래야 그에 따른 대응책을 미리 모색할 수 있기 때문이다.

2017년에 시작된 트럼프 1기 행정부는 미국의 오랜 동맹국인 나토를 공개적으로 비판하고, 때로는 푸틴이나 김정은과 같은 독재 지도자들과의 친분을 강조했으며, 이란과의 핵 합의JCPOA, Joint Comprehensive Plan of Action 같은 기존 조약에서 일방적으로 탈퇴하는 등의 파격적인 대외정책을 펼쳤다. 트럼프의 이러한 정책 기조는 '미국 우선주의America First'를 핵심으로 하는 '트럼프주의Trumpism'로 불리게 되었다.[2]

사실, 트럼프주의는 단순히 대외정책에 국한되지 않고 여러 정책 영역에서 드러난 트럼프 대통령의 독특한 접근방식을 지칭한다. 이 중 대외정책에 있어 트럼프주의는 자제주의Restraint와 역외균형Off-shore Balancing, 그리고 기존의 세력균형 대전략을 결합한 현실주의적 국가안보 접근법으로 정의할 수 있다.[3] 트럼프주의에 기반한 이 국가안보 접근법은 미국의 이익을 최우선으로 두고 패권을 유지하는 것을 목표로 하며, 이를 위해 트럼프 대통령은 동맹국들에게 방위비 분담을 요구하고 북미자유무역협정NAFTA, North America Free Trade Agreement와 같은 무역 협정 재협상 등을 통해 미국의 경제적 이익을 최대화하고자 했다.

트럼프주의는 기존 자유주의 국제 질서와 달리 각 지역의 세력균형을 중시했다. 자유주의 국제 질서는 미국이 주도하는 다자주의와 무역 질서를 통해 안정을 달성하는 것을 추구하지만, 트럼프주의는 지역 국가 간 군사적 상호 견제를 통한 균형 유지 방식을 선호했다. 예를 들어, 2018년 시리아 철군 결정은 미국의 직접 개입을 줄이고 지역 국가들이 상호 견제를 통해 균형을 이루도록 한 대표적인 사례이다. 이와 비슷하게, 이스라엘과 아랍 국가 간의 관계 개선 또한 트럼프주의의 세력균형 전략을 잘 보여준다. 2020년 아브라함 협정Abraham Accords을 통해 이스라엘과 아랍에미리트, 바레인 등이 관계를 정상화하면서 이란 견제를 위한 자율적 연대가 형성되었다.[4]

그렇다고 트럼프주의가 미국의 역할을 완전히 축소하거나 배제하는 고립주의 전략은 아니다. 트럼프주의는 미국의 핵심 이익과 패권 유지를 위협하는 세력에 대해서는 힘의 우위를 앞세워 직접 대응하는 방식을 취한다. 대표적으로, 이 책의 제6장과 제7장에서 논의한 대중국 봉쇄 전략이 이러한 대응의 사례이다. 따라서 트럼프주의는 기존 대전략의 완전한 탈피라기보다는, 미국 패권을 유지하기 위해 미국의 경제적·군사적 이익을 우선시하면서도 국제적 영향력과 개입을 조절함으로써 미국의 국력 손실을 최소화하려는 목적을 담고 있다.

트럼프주의는 탈냉전기 동안 강조되온 미국의 대전략, 즉 '자유주의 패권Liberal Hegemony'에 대한 반발로 등장한 성격이 강하다. 이미 그레이엄 앨리슨Graham Allison[5], 존 미어샤이머John J. Mearsheimer[6], 스티븐 월트Stephen Walt[7] 등 주요 미국 전략가들은 트럼프주의와 같은 미국 중심의 현실주의 세력균형 전략이 복귀할 것이라고 예상했다.[8] 이들은 자유주의 국제질서가 냉전기 체제 경쟁과 탈냉전기 미국의 압도적 우위라는 특수한 역사적 조건에서만 지속될 수 있었던 예외적 질서라고 보며, 현재의 질서 위기는 예외 상태에서 정상 상태로 돌아가는 과정에 불과하다고 주장한다.

이러한 현실주의적 비판은 트럼프주의의 세력균형 전략이 단순히 트럼프 개인의 특이성에서 비롯된 것이 아니라, 미국의 장기적 패권 전략과 밀접히 연관되어 있음을 보여준다. 실제로, 바이든 행정부도 트럼프 행정부의 대중국 강경 노선을 계승하면서 정책적 연속성을 보여주기도 했다. 따라서 트럼프주의적 경향은 바이든 행정부에서도 일부 지속되었으며, 트럼프 2기 행정부 시대 이후에도 상당 기간 이어질 가능성이 크다.

동맹국에게 비용을 진가하고 미국은 필요한 곳에만 집중한다는 트럼프주의의 부상은 미국 경제와 정치 상황의 변화와 밀접한 관련이 있다. 특히, 세계화와 제조업 쇠퇴, 이민 문제가 트럼프주의가 부상하는 데 한몫했다. 미국 제조업의 오랜 쇠퇴는 미국 중동부 러스트 벨트Rust Belt 지역의 경제 침체와 높은 실업률을 초래했다. 세계화의 부정적 영향을 정면을 맞은 것이다. 이러한 경제적 어려움은 세계화에 대한 반감으로 이어졌으며, 이는 궁극적으로 미국 우선주의와 미국 민족주의를 불러일으켰다. 이러한 배경에서 트럼프 대통령은 이민 제한과 국내 산업 보호를 주장하며 지지층으로부터 폭넓은 공감을 얻었다.

또한 트럼프주의의 배경에는 아프가니스탄과 이라크 전쟁이 남긴 막대한 정부 부채와 그로 인한 재정 부담이 자리하고 있다. 앞 장에서 언급했던 브라운 대학교 전쟁비용프로젝트Cost of War Project에 따르면, 이들 전쟁의 비용은 약 8조 달러에 달해 국가 부채의 급증을 초래했는데, 이는 제2차 세계대전 이후 최대 규모이다.[9] 특히 코로나 이후에도 부채는 계속 증가해 현재는 1년에 4조 달러(약 5,600조 원)씩 정부 부채가 늘고 있다.[10] 이처럼 증가한 부채는 미국 사회의 여러 곳에 문제를 낳고 있다. 가장 큰 피해를 받는 것은 아무래도 저소득층이다. 늘어난 부채로 인해 사회간접시설과 복지·교육·보건 정책이 타격을 받기 때문이다.

이러한 불균형한 현실은 트럼프의 표적이 되었고, 트럼프가 국민의 공감과 지지를 얻는 데 큰 원동력이 되었다. 예를 들어, 2016년 공화당 대선후보 수락연설에서 트럼프는 "미국의 도로와 다리는 무너지고 있으며, 공항은 제3세계 수준이고, 4,300만 명의 미국인이 식량 배급에 의존하고 있다"고 말했다.[11] 2017년 대통령 취임사에서는 미국이 "공장들이 버려지고 경제가 고통 속에 있으며, 범죄가 증가하는 생지옥이 되었다"고 말했다.[12]

이 책에서 거듭 강조했듯이, 국내 경제와 정치 상황은 미국의 국가안보 전략에 지대한 영향을 미쳐왔다. 트럼프주의 역시 이러한 국내적 변화 속에서 등장했다. 따라서 트럼프주의는 단순히 트럼프 개인의 사상이 아니라, 세계화와 제조업 쇠퇴로 인한 경제적 좌절감과 전쟁으로 급증한 국가 부채에 대한 불안이 복합적으로 작용하여 나타난 국민적 반응이라고 할 수 있다.

트럼프 2기 행정부 시대에 더욱 정교해진 트럼프주의, 축소 전략으로 돌아오다

트럼프 2기 행정부의 국가안보 전략은 트럼프 1기 행정부 시기의 트럼프주의와 기본 방향은 같을 것으로 보이나, 지난 4년간의 공백을 지나면서 더욱 정교해졌을 것으로 보인다. 필자는 이러한 트럼프 2기 행정부의 국가안보 전략을 '축소 전략Retrenchment Strategy'으로 명명하고 싶다. 미국의 대전략가 찰스 쿱찬Charles Kupchan은 이 '축소 전략'을 '미국의 해외 개입을 신중히 줄이고 동맹국에게 더 많은 책임을 부여하며, 국내 문제에 집중하는 전략'으로 설명한다.[13]

구체적으로 축소 전략은 미국이 전 세계에 대한 과도한 군사개입으로 인해 전략적·경제적 부담을 느끼고 있는 상황에서, 미국의 안전와 번영에 직접적으로 영향을 미치는 분야에 우선순위를 두는 전략을 의미한다. 따라서 미국의 패권에 대한 최우선 위협에 집중하고, 동맹국들이 지역 안보에서 더 많은 역할을 맡도록 장려하는 방향으로 설계되어 있다. 이를 통해 미국은 자원을 효율적으로 배분하고, 국내 문제 해결에 더욱 집중할 수 있게 된다.

이러한 축소 전략은 새로운 대전략이라기보다는 기존의 세력균형 전략의 수행 방법을 구체화한 것이다. 실제로 닉슨 행정부 시기에도 이와 유사한 전략이 시행되었다. 1970년대 초 닉슨 행정부는 베트남 전쟁으로 인한 과도한 비용과 경제적 위기를 타개하기 위해 '닉슨 독트린'을 발표했으며, 그 핵심은 동맹국들이 자국 방위의 우선적 책임을 지도록 하는 것이었다. 이는 미국이 지나친 개입을 자제하면서도 동맹국들의 문제와 국내 문제를 동시에 관리할 수 있는 방안을 마련하고자 한 것이었다(제3장을 참고할 것).

트럼프의 축소 전략은 공화당의 주요 정책과 트럼프의 대선 공약에서도 잘 드러난다. 예를 들어, 헤리티지 재단Heritage Foundation이 주도한 「프로젝트 2025Project 2025」는 차기 보수 정부의 국정 과제를 담은 보고서로, 미국의 해외 개입을 줄이고 국내 문제 해결에 집중하기 위해 동맹국들의 방위 기여를 강조하고 있다.[14] 이 보고서에는 유럽 지역에서는 미국이 핵 억제력을 맡는 대신 나토 동맹국들이 재래식 전력에 대한 기여를 확대하는 역할을 담당하도록 유도하고, 인도·태평양 지역에서는 일본과 호주 등의 동맹국이 지역 안보에서 더욱 주도적인 역할을 담당하도록 유도해야 한다고 되어 있다. 특히 한반도에서는 한국이 북한에 대한 재래식 방어를 주도하도록 유도해야 한다고 되어 있는데, 이는 모두 미국의 부담을 줄이기 위한 의도로 해석할 수 있다.

주의할 점은 이러한 축소 전략이 미국 군사력의 감축을 의미하는 것은 아니라는 것이다. 트럼프는 오히려 강력한 군사력 구축을 통해 힘에 의한 평화를 지키겠다고 선언한다. 예를 들어, 트럼프 대통령의 공약집 「어젠다 47Agenda 47」은 군사력 현대화와 방위산업 강화 방안을 담고 있다.[15] 특히 트럼프는 미국 핵전력의 대대적인 증강을 통해 미국의 억제력을 높이는 데 집중한다. 이를 통해 도전국들에 대한 미국의 전략적 우위를 유지하려 하고 있다. 또한, 미국 본토와 동맹국들을 겨냥한 위협에 대비해 미사일 방어체계를 강화하는 목표를 가지고 있다.

특히, 트럼프 2기 행정부 시기에도 미국의 군사력은 여전히 중국 견제에 초점을 맞출 것이다. 제6장에서 논의했듯이 트럼프 1기 행정부 이후인 2020년부터 중국은 군사력, 특히 핵전력을 강화했으며 이제는 미국의 핵 패권을 넘보는 대등한 도전자가 되어가고 있다. 이에 따라 트럼프 진영의 외교·안보 전략가들은 중국과 대만 문제를 최우선 과제로 삼고 있다. 예를 들어, 헤리티지 재단의 「프로젝트 2025」에서는 중국의 부상을 견제하고 선제적으로 차단하는 것이 미국 국가안보 전략의 최우선 과제라고 언급하면서 그 중심에 대만 문제가 있다고 강조한다.[16] 이와 더불어 트럼프의 「어젠다 47」에서도 중국을 핵심 위협으로 지목하며 군사, 경제, 외교, 기술 등 모든 분야에서 전방위적인 대응을 계획하고 있다.[17]

따라서 트럼프 2기에도 동아시아 확장억제 구조는 이 책의 제6장에서 설명한 '이중 구조'를 유지할 것이다. 즉, 중국을 대상으로 한 '패권 억제'와 지역 적대국을 대상으로 한 '지역 억제'로 나뉘는 구조가 지속될 것으로 보인다. 그러나 이번에는 트럼프 1기 행정부 때나 바이든 행정부 때보다도 더 명확하게, 미국은 패권 억제에 집중하고 지역 억제는 동맹국들이 담당하도록 역할 분담이 이루어질 것이다. 이렇게 전망하는 이유 중 하나는 트럼프 1기 행정부 때보다 미국의 정부 부채가 기하급수적으로 증가했고, 미국이 지역 위협에 일일이 대응할 재정적 여유가 없다는 데 있다. 예컨대, 트럼프 1기 행정부가 시작된 2017년 초 미국 정부 부채는 약 10조 달러였지만, 2024년 11월에는 약 35조 5,000억 달러로 3.5배 증가했다. 더욱이 이제는 정부 부채로 인해 지불하는 이자가 미국 국방비를 넘어서기에 이르렀다(〈그림 9-1〉 참조).

그러나 이러한 흐름 속에서도 여전히 미국은 중국을 제1위협으로 인식하고, 한국은 북한을 제1위협으로 인식한다. 제8장에서 논의한 바와 같이 한미 간의 이러한 위협 인식의 차이는 한미동맹의 결속력을 약화하는 요소가 될 수 있다. 이러한 상황이 우리에게 위기인 것만은 확실하지만, 우리의 적극적이고 현명한 대응에 따라 우리는 이 위기를 역으로 기회로 만들 수 있다. 특히 미국의 입장에서 한국의 전략적 가치와

〈그림 9-1〉 미국 연방정부 부채 이자의 추이와 미국 국방비

2024년부터 미국 연방정부의 부채 이자가 미국 국방비를 추월하기 시작했다. 앞으로 추가적인 미국 국채의 발행은 달러의 가치를 위협할 것이고, 이는 미국 연방정부가 과거처럼 무작정 지출을 늘리는 정책을 사용하기 어려울 것임을 의미한다. 따라서 미국의 국가안보전략도 점차 재정적 압력에 직면할 것이며, 과거처럼 모든 지역 위협에 대응하는 방식을 더는 추구하기 어려울 것으로 보인다. 〈출처 : 미 연방준비은행 경제 데이터, FRED〉

역할은 과거보다 훨씬 더 커졌으며, 미국의 한국에 대한 의존도도 높아진 만큼, 한국이 어떤 대응을 하느냐에 따라 미국의 지원을 이끌어낼 가능성 역시 크다고 할 수 있다.

●

트럼프 2기 행정부의 한반도 정책, 어떻게 달라질까

그렇다면 트럼프 2기 행정부의 한반도 정책은 어떻게 달라질까? 여기에서는 트럼프 2기 행정부의 한반도 정책을 한미동맹 정책과 대북 정책으로 나누어 살펴보겠다.

한미동맹 정책, 한국의 역할 강화와 주한미군의 주 임무 변화, 그리고 방위비 분담금 증액

트럼프 대통령이 다시 돌아오자, 일각에서는 한국이 미국이 요구하는 막대한 방위비 분담금을 부담하지 않을 경우 트럼프 대통령이 주한미군을 철수시키고 한미동맹을 파기할 수도 있다는 우려를 하고 있다. 트럼프 대통령이 언론에서 한국에 대해 언급할 때마다 "한국은 부자 나라인데 왜 미국이 지켜야 하느냐"라고 하면서 한국이 방위비 분담금을 충분히 내지 않으면 주한미군을 철수하겠다고 압박했기 때문이다.[18]

이러한 방위비 분담금 증액 및 역할 분담 요구는 트럼프 1기 행정부 이후 바이든 행정부가 집권했던 2021년부터 2024년까지 4년 동안 트럼프와 그의 참모들이 지속적으로 제기했다.

트럼프와 그의 참모들이 지속적으로 제기한 내용은 크게 세 가지로 나눌 수 있다. 첫째, 한반도 방위에서 한국의 역할 강화이다. 예를 들어, 트럼프 1기 행정부의 국방장관 대행이었던 크리스토퍼 밀러Christopher Miller는 한반도 방위는 한국이 전적으로 맡아야 한다는 의견을 제시하며,[19] "한국이 여전히 2만 8,500명의 주한미군을 필요로 하는지, 아니면 변화가 필요한지 솔직히 논의할 시점이 되었다"고 언급했다.[20] 밀러뿐만 아니라 트럼프 1기 행정부의 국가안보보좌관을 지낸 트럼프의 최측근 로버트 오브라이언Robert O'Brien도 이런 견해를 가지고 있다. 오브라이언은《동아일보》와의 인터뷰에서 이와 유사한 입장을 표명했다.

한국이 한미동맹을 위해 할 수 있는 일이 지금보다 많을 것이다. 미군 병력과 항공기, 함정에 지나치게 의존할 필요가 없을 수 있고, 이러한 전력은 중국을 더 억지하는 방식으로 분산될 수 있다.[21]

둘째, 주한미군의 전략적 유연성을 높여 중국 견제를 주요 임무로 삼으려는 것이다. 일부에서는 트럼프 대통령이 1기 행정부 때 주한미군 철수를 언급한 점에 비춰, 2기 행정부 때도 주한미군 철수를 추진할 가능성이 있다고 본다. 하지만 2023년 이후 동아시아의 전략적 환경은 2017년과 완전히 달라졌다. 중국은 군사적 · 경제적으로 더욱 강력해졌고, 패권을 목표로 하는 움직임이 분명해졌다. 주한미군은 이러한 중국을 견제하는 데 유리한 위치에 있으며, 한반도라는 지정학적 요충지에 자리하고 있어 트럼프 대통령이 1기 행정부 때처럼 주한미군 철수를 주장하기는 어려울 것이다.

트럼프 2기 행정부는 주한미군의 전략적 유연성을 높임으로써 동아시아에서 미군 전력 운용의 효율성을 극대화하고자 할 것으로 보인다. 이러한 맥락에서 트럼프 1기 행정부의 국방부 부차관보를 지낸 엘브리지 콜비Elbridge Colby는 다음과 같이 말했다.

북한을 상대로 자국을 방어하는 데 있어 한국이 주된, 압도적인

책임을 져야 한다. 주한미군의 주 임무는 중국 억제로 전환해야 한다. 더 이상 한반도에 미군을 인질로 붙잡아둬서는 안 된다.[22]

셋째, 한국의 방위비 분담금 부담을 대폭 확대하려는 시도이다. 트럼프 대통령이 1기 행정부 때 방위비 분담금으로 50억 달러를 요구했을 때도 한국 내에서는 비현실적인 주장이라는 반응이 많았으나, 현재는 이보다 2배가 넘는 100억 달러를 요구하고 있다. 방위비 분담금 증액은 트럼프 행정부의 핵심 정책 중 하나로, 트럼프 측 인사들도 이를 강력히 지지하고 있어 한국이 이를 방어해내기 어려울 것으로 보인다. 심지어 밀러 전 국방장관 대행은 방위비 분담을 "미국 국방 전략의 핵심 부분으로 삼아야 한다"고 언급하기까지 했다.[23]

이 세 가지 사항들은 본문에서 언급된 전략가들 외에도 여러 트럼프 행정부 외교·안보 참모들도 공통적으로 언급했다. 특히 이들이 이러한 의견을 밝힌 시기가 트럼프 진영 내에서 정책 방향이 어느 정도 확정된 이후였기 때문에 이를 개인적 견해라기보다는 트럼프 외교·안보 전략팀의 정책 방향으로 보는 것이 타당하다.

한편, 트럼프의 외교·안보 참모들 사이에서 한국이 중국 견제에 직접 참여하라고 요구하는 목소리는 상대적으로 작다. 이는 중국 견제에 참여가 어려운 한국의 입장을 고려한 것으로 보인다. 이와 더불어 트럼프 행정부의 국가안보 전략적 관점에서 이에 대한 또 다른 이유를 설명하면, 트럼프 행정부가 중국과 같은 주요 위협에는 미국이 힘을 바탕으로 직접 대응하고, 지역적 안보 위협에 대해서는 동맹국들이 주도적으로 대응하도록 요구하기 때문이다. 즉, 트럼프 행정부는 동맹국의 임무와 비용 분담을 중요하게 여긴다. 이러한 접근은 트럼프 행정부와 바이든 행정부의 큰 차이점 중 하나이기도 하다. 바이든 행정부는 동맹국들과의 역할을 통합하는 방향을 선호했고, 임무와 비용의 분담보다는 긴밀한 협력 체계를 강조했다.

미국의 대북 정책,
적극적인 포용을 통해 중국을 압박할 수도

트럼프 1기 행정부의 대북 정책은 그야말로 지옥과 천당을 오가는 수준이었다. 트럼프가 대통령에 취임하던 2017년 전임 대통령이었던 버락 오바마는 업무 인수인계를 하면서 북한의 핵미사일 프로그램이 가장 시급한 안보 현안이 될 것이라고 했다. 이후 트럼프 대통령은 집권 직후부터 북한에 대해 '최대 압박Maximum Pressure' 정책을 펴기 시작했다. 《워싱턴 포스트》의 특종기자인 밥 우드워드Bob Woodward의 책에 따르면, 중앙정보국CIA의 북한미션센터North Korea Mission Center를 통해 북한에 대한 비밀 전복작전을 추진하기도 했다고 한다.[24]

이후 북한이 핵실험과 ICBM 실험을 감행하자, 트럼프 정부는 유례없이 3척의 핵항공모함을 동시에 한반도에 전개하여 북한을 압박했고, F-22와 F-35B 스텔스 전투기, B-52 전략폭격기 등을 급파하기도 했다. 더 나아가 2017년 5월 하순에는 비밀 전쟁계획도 수립하며 주한미군 가족 철수도 고려했었다고 한다.[25]

트럼프 대통령의 강력한 압박과 무력시위가 이어지자, 2018년 1월 김정은은 신년사를 통해 대화를 제안했고, 그해 2월 김정은의 여동생 김여정이 평창올림픽에 참석하면서 대화의 문이 열리기 시작했다. 이후 트럼프와 김정은은 싱가포르, 하노이, 판문점에서 세 차례 정상회담을 가졌다. 비록 북한 비핵화 합의에는 이르지는 못했으나 미국 대통령이 북한의 지도자를 만난 것은 전례 없는 사건이었다.

그러나 트럼프 2기 행정부에 들어서 북한과의 극적인 담판이 조만간 에 이루어질 가능성은 낮아 보인다. 이는 북한 문제 외에도 트럼프 행정부가 시급히 해결해야 할 국제 현안들이 너무 많기 때문이다. 트럼프는 2022년 2월부터 진행 중인 러시아-우크라이나 전쟁을 종식시키겠다고 공언한 만큼, 이 문제 해결이 최우선 과제가 될 것이다. 또한 트럼프는 중국산 제품에 대한 관세를 60%로 인상하여 2차 무역전쟁을 준비하겠다고 한 만큼, 이에 대한 구체적 전략도 수립해야 한다. 이스라엘과 이란의 분쟁을 중재하는 것 또한 중요한 과제 중 하나이다.

북한에 대한 트럼프 행정부의 관심이 떨어진다면, 북한은 트럼프의 시선을 끌기 위해 핵실험이나 ICBM 발사 같은 고강도 도발을 감행할 가능성도 있다. 실제로 북한은 2024년 10월 한미안보협의회의SCM 직후 ICBM을 발사하는가 하면, 11월 5일 미국 대선 시작 직전에 탄도미사일을 동해상으로 발사함으로써 앞으로도 앞으로도 다양한 도발을 감행할 준비가 되어 있음을 시사했다. 그러나 미국의 패권에 영향을 줄 주요 현안들이 산적한 상황에서 북한의 핵실험이 얼마나 큰 주목을 받을지는 불확실하다. 북한의 핵실험이 미국의 정책 우선순위에서 북한 문제의 순위를 다소 높일 수는 있겠지만, 러시아-우크라이나 전쟁이나 중국과의 무역전쟁을 제치고 최우선 이슈가 되기는 어려울 것이다.

그렇다고 미국이 북한 문제를 완전히 외면할 가능성은 크지 않다. 다만, 미국의 최대 관심사는 중국과의 패권 경쟁에 있으며, 북한 문제는 이와 연관될 때 주요 정책으로 부상할 가능성이 크다. 예를 들어, 중국과의 대화가 막힐 때 북한 문제를 계기로 협의의 기회를 마련하는 것은 미국이 전통적으로 사용해온 접근 방식이다. 나아가 중국과의 패권 경쟁이 격화되면 중국을 견제하기 위해 북한과 관계를 개선하는 소위 '갈라치기 전략'을 활용할 수도 있다. 과거 미국이 북한과의 관계 개선을 시도할 때마다 중국이 민감하게 반응했던 점을 고려할 때, 이 전략은 실효성이 있을 수 있다.

또 다른 가능성으로는, 여러 외교 현안이 교착 상태에 빠졌을 때 극적인 장면을 연출하기 위해 북한과 담판을 시도하는 것이다. 일각에서는 트럼프가 김정은과 다시 만나는 것이 한국에 유리할 것이라고 보기도 하지만, 필자의 견해는 다르다. 트럼프는 1기 행정부 당시 이미 북한의 완전한 비핵화가 어렵다는 점을 인식했다. 따라서 미국과 북한이 다시 만난다면 이는 완전한 비핵화보다는 다른 타협점을 찾기 위한 것일 가능성이 높다. 가장 가능성 높은 시나리오는 트럼프가 북한의 핵보유를 어느 정도 용인하면서 북한이 더 이상 ICBM 실험을 하지 않고, 영변을 포함한 일부 핵시설에 대한 국제사회의 사찰을 허용하는 합의가 이루어지는 것이다. 실제로 트럼프는 "많은 핵을 가진 누군가와 잘 지내면 좋은 일"이라고 언급하며 자신의 성과로 "북한의 미사일 프로그램을 중단시켰다"고 자평한 바 있다.[26] 트럼프와 김정은이 다시 만난다면 이러한 완화된 조건에서 담판이 이루어질 가능성이 크다. 요컨대, 트럼프 2기 행정부에서 북한 문제는 완전한 비핵화보다는 실질적 타협과 미국의 대중국 전략을 뒷받침하는 카드로 활용될 가능성이 크다.

빅딜의 시대,
위기를 기회로 만들기 위해
우리는 어떻게 대응해야 하는가

위기와 기회가 공존하는 트럼프 2기 시대에 우리는 어떻게 위험을 최소화하고 국가이익을 극대화할 수 있을까? 먼저 대응 방안을 제시하기에 앞서 이 책을 통해 지금까지 얻은 세 가지 교훈을 정리하고자 한다.

• 첫째, 한국에 대한 미국의 지정학적·산업적·정치적 이익은 꾸준히 증가하고 있으며, 한국은 막대한 방위비를 분담하고 있다. 이 점을 지렛대로 활용하면, 미국이 더 큰 위험을 감수하도록 요구할 여지가 생긴다. 이는 곧 한국이 원하는 시기와 장소에서 자국의 국익을 자율적으로 추구할 수 있는 기회가 될 수 있다.

• 둘째, 북한의 핵 위협은 기존의 재래식 무기로는 대응하기 어려운 수준에 도달했다. 특히 2024년에 러시아와 방위조약을 맺은 북한이 러시아-우크라이나 전쟁에 참전하면서 이에 대한 대가로 러시아의 핵 및 미사일 기술이 북한에 제공될 가능성이 높아졌다. 또한 한반도에서 분쟁이 발생할 경우 러시아의 개입 가능성도 생겼다. 이는 북한의 핵 위협이 한층 더 강화될 수 있음을 시사한다.

• 셋째, 미국은 중국의 패권적 도전을 억제하는 것을 국가안보전략의 최우선 순위로 삼고 있으며, 그 초점을 대만에 두고 있다. 동시에 동맹국의 안보는 동맹국 스스로가 책임지기를 요구하고 있다. 이러한 흐름은 트럼프 2기에서 더욱 두드러질 것이며, 앞으로도 이어질 가능성이 크다.

이러한 교훈을 바탕으로 이 책은 몇 가지 주요 쟁점에 대한 필자의 의견을 제시하고자 한다.

방위비 분담금 이슈

가장 먼저 주목해야 할 이슈는 방위비 분담금 문제이다. 2024년 10월에 트럼프 대통령이 한국이 100억 달러(약 14조 원)의 방위비 분담금을 내야 한다고 한 것은 한국이 받아들이기 어려운 요구이다. 현재 한국은 이미 1조 3,000억 원 이상을 부담하고 있으며, 2026년에는 이 금액이 1조 5,000억 원 이상으로 증액될 예정이다.[27] 한국이 현재 분담하고 있는 금액은 주한미군 주둔 비용의 절반을 넘어서는 수준이다. 만약 트럼프 대통령의 주장대로 한국이 매년 100억 달러를 지불한다면, 이는 주둔비용의 4배를 한국이 부담하게 되는 셈이다. 이러한 구조는 자칫 주한미군을 금전적 이득을 위해 파병된 군대처럼 보이게 하여, 그 존재 가치를 스스로 훼손하는 결과를 낳을 수 있다. 따라서 트럼프 대통령이 분담금 증액을 언급했을 때, 미국 전략국제문제연구소CSIS, Center for Strategic and International Studies 소장인 존 햄리John Hamre는 주한미군이 용병이 아니라는 점을 강조하며 이 문제를 지적하기도 했다.[28]

이와 더불어, 연간 약 60조 원의 국방비를 가지고 50만 국군을 유지하는 한국의 입장에서, 국방비의 25%에 해당하는 금액을 3만 명이 안 되는 주한미군을 위해 지불하라는 요구는 우리 국민이 납득하기 어려울 것이다. 만약 트럼프의 100억 달러 분담금 요구가 현실화된다면, 한국의 안보 자립을 주장하는 국민의 목소리가 매우 커질 것이다. 더 나아가 장기적으로는 국방비의 4분의 1를 방위비 분담금으로 지불하고 나면, 국방비가 줄어들어 한국군의 전력 약화를 초래할 수 있으며, 결국 이는 미국에 더 큰 부담으로 작용할 수 있다.

그러나 문제는 방위비 분담금 증액 이슈에 트럼프 대통령이 너무 많은 기대를 걸고 있다는 것이다. 실제로 이 이슈에 대한 트럼프 대통령의 의지는 확고하다. 트럼프 대통령은 2021년 11월 피터 베이커Peter

Baker《뉴욕 타임즈》 취재팀장과의 인터뷰에서 대통령 1기 4년을 회고하며 "한국으로부터 방위비 분담금 50억 달러(당시 트럼프의 요구액)를 받아내지 못한 것이 가장 유감스럽다"라고 말했다.[29] 이후 대선 선거 기간에도 한국과의 방위비 분담금 이슈는 주요 쟁점이었다.

한국이 분담할 수 있는 방위비 분담금의 상한선은 주한미군 주둔비용 전체인 약 3조 원 수준이다. 따라서 모든 협상은 이 금액 이하에서 합의가 이루어져야 한다. 이를 통해 트럼프 대통령의 체면을 세우면서도 한국의 실익을 확보해야 한다. 특히, 이 책의 전반에서 이야기했듯이, 한미동맹은 미국이 한국을 일방적으로 지원하는 관계가 아니라, 양국이 안보와 전략적 이익을 위해 협력하는 상호 호혜적 동맹이라는 점을 강조할 필요가 있다. 주한미군은 한국의 안보를 지킴과 동시에 미국이 아시아 지역에서 영향력을 유지하는 데 중요한 역할을 하고 있다. 따라서 한국이 미국과의 동맹을 필요로 하는 만큼, 미국도 한미동맹을 필요로 하는데, 한쪽만 모든 부담을 짊어진다는 것은 정당하지 않다.

만약 방위비 분담금이 대폭 증액된다면, 그 조건으로 미국의 북핵 위협 대응 강화 조치를 반드시 포함시켜야 한다. 북한 핵 위협이 한국 안보에 가장 중요한 문제이며, 방위비를 증액하더라도 확실한 북핵 대응 방안을 약속받을 수 있다면 이는 한국의 안보 목표에 부합하기 때문이다. 특히 방위비 분담금 증액의 조건으로 미국과의 전술핵 공유를 요구해야 한다. 이는 북한 핵 위협에 대한 효과적인 대응 수단이 될 수 있다. 유럽의 사례를 보면, 나토는 미국과 전술핵을 공유하고 있으며, 이를 기반으로 나토 최고사령부에서 핵무기에 관한 공동 기획을 진행한다. 또한 나토의 유럽 동맹국들은 독일 전투기에 미국의 핵무기를 탑재하는 방식으로 핵무기를 운용한다. 한국의 경우에 적용하면, 한미연합사령부에서 핵무기에 관한 기획을 한국과 미국이 함께 수행하고, 한국의 F-35와 같은 최신 전투기에 미국의 핵무기를 탑재하는 방식을 고려해볼 수 있다. 물론 핵무기 사용 권한은 전적으로 미국 대통령에게 있지만, 동맹국들과의 공동 기획만으로도 핵 보복에 대한 신뢰성이 현재보다 훨씬 높아져 북한에 대해 강력한 억제 메시지를 보낼 수 있다.

더욱이 북한의 핵 위협이 고도화되면서 한국을 비롯한 일본 등 아시아 동맹국에 대한 확장억제를 강화하기 위한 방안으로 미국 내에서 동아시아 지역에 대한 전술핵 재배치나 핵 공유에 대한 지지가 상당히 높아지고 있다. 예를 들어, 로저 위커Roger Wicker 공화당 상원의원은 북한과 러시아의 동맹 체결과 관련하여 "(미국의) 동맹국인 한국, 일본, 호주와 핵 공유 협정을 논의해야 한다"고 수차례 주장했다.[30] 이와 같은 맥락에서 공화당의 제임스 리시James Risch 상원의원도 중국과 북한, 러시아에 대한 확장억제력을 강화하기 위해 동아시아에 핵무기를 재배치하는 옵션을 모색해야 하며, 미국은 핵태세를 이에 맞추어 조정해야 한다고 말했다.[31] 이에 더해 헤리티지 재단Heritage Foundation과 같은 미국의 보수 싱크탱크를 비롯한 여러 안보 전문가도 미국의 전술핵 재배치와 핵 공유가 필요한 시점이라고 보고 있다.

따라서 '워싱턴 선언'을 통해 구축한 전략적 협의 체계를 기반으로 미국이 전술핵을 한국과 공유하고, 공동으로 핵 기획을 수행한다면 이는 북한에 대한 억제력을 강화하는 중요한 조치가 될 것이다. 이때 미국의 전술핵을 한국과 공유하는 방안으로는 몇 가지 선택지가 있다. 첫째, 한국에 미국 전술핵을 보관할 핵 무기고Nuclear Vault를 평시에 설치하고 전시에는 이를 배치하는 방안, 둘째, 한반도 인근 지역에 한미동맹에 할당된 전술핵을 배치하고 평시에도 한미가 공동으로 핵 기획 및 운용을 준비하는 방안, 셋째, 평시부터 미국의 전술핵을 한반도에 배치하는 방안을 고려할 수 있다. 이러한 핵 공유는 미국이 중국 위협에 집중하면서 한반도 안보는 한국이 주도할 것을 요구하는 상황에서 북한 핵 위협에 대한 보다 확실한 대비책이 될 것이다.

자주국방력을 강화해야 한다

70년이 넘는 한미동맹의 역사를 통틀어 미국의 시각에서 주한미군에 대한 우려는 크게 두 가지였다. 첫째는 한반도가 소련이나 중국과 같은 위협으로부터 지리적으로 가깝기에, 유사시 주한미군이 고립되고 볼모로 잡힐 수 있다는 것이다. 실제로 이러한 우려 때문에 1949년 주한미군은 한반도에서 철수했다. 둘째는 주한미군이 북한의 공격을 방어하는 데에만 묶여 있다 보니 3만 명에 가까운 미군 병력을 효율적으로 사용하지 못한다는 것이다. 이러한 우려는 한반도 외의 다른 지역에서 현저한 위협이 등장할 때 더 커지는 경향이 있었다.

트럼프의 외교·안보 전문가들 사이에서도 이와 똑같은 우려가 존재한다. 즉, "미군 전력 다수가 한국에 있으면 중국과도 너무 가까워 엄청난 선제공격을 당할 수 있다"는 인식과 "주한미군이 북한 억제는 물론 중국 저지에 핵심적인 존재여야 한다"는 인식이다.[32] 트럼프 1기와 2기의 중요한 차이는 1기에는 주한미군이 선제공격을 받을 수 있다는 인식을 바탕으로 주한미군을 철수해야 한다는 담론이 주를 이루었지만, 2기에는 주한미군의 역할을 확대해야 한다는 담론이 주를 이룬다는 것이다.

사실 주한미군의 규모와 역할을 조정하는 것은 지난 70년간 거의 미국의 의지대로 이루어졌다. 따라서 트럼프 정부가 주한미군의 역할을 한국에 국한하지 않고 동북아 지역으로 확대하겠다고 밀어붙인다면, 한국이 반대한다고 하더라도 미국의 뜻대로 이루어질 가능성이 크다.

그러나 주한미군이 중국의 위협에 대응하는 역할을 한다는 것은 한국 안보에 매우 중대한 영향을 미친다는 것을 유념해야 한다. 한국이 중국 문제에 연루될 위험을 높이기 때문이다. 이러한 연루 위험은 두 가지 상황으로 나누어 생각해볼 수 있다. 첫 번째는 중국과 대만 분쟁이 발생할 시에 주한미군이 연관되고, 한국도 의도치 않게 얽혀들어갈 가능성이다. 이 경우에는 그나마 한국이 상황을 관리할 여지가 있다. 한국이 중국과의 핫라인을 통해 대만 사태에 개입하지 않겠다는 뜻을 분명히 하고 중립적인 입장을 취할 수 있기 때문이다.

두 번째는 북한이 도발할 경우 여기에 적절한 대응을 해야 하는데, 주한미군이 중국과의 전략적 상황을 고려하여 한국의 대응을 제한하는 경우이다. 이러한 상황도 주한미군의 역할 확대로 인해 한국이 중국 문제에 연루된 것으로 볼 수 있다. 미국이 한국을 자신의 이익에 맞게 통제하려는 것은 지난 70년간 반복적으로 일어났기 때문에 우리에게 매우 익숙하다. 하지만 오늘날에는 핵을 가진 북한을 상대로 하기 때문에 과거와는 상황이 다르며, 우리의 국익에 맞게 대응할 수 있어야 한다. 만약 북한이 도발을 해도 한국이 제대로 대응을 못하리라고 판단한다면, 북한의 모험심을 더 키울 수 있다.

따라서 주한미군의 역할이 한반도를 넘어 확대된다면, 한국은 자율성을 높이는 자체 군사수단을 갖추어나가야 한다. 이를 통해 우리가 원하는 방법으로 국가안보와 국익을 달성할 수 있다. 자율성 제고의 중심에는 2024년 10월 창설된 전략사령부가 있다. 전략사령부는 현무 탄도미사일과 스텔스 전투기, 3,000톤급 잠수함 등 우리 군 전략 자산을 한국 합참의 지휘를 받아 독자적으로 지휘한다.[33] 문제는 현재 전략사령부의 규모와 능력으로는 한국의 국익을 추구하기 위한 군사 수단으로 역할을 하기에는 다소 한계가 있을 수 있다는 것이다. 따라서 전략사령부가 지휘하는 현무 미사일이나 스텔스 전투기에 더해 전략기동부대 등을 보강하여 군사령부 수준의 조직으로 강화하면 전략사령부가 한국 안보가 직면한 불확실성에 대비하는 핵심 군사 수단이 될 수 있을 것이다.

중국을 적으로 만들지 말라

최근 전문가들과 이야기를 하면 대중국 봉쇄에 적극적으로 참여하고, 중국을 적으로 돌리자는 주장이 너무 쉽게 나오기도 한다. 소위 안보도 경제도 미국과 연대하는, 즉 안미경미安美經美 주장이다. 그러나 한국의 입장에서 중국을 적으로 만드는 것은 매우 신중해야 한다. 한국은 중국과 경제와 안보 영역에서 긴밀하게 얽혀 있기 때문이다.

최근 한국의 대중국 의존도는 점점 감소하고 있다. 2021년 한국의 대중국 수출액은 약 1,629억 달러로 전체 수출의 25.3%를 차지했으나, 2023년에는 19.5%로 떨어져 2005년 이후 처음으로 20% 아래로 내려갔다.[34] 이는 한국 정부가 수출 시장을 다변화하기 위한 노력을 기울인 결과이자, 중국 경제 성장 둔화의 영향에 기인한 것이다. 이러한 변화는 한국의 협상력을 강화하고, 중국과의 관계에서 더 유리한 위치를 확보하는 데 기여하고 있다. 그러나 여전히 중국은 한국의 최대 수출 시장으로, 미국(18.3%), EU(10.8%), 일본(4.6%)과 비교할 때도 높은 비중을 차지하고 있어 일방적으로 관계를 단절할 수는 없는 상황이다.

안보 측면에서도 중국과의 협력은 필수적이다. 중국은 북핵 문제 해결에 중요한 역할을 하고 있으며, 2024년 3월 외교부는 북핵 문제 해결을 위해 중국의 건설적인 역할을 유도하겠다는 입장을 밝혔다.[35] 이는 북핵 문제 해결에 있어 중국과의 협력이 필수적임을 시사한다. 또한, 해상 보급로의 안정성 역시 한국 경제에 매우 중요하다. 중국과의 관계가 악화될 경우 해상 물류에 부정적 영향을 미칠 수 있으며, 이는 한국의 수출입에 직접적인 타격을 줄 수 있다.

이러한 상황을 종합하면, 한국이 중국과의 관계를 신중하게 관리해야 함이 분명하다. 경제적 이익과 안보를 균형 있게 고려하여 국익을 극대화할 수 있는 전략적 접근이 필요하다. 따라서 한국은 중국과의 관계를 관리함으로써 국익을 지키고 동맹의 실효성을 높이는 방향으로 나아가야 한다. 이를 위해 몇 가지 큰 방향을 제시하고자 한다.

첫째, 중국에 대한 경제의존도를 낮추는 것이 필요하다. 특히 지정학적 불확실성이 커지는 상황에서 지나치게 중국에 대한 경제의존도가 높은 상황은 전략적으로 유리하지 않다. 이를 위해 미국과의 경제 협력을 통해 첨단 기술, 반도체, 청정에너지 등 미래 산업에서 경쟁 우위를 점하고, 글로벌 공급망에서 안정적 위치를 확보해야 한다. 이러한 협력은 미국과의 동맹을 강화하는 데도 기여할 것이다. 또한, 아세안과 교류를 확대하는 것도 중국에 대한 의존도를 줄이고 중국과의 무역에서 유리한 협상 조건을 확보하는 방안이 될 수 있다.

둘째, 한국은 미국과 중국 사이에서 균형 외교를 유지해야 한다. 미중 패권 경쟁이 심화되는 상황에서 한국은 어느 한쪽에 치우치기보다는 균형 외교를 통해 양국의 협력을 이끌어내어 국익을 극대화해야 한다. 북핵 문제와 지역 안보에 대해서는 중국의 협력을 유도하는 한편, 미국과의 안보 협력을 통해 군사적 압박에 대응할 수 있는 이중 전략을 구사할 필요가 있다.

마지막으로, 미중 패권 경쟁의 장기화에 대비하여 한국은 경제와 안보 분야에서 자립적 역량을 강화해야 한다. 자국 내 기술 혁신과 산업 육성을 통해 경제적 자립 기반을 다지고, 독자적 외교 전략과 방위 능력을 점진적으로 강화함으로써 외부 의존도를 줄여야 한다. 이를 통해 한국은 미중 경쟁 속에서도 안정적 자립 기반을 유지하며 국익을 극대화할 수 있을 것이다.

핵무장의 가능성도 열어놓아라

일부 사람들은 트럼프 대통령이 과도한 방위비 분담금을 요구하는 상황에서 이를 수용하는 조건으로 한국이 독자 핵무장에 대한 승인을 얻어낼 수 있을 것이라고 생각한다. 이와 같은 주장은 나름의 근거가 있다. 트럼프 자신을 비롯해 행정부의 주요 전·현직 안보 전략가들이 한국의 핵무장 가능성에 긍정적인 신호를 보였기 때문이다. 예를 들어, 2017년 7월 트럼프는 미중 정상회담 시 시진핑 주석이 대북제재 무용론을 들고 나오자, 그럼 "일본과 한국, 그리고 다른 나라들이 자기들도 핵무기가 필요하다고 결론을 내리면 어떻게 되나?"라고 반문했고,[36] 그 이전인 2016년에는 "북한 핵이 큰 문제로, 한국과 일본이 핵을 갖고 스스로 방어에 나선다면 상황이 더 나아질 것"이라고 말하기도 했다.[37] 또한, 존 볼턴John Bolton 전 국가안보보좌관은 트럼프가 재선될 경우 한국이 독자적 핵 능력을 갖추도록 할 "가능성이 크다"고 언급했다.[38] 엘브리지 콜비Elbridge Colby 역시 "주한미군을 중국 견제에 활용하기보다는 한국의 독자적 핵무장을 고려해야 할 필요가 있다"고 주장했으며,[39] 트럼프 1기 백악관 국가안보장회의NSC 아시아 담당 선임보좌관이었던 앨리슨 후커Allison Hooker 또한 "한국이 독자 핵무장을 향해 나아가고 있으며, 어쩌면 그 속도가 더 빨라질 수 있다"고 말했다.[40] 이러한 주장들은 미국이 중국의 위협에 집중하되, 핵무기를 가지고 있는 북한과 대치하고 있는 한국이 자국 방위를 책임질 수 있도록 핵무장을 허용해야 한다는 생각에서 나온 것이다.

그러나 미국 대통령과 의회의 관계를 고려할 때 한국의 독자적 핵무장 가능성은 '희망적 사고Wishful Thinking'에 그칠 가능성이 크다. 1977년

지미 카터 대통령이 주한미군 지상군 철수를 추진했던 사례가 이를 잘 보여준다. 주한미군 철수는 대통령의 권한이었으나, 전문가의 조언과 의회, 국민의 동의를 얻지 못해 큰 반발을 초래했고, 결국 철회되었다(제4장을 참고할 것). 마찬가지로 트럼프 대통령과 그의 외교안보팀이 한국의 핵무장을 허용하더라도, 미국 의회와 안보 전문가, 국민의 지지를 얻지 못하면 실현되기 어려울 것이다. 특히 한국의 핵무장은 NPT 정신에 어긋나므로, 핵 비확산을 중시하는 미국 의회와 전문가들은 이를 강력히 반대할 것이다.

그렇다면 북한의 핵 위협에 대해 우리는 재래식 무기로만 대응해야 하는가? 핵무기의 억제 효과가 크다는 것은 통계적으로 입증된 사실이다. 비어슬리Beardsley와 아잘Asal의 연구에 따르면, 핵무기를 가진 국가는 다른 국가로부터 공격받을 가능성이 현저히 낮아진다는 계량적 연구 결과가 있다.[41] 경험적으로도 이는 타당해 보인다. 1994년 부다페스트 조약Budapest Memorandum을 통해 핵무기를 포기한 우크라이나는 2014년과 2022년 두 차례에 걸쳐 러시아의 공격을 받아 영토를 상실했다. 반면, 미국의 핵우산에 포함된 발트 국가들과 폴란드, 체코 등은 러시아의 공격을 받지 않았다. 이와 같은 사실은 미국의 확장억제가 약화될 경우, 한국이 위험을 감수하더라도 핵무장을 추진해야 할 필요성이 있음을 시사한다. 그렇다면 앞으로 우리에게 주어진 과제는 핵무장을 추진해야만 하는 조건을 규명하고, 그 조건들이 충족될 경우 과감한 결단을 내리는 것이다.

그러나 현재 북한이 미국 본토를 직접 타격할 수 있는 능력이 제한적인 상황에서는 '워싱턴 선언'을 토대로 확장억제 체제를 발전시키는 것이 가장 합리적이다. 미국이 북한에 핵 보복을 감행하더라도 북한의 본토 공격 능력이 제한적이므로, 미국의 핵 억제력은 신뢰성을 유지하고 있다. 따라서 북한이 핵 공격으로 전략적 목표를 달성할 수 있다고 오판할 가능성은 낮다.

하지만 북한의 핵 위협이 강화되고, 중국까지 한국에 핵 위협을 가하기 시작한다면, 미국 전술핵의 한반도 배치도 검토해야 한다. 미국의 저위력 핵무기가 한반도에 배치된다고 해서 한국이 핵 결정권을 갖는 것은 아니지만, 미국의 저위력 핵무기가 한반도에 배치되면 북한과 중국에 대한 억제력을 실질적으로 강화할 수 있다. 특히, 저위력 핵무기 배치는 미국의 핵 보복 가능성을 가시적으로 보여주기에 억제력을 높이는 효과가 있다.

그러나 중국, 러시아, 북한이 핵 연대를 형성해 미국에 위협을 가하는 상황에서는 미국의 대응도 달라질 수 있다. NPT에서 규정한 핵국가인 중국 및 러시아와 NPT 조약상에는 비핵국가이나 실제로는 핵을 보유한 북한이 손을 잡고 미국과 동맹국에 핵 위협을 가하는 상황이라면, NPT 정신은 이미 무너진 상황으로 볼 수 있다. 이 경우, 미국은 한국 등 동맹국이 제한적인 핵 능력을 갖추는 것을 허용할 가능성이 크다. 이러한 상황이 온다면 한국은 신속히 핵무기를 완성할 준비를 해야 한다. 따라서 한국은 트럼프 행정부와의 원자력 협정 개정을 통해 우라늄 농축과 플루토늄 재처리 권한을 사전에 확보할 필요가 있다.

***

요컨대, 트럼프 2기 시대는 한국에게 위기이면서도 기회가 될 수 있다. 다양한 불확실성이 존재하는 상황에서 우리가 고민해야 할 과제는 어떻게 위험을 최소화하고 기회를 극대화할 것인가이다. 방위비 분담금 증액 등 피할 수 없는 미국의 강력한 요구에 대해서는 능동적으로 대응하되, 이를 지렛대로 삼아 우리에게 필요한 것을 얻어내는 기회로 삼아야 한다. 그렇다고 미국의 모든 요구를 무조건 들어줄 필요는 없다. 예를 들어, 미국이 한국에게 중국 견제에 동참하라고 압박한다고 해서 중국을 무조건 적대할 필요는 없으며, 한국의 자주적인 군사력 강화를 미국이 불편해한다고 해서 자율성을 포기할 이유는 없다. 앞서 언급했듯이, 한국이 미국을 필요로 하는 만큼 미국도 한국을 필요로 하고 있으며, 미국이 한국에서 얻은 이익이 점점 커지고 있기 때문에 미국은 한미관계에서 더 큰 위험과 비용을 감수할 가능성이 있다. 그러므로 우리가 요구해야 할 것은 분명히 요구해야 하며, 그 기준은 국익이 되어야 한다.

에필로그

빅딜의 시대, 무엇을 주고 무엇을 얻을 것인가

필자가 국가안보 분야에서 커리어를 시작한 지도 어느덧 20년이 되었다. 처음 장교로 임관했던 2006년부터 줄곧 들어온 말은 한국의 안보는 미국 없이는 불가능하다는 것이었다. 맞는 말이기도 하다. 특히 핵무기가 없는 한국으로서는 북한의 핵 위협에 대응하기 위해 미국의 핵우산이 반드시 필요하다. 그래서 한국은 미국과의 동맹을 필요로 한다. 반면, 지난 20년간 미국도 한국을 필요로 한다는 이야기는 거의 들어본 적이 없다. 필자 또한 그런 생각을 해본 적이 없었던 것 같다.

그러나 한미관계를 연구하면서 깨달은 것은, 미국 역시 자유주의 질서를 유지하고 세력균형을 달성하기 위해, 즉 패권을 유지하기 위해 한국이 반드시 필요하다는 것이다. 따라서 한미동맹은 미국이 일방적으로 베푸는 시혜적 동맹이 아니라 서로의 필요와 이익을 주고받는 호혜적 동맹이다. 한국이 미국을 필요로 하는 만큼, 미국도 한국을 필요로 한다. 이런 이유로 한미동맹이 70년이나 지속될 수 있었던 것이다. 한쪽만 이익을 얻는 동맹이었다면 이렇게 오랫동안 유지될 수 없었을 것이다. 또한 이러한 호혜적 관계가 형성되기까지 한국의 노력과 역할 분담이 핵심적인 기여를 했다는 것이 필자의 주장이다.

미국도 한국을 필요로 한다는 것은 필자만의 생각이 아니다. 이는 미국 백악관 국가안전보장회의NSC, 국무부, 국방부의 회의록, 미 의회 청문회 자료, 미국의 정부 문서, 중요 인사들의 회고록 등을 조사하면서 발견한 사실이다. 또 필자가 미국 UC 버클리UC Berkeley에서 석사와 박사 과정을 거치면서, 미국 USC와 하버드Harvard 대학교의 교수 및 동료 펠로우들과 교류하고 토의하면서, 미국 국립연구소인 로렌스 리버모어Lawrence Livermore · 로스 알라모스Los Alamos · 샌디아Sandia 연구소의 안보전문가들과 함께 연구하면서 느낀 사실이다. 그만큼 동맹국으로서 한국의 위상과 가치가 점점 더 높아지고 있는 것이다.

필자는 국익을 놓고 미국과 협상하는 한국의 외교·안보 전문가들, 한국 전략적 억제능력의 핵심인 전략사령부 요원들, 미군과 함께 군사작전을 계획하는 한미연합사 참모진, 그리고 한미관계를 공부하는 학생들이 미국의 동맹전략을 이해하고 한미동맹에 대해 좀 더 균형 잡힌 시각을 갖기를 바라는 마음에서 이 책을 집필하게 되었다. 이 책이 날마다 이어지는 전략회의에서, 그리고 한미동맹과 우리의 동맹전략에 대한 생각을 나누는 교실에서, 그리고 여론을 형성할 수 있는 공론의 장場에서 대격변이 예상되는 미국의 동맹전략에 대한 활발한 대응 방안 논의에 불을 지피기를 바란다. 그리고 미국 외교·안보 전문가를 상대로 이루어지는 협상 테이블에서 한국의 국익과 국가안보를 확실하게 담보할 수 있는 최선의 방안을 좀 더 당당하고 유연하게 관철시키는 데 도움이 되었으면 한다.

필자가 강조하고 싶은 또 다른 점은, 미국의 한국에 대한 동맹전략의 목적과 한국의 미국에 대한 동맹전략의 목적이 다르다는 것이다. 미국은 패권 유지를 위해 한미동맹이 필요하고, 한국은 우리 영토와 국민을 지키기 위해 한미동맹이 필요하다. 따라서 우리가 미국의 동맹전략에 제대로 대응하고 실익 있는 방안을 협상 테이블에서 관철하기 위해서는 우리의 입장과 상황만 고려해서는 안 된다. 미국이 현재 어떤 상황에 처해 있고, 한국을 어떻게 인식하고 있으며, 한국을 왜 필요로 하는지 알아야 한다. 이러한 이해가 바탕이 되어야 한 발 앞서 미국의 행동을 예측할 수 있으며, 국가안보를 위한 가장 실리적인 대응 방안을 구사할 수 있다. 이러한 이유에서 필자는 이 책에서 미국 동맹전략의 변천사와 함께 미국의 시각에서 한미동맹을 자세하게 설명했다. 미국의 동맹전략과 미국이 한미동맹을 어떻게 바라보는가에 대한 이해는 북한의 핵 위협, 중국의 부상, 트럼프 재집권 등으로 인한 불확실성 속에서 흔들리지 않고 우리의 국익을 추구하는 데 중요한 기준이 될 것이다.

마지막으로, 필자가 존경하는 선배님과 대화하면서 느낀 것을 함께 나누고자 한다. 한미동맹은 한국과 미국이 맺은 약속이다. 한미동맹을 맺으면서 한국은 핵 주권을 비롯한 자율성 일부를 포기하고 미국이 주도하는 세계 질서에 편입하기로 했다. 그 대가로 미국은 한국에 핵우산을 포함한 확장억제를 제공하기로 약속했다. 따라서 미국은 한국에 핵우산을 제공할 의무가 있고, 한국은 당연히 미국으로부터 핵우산을 제공받을 권리가 있는 것이다. 미국이 한국에 확장억제를 제공하면서 특별한 배려를 하고 있다고 생각한다면 그것은 오산이다. 미국은 그만큼의 이익을 이미 한미동맹에서 얻고 있기 때문이다. 만약 미국이 확장억제의 수혜보다 훨씬 더 큰 비용 부담을 요구하고 핵우산에 대한 불확실성이 더 커진다면, 핵무기를 가지고 있는 북한과 대적하고 있는 우리가 택할 수 있는 선택지는 무엇일까? 요즘 다시 핫이슈로 부상한 자체 핵무장이 그 선택지가 될 수 있을까?

70년이 넘게 지속된 한미동맹이 트럼프 2기 시대를 맞아 대격변이 예고되고 있다. 어떤 식의 대격변일지 그것을 결정하는 것은 우리에게 달려 있다. 무엇을 주고 무엇을 얻을 것인가? 수동적으로 무조건 끌려갈지, 아니면 이제는 좀 더 당당하게 우리의 목소리를 낼지, 지금 우리는 빅딜을 위한 줄다리기 앞에 서 있다. 지금은 우리의 목소리를 낼 때이다. 이 책이 우리의 목소리를 당당히 내는 데 도움이 되기를 바란다.

이 책이 나오기까지 많은 분의 도움을 받았다. 특히 이 책의 출판을 지지하고 아낌없는 지원을 해주신 도서출판 플래닛미디어의 김세영 대표님, 날카로운 비판과 세심한 교정으로 이 책의 산파 역할을 해주신 이보라 편집장님, 초고를 처음부터 끝까지 검토해주신 육군사관학교 이경구 교수님, 그리고 원고를 몇 번이고 다시 읽고 피드백을 달라는 필자의 부탁을 기꺼이 들어준 아내에게 진심으로 감사드린다. 이 모든 과정을 인도하신 하나님께 모든 감사와 영광을 드리며 이 책을 마친다.

미주(尾註)

프롤로그

1. "트럼프 '한국은 부자 나라, 왜 미국이 지켜줘야 하나'", VOA, 2024. 5. 1.

2. John Bolton, *The Room Where It Happened* (New York: Simon and Schuster, 2020).

3. Thomas E. Mann, "Trump, no ordinary president, requires an extraordinary response", Brookings, December 20, 2016.

4. Graham Russell, "Brothers in nuclear arms? Trump defends Vladimir Putin and 'funny' Kim Jong-un", Guardian, May 4, 2018.

5. Kate Sullivan, "Trump says he would encourage Russia to 'do whatever the hell they want' to any NATO country that doesn't pay enough", CNN, February 11, 2024.

6. 주로 이런 주장을 하는 사람들은 한국이 자체 핵무장을 해서라도 스스로 안보를 지켜야 하고, 미국은 중국의 부상에 대응하는 데 집중해야 한다고 생각한다. 대표적으로 카토 재단(Cato Institute)의 더그 밴도우(Doug Bandow)나 엘브리지 콜비(Elbridge Colby)와 같은 전문가들이다. Doug Bandow, "Why Protect a Rich South Korea from a Nuclear North Korea?", Econlib, March 4, 2024.

7. 동맹 이론에 대해서는 대표적으로 두 권의 책을 추천한다. Glenn H. Snyder, *Alliance Politics* (Ithaca: Cornell University Press, 1997)와 Stephen M. Walt, *The*

Origins of Alliance (Ithaca: Cornell University Press, 1990)이다. 스티븐 월트의 책은 한글로 번역되어 있다.

8. Victor D. Cha, "Abandonment, Entrapment, and Neoclassical Realism in Asia: The United States, Japan, and Korea", *International Studies Quarterly*, Vol. 44, No. 2 (2000), pp. 261-291; Benjamin O. Fordham, "Trade and Asymmetric Alliances", *Journal of Peace Research*, Vol. 47, No. 6 (2010), pp. 685-696; James D. Morrow, "Alliances and Asymmetry: An Alternative to the Capability Aggregation Model of Alliances", *American Journal of Political Science*, Vol. 35, No. 4 (1991), pp. 904-933; Kevin Sweeney and Paul Fritz, "Jumping on the Bandwagon: An Interest-Based Explanation for Great Power Alliances", *Journal of Politics*, Vol. 66, No. 2 (2004), pp. 428-449.

9. James D. Morrow, "Alliances and Asymmetry: An Alternative to the Capability Aggregation Model of Alliances", *American Journal of Political Science*, Vol. 35, No. 4 (1991), pp. 904-933.

10. 대전략을 명확히 정의하는 것은 어렵다. 콜린 그레이(Colin Gray)는 이를 국가가 사용할 수 있는 모든 수단, 즉 군사력·경제력·정보력 등을 국가의 목표를 달성하기 위해 목적성 있게 사용하는 것이라고 정의했다. 로버트 J. 아트(Robert J. Art)는 대전략에서 비군사적 수단을 제외하고, 크리스토퍼 레인(Christopher Layne)은 "국가가 안보를 위해 목표와 수단을 맞추는 과정"이라고 설명한다. 휴 스트래천(Hew Strachan)은 대전략을 강대국 패권의 쇠퇴를 방지하거나 관리하는 데 중점을 둔다고 본다. 에드워드 루트왁(Edward Luttwak)은 "대전략은 단계별 군사적 상호작용과 외부 관계의 합류로 볼 수 있다"며 난해하게 설명한다. 이와 관련하여 다음을 참고하기 바란다. Colin Gray, War, *Peace and International Relations: An Introduction to Strategic History* (Abingdon, United Kingdom: Routledge, 2007), p. 283; Robert J. Art, "A Defensible Defense", *International Security*, Vol. 15, No. 4 (Spring 1991), p. 7; Christopher Layne, "Rethinking American Grand Strategy: Hegemony or Balance of Power in the 21st Century", *World Policy Journal*, Vol. 15, No. 2 (November 1998), p. 8; Hew Strachan, "Strategy and Contingency", *International Affairs*, Vol. 87, No. 6 (2011), pp. 1281-1296; and Edward Luttwak, *Strategy* (Cambridge: Harvard University Press), p. 179.

11. 찰스 쿱찬(Charles Kupchan)은 고립주의를 다음과 같이 설명한다. "a grand strategy aimed at disengagement with foreign power and the avoidance of enduring strategic commitments beyond the North America homeland.", Charles A. Kupchan, *Isolationism: A History of America's Efforts to Shield Itself from the World* (Oxford: Oxford University Press, 2020).

12. Adam Quinn, *US Foreign Policy in Context: National Ideology from*

the Founders to the Bush Doctrine (London: Routledge, 2009), pp. 50-52.

13. Thomas Jefferson, "First Inaugural Address (March 4, 1801)", *The Papers of Thomas Jefferson*, Princeton University.

14. James Monroe, "Monroe Doctrine (1823)", National Archive.

15. Adam Gopnik and Warren W. Hassler, "World War II", Britannica, Last updated on June 26, 2024.

16. Robert J. Art, *A Grand Strategy for America* (Ithaca: Cornell University Press, 2013), p. 7.

17. 대표적으로 G. John Ikenberry, *After Victory: Institutions, Strategic Restraint, and the Rebuilding of Order after Major Wars* (Princeton, Princeton University Press, 2001).

18. Stephen M. Walt, *The hell of good intentions* (New York: Farrar, Straus and Giroux, 2018)를 참고할 것.

19. 대표적으로 John Lewis Gaddis의 *Strategies of Containment* (Oxford: Oxford University Press, 2005)와 Elbridge Colby의 *The Strategy of Denial* (New Haven: Yale University Press, 2021)을 참고할 것. 이 두 책은 『미국의 봉쇄전략』(홍지수·강규형 역)과 『거부전략』(오준혁 역)으로 번역되어 있다.

20. John J. Mearsheimer, *The Tragedy of Great Power Politics* (New York: WW Norton & Company, 2001).

21. Elbridge A. Colby, *The Strategy of Denial* (New Haven, Yale University Press, 2021).

22. 이러한 대전략에 대한 비판을 담은 책으로 Stephen M. Walt, *The hell of good intentions: America's foreign policy elite and the decline of US primacy* (New York, Farrar, Straus and Giroux, 2018)가 있다.

23. 이러한 동맹체제가 미국에 주는 의미는 자명하다. 첫째, 미국은 동맹을 통해 특정 지역의 패권 확대 상황을 사전에 차단할 수 있다. 예를 들어 미국은 일본, 필리핀, 호주와의 동맹을 강화함으로써 중국이 아시아의 패권 장악에 도전할 기회를 상시 견제할 수 있다. 둘째, 패권국이 이미 존재하는 경우, 미국은 이에 대응하는 연합전선을 구축해 더 이상의 세력 확장을 억제한다. 이 방법은 이미 냉전 시기 소련을 향해 사용한 적이 있다. 나토(NATO)를 비롯한 여러 동맹을 결성해 소련에 맞선 것이 그 예이다. 마지막으로, 동맹은 미국을 상대로 한 반(反)패권 연합의 결성을 막는다. 여러 나라와 동맹을 맺어 긴밀한 관계를 유지함으로써, 다른 나라들이 미국에 대항하거나 연대할 가능성을 미리 줄이는 것이다.

24. 미국의 과도한 팽창을 경고하는 목소리는 오늘날에도 미국 대외정책의 중요한 기조이며, 이들을 자제주의자(Restrainter)라고 부른다. Paul Kennedy, *The Rise and Fall of the Great Powers: Economic Change and Military Conflict from 1500 to 2000* (New York: Random House, 1987). 다음을 함께 참고할 것. Barry R. Posen, *Restraint: A New Foundation for U.S. Grand Strategy* (Ithaca: Cornell University Press, 2018).

25. Japan-U.S. Security Treaty, Ministry of Foreign Affairs of Japan.

26. G. John Ikenberry, *Liberal Leviathan: The Origins, Crisis, and Transformation of the American World Order* (Princeton: Princeton University Press, 2011); Michael Mandelbaum, *The Case for Goliath: How America Acts as the World's Government in the Twenty-first Century* (New York: PublicAffairs, 2005); Robert Kagan, *The World America Made* (New York: Alfred A. Knopf, 2012).

27. G. John Ikenberry, *After Victory: Institutions, Strategic Restraint, and the Rebuilding of Order after Major Wars* (Princeton: Princeton University Press, 2001).

28. Glenn H. Snyder, "The Security Dilemma in Alliance Politics", *World Politics* Vol. 36, No. 4 (1984), p. 466.

29. 1973년 남베트남에서의 철수, 1991년 필리핀에서의 철수, 2011년 이라크에서의 철수, 2021년 아프가니스탄에서의 철수 등을 예로 들 수 있다.

제1장 한미동맹의 시작

1. "Final Text of the Communique, November 26, 1943", in *Foreign Relations of the United States: Diplomatic Papers, the Conferences at Cairo and Teheran, 1943* (Washington, DC: Government Publishing Office, 1961).

2. "Draft Memorandum to the Joint Chiefs of Staff", in *Foreign Relations of the United States: Diplomatic Papers, 1945, the British Commonwealth, the Far East, Volume VI* (Washington, DC: Government Publishing Office, 1969).

3. Ibid.

4. "Draft Memorandum to the Joint Chiefs of Staff", in *Foreign Relations of the United States: Diplomatic Papers, 1945, the British Commonwealth, the*

Far East, Volume VI (Washington, DC: Government Publishing Office, 1969).

5. "Note by the Executive Secretary of the National Security Council (Souers) to President Truman, April 2, 1948", in *Foreign Relations of the United States, 1948, the Far East and Australasia, Volume VI* (Washington, DC: Government Publishing Office, 1974).

6. Heo and Roehrig, *The Evolution of the South Korea-US Alliance*, p. 58.

7. "Report by the National Security Council to the President, March 22, 1949", in *Foreign Relations of the United States, 1949, the Far East and Australasia, Volume VII*, Part 2 (Washington, DC: Government Publishing Office, 1976).

8. "Country Summary", ForeignAssistance.gov.

9. James F. Schnabel and Robert J. Watson, *The Joint Chiefs of Staff and National Policy 1950-1951: The Korean War Part One* (Washington, DC: Office of Joint History, 1988), p. 10.

10. Victor D. Cha, "Informal Empire: The Origins of the U.S.-ROK Alliance and the 1953 Mutual Defense Treaty Negotiations", *Korean Studies* 41 (2017), p. 227; James Matray, *The Reluctant Crusade: American Foreign Policy in Korea, 1941-1950* (Honolulu, HI: University of Hawaii Press, 1985), p. 173; Uk Heo and Terence Roehrig, *The Evolution of the South Korea-US Alliance* (Cambridge: Cambridge University Press, 2018), p. 58.

11. "Position of the United States With Respect to Korea (NSC 8/2), March 22, 1949", in *Foreign Relations of the United States, 1949, The Far East and Australasia, Volume VII*, Part 2 (Washington DC: Government Printing Office, 1976).

12. "Intelligence Estimate Prepared by the Estimates Group Office of Intelligence Research, Department of State, June 25, 1950", in *Foreign Relations of the United States, 1950, Korea, Volume VII* (Washington, DC: Government Publishing Office, 1976).

13. Ibid.

14. "A Report to the National Security Council by the Executive Secretary (Lay), January 25, 1950", in *Foreign Relations of the United States, 1950, National Security Affairs: Foreign Economic Policy, Volume I* (Washington, DC: Government Publishing Office, 1977).

15. "Resolution 82 (1950)", UN Security Council, 1950.

16. Terence Roehrig, "Coming to South Korea's Aid: The Contributions of the UNC Coalition", *International Journal of Korean Studies* 15, no. 1 (2011), pp. 63-97.

17. "The President of the Republic of Korea (Rhee) to President Truman, March 21, 1952", in *Foreign Relations of the United States, 1952-1954, Korea, Volume XV,* Part I (Washington, DC: Government Publishing Office, 1984).

18. Cha, "Informal Empire", p. 228.

19. "President Truman to the President of the Republic of Korea (Rhee), March 4, 1952", in *Foreign Relations of the United States, 1952-1954, Korea, Volume XV*, Part I (Washington, DC: Government Publishing Office, 1984).

20. "The Strategic Importance of South Korea", Chiefs of Staff Committee, Department of National Defense, Government of Canada, August 8, 1950, p. 2.

21. "The Strategic Importance of South Korea", p. 7.

22. 반면에 보고서는 한국의 경제적 가치는 거의 없다고 평가하고 있다. See "The Strategic Importance of South Korea", p. 9.

23. John Foster Dulles, "Korea Problems", *The Department of State Bulletin* 29, no. 742 (September 14, 1953), p. 339.

24. Ibid., p. 340.

25. 『한미상호방위조약』, 행정안전부 국가기록원.

26. "Republic of Korea Draft of Mutual Defense Treaty Between the United States and the Republic of Korea, July 9, 1953", in *Foreign Relations of the United States, 1952-1954, Korea, Volume XV*, Part 2 (Washington, DC: Government Publishing Office, 1984)

27 "The North Atlantic Treaty", North Atlantic Treaty Organization, April 4, 1949; Mutual Defense Treaty Between the United States and the Republic of Korea, October 1, 1953.

28. "The President of the Republic of Korea (Rhee) to the Secretary of State, July 24, 1953", in *Foreign Relations of the United States, 1952-1954, Korea, Volume XV*, Part 2 (Washington, DC: Government Publishing Office, 1984).

29. "The Secretary of State to the President of the Republic of Korea (Rhee),

July 24, 1953", in *Foreign Relations of the United States, 1952-1954, Korea, Volume XV*, Part 2 (Washington, DC: Government Publishing Office, 1984).

30. Terence Roehrig, *From Deterrence to Engagement: The US Defense Commitment to South Korea* (New York, NY: Rowman & Littlefield, 2006), pp. 168-169.

31. Frederick Charles Barghoorn, *Soviet Foreign Propaganda* (Princeton, NJ: Princeton University Press, 2015), Ch. 6; Gu Guan-Fu, "Soviet Aid to the Third World an Analysis of Its Strategy", *Soviet Studies* 35, no. 1 (1983), pp. 71-89.

32. Odd Arne Westad, *The Cold War: A World History* (London: Hachette UK, 2017), Ch. 13; John L. Gaddis, *Strategies of Containment: A Critical Appraisal of Postwar American National Security Policy* (Oxford: Oxford University Press, 1982), pp. 223-225.

33. "Key Indicators (Annual Indicators)", Statistics Korea.

34. "GDP Per Capita (Current US$)", World Bank Data.

35. "Memorandum of Discussion at the 156th Meeting of the National Security Council Thursday, July 23, 1953", in *Foreign Relations of the United States, 1952-1954, Korea, Volume XV*, Part 2 (Washington DC: Government Printing Office, 1984).

36. Roehrig, *From Deterrence to Engagement*, p. 168.

37. "Key Indicators (Annual Indicators)", Statistics Korea.

38. Edward S. Mason, Mahn Je Kim, *Dwight Heald Perkins, Kwang Suk Kim, and David C. Cole, The Economic and Social Modernization of the Republic of Korea* (Cambridge, MA: Harvard University Press, 1980), p. 182.

39. Thomas C. Schelling, *Arms and Influence* (New Haven, CT: Yale University Press, 1966), p. 35.

40. 『한미군사관계사 1871-2002』(서울 : 국방부 군사편찬연구소, 2002), p. 675.

41. US Department of State, "U.S. and Korea Announce Initialing of Agreed Minute", *The Department of State Bulletin* 31, no. 805 (November 29, 1954), p. 810.

42. See also "Memorandum of Discussion at the 208th Meeting of the National Security Council Thursday, July 29, 1954", in *Foreign Relations of the United States, 1952-1954, Korea, Volume XV*, Part 2 (Washington, DC: Govern-

ment Publishing Office, 1984).

43. US Department of State, "U.S. and Korea Announce Initialing of Agreed Minute", p. 810.

44. "Hagerty Diary, July 27, 1954", in *Foreign Relations of the United States, 1952-1954, Korea, Volume XV*, Part 2 (Washington, DC: Government Publishing Office, 1984).

45. "Memorandum of Discussion of a Meeting Held at Tokyo on the Korean Situation, June 24-25, 1953", in *Foreign Relations of the United States, 1952-1954, Korea, Volume XV*, Part 2 (Washington, DC: Government Publishing Office, 1984).

46. John Foster Dulles, "The Evolution of Foreign Policy (An Address Made before the Council on Foreign Relations on January 12, 1954)", *The Department of State Bulletin* 30, no. 761 (January 25, 1954).

47. "Memorandum of Discussion at the 326th Meeting of the National Security Council, Washington, June 13, 1957", in *Foreign Relations of the United States, 1955-1957, Korea, Volume XXII*, Part 2 (Washington, DC: Government Publishing Office, 1993).

48. Ibid.

49. Ibid.

50. Robert S. Norris, William M. Arkin, and William Burr, "Appendix B: Deployments by Country, 1951-1977", *Bulletin of the Atomic Scientists* 55, no. 6 (1999), pp. 66-67.

51. Hans M. Kristensen and Robert S. Norris, "A History of US Nuclear Weapons in South Korea", *Bulletin of the Atomic Scientists* 73, no. 6 (2017), p. 350.

제2장 베트남 전쟁과 한국의 역할 분담

1. William S. Borden, "Defending Hegemony: American Foreign Economic Policy", in *Kennedy's Quest for Victory: American Foreign Policy, 1961-1963*, ed. Thomas G. Paterson (Oxford: Oxford University Press, 1989), pp. 82-83.

2. Borden, "Defending Hegemony", p. 80.

3. "Memorandum From the President's Deputy Special Assistant for National Security Affairs (Rostow) to President Kennedy, February 28, 1961", in *Foreign Relations of the United States, 1961-1963, Volume IX*, Foreign Economic Policy (Washington, DC: Government Publishing Office, 1995).

4. Ibid.

5. "US Military Aid Policy Toward Non-NATO Countries, undated", in *Foreign Relations of the United States, 19611963, Volume IX,* Foreign Economic Policy (Washington, DC: Government Publishing Office, 1995).

6. John L. Gaddis, *Strategies of Containment: A Critical Appraisal of Postwar American National Security Policy* (Oxford: Oxford University Press, 1982), p. 222.

7. Stephen G. Rabe, "Controlling Revolutions: Latin America: The Alliance for Progress, and Cold War Anti-Communism", in *Kennedy's Quest for Victory: American Foreign Policy, 1961-1963*, ed. Thomas G. Paterson (Oxford: Oxford University Press, 1989), pp. 105-122.

8. Rabe, "Controlling Revolutions: Latin America", pp. 105-106.

9. US Agency for International Development (USAID), "Foreign Assistance Data".

10. Francis J. Gavin, *Gold, Dollars, and Power: The Politics of International Monetary Relations, 1958-1971* (Chapel Hill, NC: The University of North Carolina Press, 2003).

11. Borden, "Defending Hegemony", p. 63.

12. Edward M. Bernstein, "The Adequacy of United States Gold Reserve", *American Economic Review* 51, no. 2 (1961), p. 440.

13. Robert Roosa, *The Dollar and World Liquidity* (New York, NY: Random House, 1968), p. 99.

14. "Memorandum of Conversation Between President Kennedy and Foreign Minister von Brentano, April 13, 1961", in *Foreign Relations of the United States, 1961-1963, Volume IX*, Foreign Economic Policy (Washington, DC: Government Publishing Office, 1995).

15. Ibid.

16. "Letter From the Deputy Secretary of Defense (Gilpatric) to Secretary of State Rusk, August 28, 1962", in *Foreign Relations of the United States, 1961-1963, Volume XXII*, Northeast Asia (Washington, DC: Government Publishing Office, 1996).

17. Ibid.

18. "Memorandum by Robert H. Johnson of the National Security Council Staff, June 13, 1961", in *Foreign Relations of the United States, 1961-1963, Volume XXII*, Northeast Asia (Washington, DC: Government Publishing Office, 1996).

19. "Draft Memorandum for the President", June 4, 1963, Box 1, Entry 3059, RG 59, NA, quoted in Sangyoon Ma, "An Unfinished Plan: US Policy Discussions on Withdrawal of US Troops from South Korea During the Early 1960s", Korea and International Politics 19, no. 2 (2003), pp. 20-21.

20. "Kitchen to Alexis Johnson", June 21, 1963, Box 1, Entry 3059, RG 59, NA, quoted in Sangyoon Ma, "An Unfinished Plan", p. 21.

21. "Memorandum From the President's Special Assistant for National Security Affairs (Bundy) to the Deputy Under Secretary of State for Political Affairs (Johnson), December 20, 1963", in *Foreign Relations of the United States, 1961-1963, Volume XXII*, Northeast Asia (Washington, DC: Government Publishing Office, 1996).

22. "Memorandum From Robert W. Komer of the National Security Council Staff to President Johnson", in *Foreign Relations of the United States, 1964-1968*, Volume XXIX, Part I, Korea(Washington, DC: Government Publishing Office, 1964).

23. "Telegram from the Embassy in Korea to the Department of State, January 21, 1964", in *Foreign Relations of the United States, 1964-1968*, Volume XXIX, Part I, Korea (Washington, DC: Government Publishing Office, 2000).

24. "National Security Action Memorandum No. 298, May 5, 1964", in *Foreign Relations of the United States, 1964-1968*, Volume XXIX, Part I, Korea (Washington, DC: Government Publishing Office, 2000).

25. "Draft Memorandum From Secretary of State Rusk to President Johnson, June 8, 1964", in *Foreign Relations of the United States, 1964-1968*, Volume XXIX, Part I, Korea (Washington, DC: Government Publishing

Office, 2000).

26. Ma, "An Unfinished Plan", p. 27.

27. "주한미군 일부 철수 검토", 《조선일보》, 1963년 10월 25일.

28. "미군의 대공수작전 성공은 주한미군감축 이유가 못된다", 《조선일보》, 1963년 10월 25일.

29. "Airgram From the Embassy in Korea to the Department of State, February 5, 1964," in *Foreign Relations of the United States, 1964-1968, Volume XXIX*, Part I, Korea (Washington, DC: Government Publishing Office, 2000).

30. "Memorandum From the Joint Chiefs of Staff to Secretary of Defense McNamara, August 11, 1964," in *Foreign Relations of the United States, 19641968, Volume XXIX*, Part I, Korea (Washington, DC: Government Publishing Office, 2000).

31. "Memorandum From the Joint Chiefs of Staff to Secretary of Defense McNamara, August 11, 1964".

32. "Summary Record of the 532d Meeting of the National Security Council, May 15, 1964", in *Foreign Relations of the United States, 19641968, Volume I*, Vietnam, 1964 (Washington, DC: Government Publishing Office, 1992).

33. "Memorandum of Conversation, December 19, 1964", in *Foreign Relations of the United States, 19641968, Volume XXIX*, Part I, Korea (Washington, DC: Government Publishing Office, 2000).

34. "Memorandum of Conversation, December 19, 1964".

35. Ibid.

36. "Memorandum by the President's Special Assistant for National Security Affairs, April 1, 1965", in *Foreign Relations of the United States, 19641968, Volume II*, Vietnam (Washington, DC: Government Publishing Office, 1996).

37. "National Security Action Memorandum No. 328, April 6, 1965", in *Foreign Relations of the United States, 1964-1968, Volume II,* Vietnam (Washington, DC: Government Publishing Office, 1996).

38. "Memorandum of Conversation, May 17, 1965", in *Foreign Relations of the United States, 19641968, Volume XXIX*, Part I, Korea (Washington,

DC: Government Publishing Office, 2000).

39. "Memorandum of Conversation, May 18, 1965," in *Foreign Relations of the United States,1964-1968, Volume XXIX*, Part I, Korea (Washington, DC: Government Publishing Office, 2000).

40. Sangyoon Ma, "The Deployment of South Korean Troops to Vietnam and the Role of the National Assembly", *Regional and International Area Studies* 22, no. 2 (2013), p. 70.

41. "Vietnam War Allied Troop Levels 1960-73", The American War Library.

42. Vice President Hubert Humphrey, "Extemporaneous in Korea", February 23, 1966, Security Agreements Hearings (1970), quoted in Roehrig, *From Deterrence to Engagement*, p. 132.

43. "Memorandum From Vice President Humphrey to President Johnson, January 5, 1966", in *Foreign Relations of the United States, 1964-1968, Volume XXIX*, Part I, Korea (Washington, DC: Government Publishing Office, 2000).

44. "Joint Statement Following Discussions With President Park of Korea, November 2, 1966", The American Presidency Project, UC Santa Barbara.

45. 「Brown 각서(한국군 월남증파)」, 외교부 외교사료관.

46. 육군 군사연구소, 『대침투작전사』 2권 (계룡 : 대한민국 육군, 2018).

47. "Telegram from the Embassy in Korea to the Department of State, January 24, 1968, 1031Z", in *Foreign Relations of the United States, 1964-1968, Volume XXIX*, Part I, Korea (Washington, DC: Government Publishing Office, 2000).

48. "Meeting on Korean Crisis Without the President, January 24, 1968", in *Foreign Relations of the United States, 1964-1968, Volume XXIX*, Part I, Korea (Washington, DC: Government Publishing Office, 2000).

49. "Telegram from the Embassy in Korea to the Department of State, January 24, 1968, 1031Z".

50. "Telegram From the Commander in Chief, United States Forces, Korea (Bonesteel) to the Commander in Chief, Pacific (Sharp), February 7, 1968", in *Foreign Relations of the United States, 1964-1968, Volume XXIX*,

Part I, Korea (Washington, DC: Government Publishing Office, 2000).

51. "Memorandum From Cyrus R. Vance to President Johnson, February 20, 1968", in *Foreign Relations of the United States, 1964-1968, Volume XXIX*, Part I, Korea (Washington, DC: Government Publishing Office, 2000).

52. Ibid.

53. "Notes of the President's Meeting With Cyrus R. Vance, February 15, 1968", in *Foreign Relations of the United States, 19641968, Volume XXIX*, Part I, Korea (Washington, DC: Government Publishing Office, 2000).

54. "Memorandum From Cyrus R. Vance to President Johnson, February 20, 1968".

55. "Paper Prepared by the Policy Planning Council of the Department of State, June 15, 1968", in *Foreign Relations of the United States, 1964-1968, Volume XXIX*, Part I, Korea (Washington, DC: Government Publishing Office, 2000).

제3장 닉슨 독트린과 한미동맹의 위기

1. Nixon-Kissinger TeleCon, December 3, 1970, quoted in Daniel Sargent, *A Superpower Transformed: The Remaking of American Foreign Relations in the 1970s* (Oxford, UK: Oxford University Press, 2016), p. 47.

2. Barry Eichengreen, "From Benign Neglect to Malignant Preoccupation: U.S. Balance-Of-Payments Policy in the 1960s", National Bureau of Economic Research, Working Paper Series 7630 (March 2000), p. 5.

3. Ibid.

4. "Vietnam War U.S. Military Fatal Casualty Statistics", Military Records, National Archives, accessed January 7, 2023.

5. Daniel Sargent, *A Superpower Transformed: The Remaking of American Foreign Relations in the 1970s* (Oxford, UK: Oxford University Press, 2016), p. 48.

6. "Letter From the Under Secretary of State (Richardson) to the President's Assistant for National Security Affairs (Kissinger), October 27, 1969", in *Foreign Relations of the United States, 1969-1976, Volume I,*

Foundations of Foreign Policy, 1969-1972 (Washington: Government Printing Office, 2003).

7. Henry Kissinger, *White House Years* (New York: Simon & Schuster, 2011), p. 969.

8. Richard Nixon, "Address to the Nation on the War in Vietnam, November 3, 1969", Presidential Speeches, UVA Miller Center.

9. "Memorandum of Conversation, October 17, 1969", in *Foreign Relations of the United States, 1969-1976, Volume VI*, Vietnam, January 1969-July 1970 (Washington: Government Printing Office, 2006).

10. Infographic: The Vietnam War: Military Statistics", History Resources, The Gilder Lehrman Institute of American History.

11. "Public Opinion and the Vietnam War", Digital History, University of Houston, accessed January 8, 2023,

12. "Infographic: The Vietnam War: Military Statistics", History Resources, The Gilder Lehrman Institute of American History.

13. Richard Nixon, "Informal Remarks in Guam With Newsmen", The American Presidency Project, July 25, 1969.

14. Richard Nixon, "Address to the Nation on the War in Vietnam, November 3, 1969", Presidential Speeches, UVA Miller Center.

15. 이후 닉슨 독트린은 해외에 주둔한 미군의 확장억제태세를 조정하는 방식으로 구체화되었다. 미국은 아시아에 주둔한 23개 사단을 14.5개 사단으로 줄임으로써 국방예산 50억 달러를 절약하고자 했다. 이는 6% 이상의 예산 감축을 의미했다. 이 확장억제태세를 '1과 2분의 1 태세'라고 불렀다. 여기 '1'의 의미는 소련 또는 중국과의 강대국 전쟁을 수행하는 것을 의미하며, '2분의 1'의 의미는 베트남이나 한반도 같은 지역 분쟁을 의미한다. 따라서 '1과 2분의 1 태세'는 1개의 강대국과 전쟁을 수행하면서도 지역 분쟁에 대비할 수 있는 준비태세를 유지하는 것을 의미했다. 참고로 이전의 확장억제태세는 '2와 2분의 1 태세'로, 이는 소련과 중국 모두와 전쟁을 수행하면서도 지역 분쟁에 개입할 준비가 되어 있는 것을 의미했다. 당연히 '2와 2분의 1 태세'가 훨씬 더 많은 병력과 예산을 요구했다. "Paper Prepared by the NSSM 3 Interagency Steering Group, September 5, 1969", in *Foreign Relations of the United States, 1969-1976, Volume XXXIV*, National Security Policy, 1969-1972 (Washington: Government Printing Office, 2011).

16. Richard Nixon, "U.S. Foreign Policy for the 1970's: Building for Peace",

A Report to the Congress, February 25, 1971.

17. Chalmers M. Roberts, "How Nixon Doctrine Works", *Washington Post*, July 12, 1970, quoted in Sargent, A Superpower Transformed, p. 53.

18. "Memorandum From President Nixon to His Assistant for National Security Affairs (Kissinger), February 10, 1970", in *Foreign Relations of the United States, 1969-1976, Volume I*, Foundations of Foreign Policy, 1969-1972 (Washington: Government Printing Office, 2003).

19. Melvin Laird, "The Nixon Doctrine: From Potential Despair to New Opportunities", in Melvin Laird et al., *The Nixon Doctrine: A Town Hall Meeting on National Security Policy* (Washington DC: American Enterprise Institute, 1972), p. 3.

20. "Outlays by Superfunction and Functions: 1940-2027", Office of Management and the Budget, The White House.

21. "National Security Study Memorandum 27, February 22, 1969", in *Foreign Relations of the United States, 1969-1976, Volume XIX*, Part 1, Korea, 1969-972 (Washington: Government Printing Office, 2009).

22. "Memorandum From Laurence E. Lynn, Jr., of the National Security Council Staff to the President's Assistant for National Security Affairs (Kissinger), February 26, 1970", in *Foreign Relations of the United States, 1969-1976, Volume XIX*, Part 1, Korea, 1969-1972 (Washington: Government Printing Office, 2009).

23. "Draft Minutes of a National Security Council Meeting, March 4, 1970", in *Foreign Relations of the United States, 1969-1976, Volume XIX*, Part 1, Korea, 1969-1972 (Washington: Government Printing Office, 2009).

24. "National Security Decision Memorandum 48, March 20, 1970", in *Foreign Relations of the United States, 1969-1976, Volume XIX*, Part 1, Korea, 1969-1972 (Washington: Government Printing Office, 2009).

25. 김정렴, 『한국 경제정책 30년사』 (서울 : 중앙일보사, 1990), p. 316.

26. Sang-yoon Ma, "Alliance for Self-Reliance: R.O.K.-U.S. Security Relations, 1968-71", *Journal of American Studies* 39, no. 1 (2007), pp. 26-27.

27. "Memorandum from President Nixon to the President's Assistant for National Security Affairs (Kissinger), November 24, 1969", in *Foreign Relations of the United States, 1969-1976, Volume XIX*, Part 1, Korea, 1969-

1972 (Washington: Government Printing Office, 2009).

28. "Telegram From the Department of State to the Embassy in Korea, January 29, 1970", in *Foreign Relations of the United States, 1969-1976, Volume XIX*, Part 1, Korea, 1969-1972 (Washington: Government Printing Office, 2009).

29. 김동조, 『냉전시대 우리 외교』 (서울 : 문화일보사, 2002), p. 243.

30. "National Security Decision Memorandum 48", March 20, 1970.

31. "Telegram From the Department of State to the Embassy in Korea, April 23, 1970", in *Foreign Relations of the United States, 1969-1976, Volume XIX*, Part 1, Korea, 1969-1972 (Washington: Government Printing Office, 2009).

32. "Letter From President Nixon to Korean President Park, May 26, 1970", in *Foreign Relations of the United States, 1969-1976, Volume XIX*, Part 1, Korea, 1969-1972 (Washington: Government Printing Office, 2009).

33. "Telegram From the Department of State to the Embassy in Korea", April 23, 1970.

34. "Letter From President Nixon to Korean President Park", May 26, 1970.

35. Ibid.

36. "Telegram From the Embassy in Korea to the Department of State, June 1, 1970", in *Foreign Relations of the United States, 1969-1976, Volume XIX*, Part 1, Korea, 1969-1972 (Washington: Government Printing Office, 2009).

37. "Telegram From the Embassy in Korea to the Department of State, June 15, 1970", in *Foreign Relations of the United States, 1969-1976, Volume XIX*, Part 1, Korea, 1969-1972 (Washington: Government Printing Office, 2009).

38. Ibid.

39. Ibid.

40. Ma, "Alliance for Self-Reliance", p. 48.

41. "Backchannel Telegram from the Ambassador to Korea (Porter) to

the President's Assistant for National Security Affairs (Kissinger), August 25, 1970", in *Foreign Relations of the United States, 1969-1976, Volume XIX*, Part 1, Korea, 1969-1972 (Washington: Government Printing Office, 2009).

42. Ma, "Alliance for Self-Reliance", p. 52.

43. Nick Kapur, *Japan at the Crossroads: Conflict and Compromise after Anpo* (Cambridge, MA: Harvard University Press, 2018), p. 18.

44. "Memorandum From the President's Assistant for National Security Affairs (Kissinger) to President Nixon, Washington, July 25, 1973", in *Foreign Relations of the United States, 1969-1976, Volume E-12*, Documents on East and Southeast Asia, 1973-1976 (Washington: Government Printing Office, 2010).

45. "Telegram 2685 From the Embassy in the Republic of Korea to the Department of State, April 18, 1975", in *Foreign Relations of the United States, 1969-1976, Volume E-12*, Documents on East and Southeast Asia, 1973-1976 (Washington: Government Printing Office, 2010).

46. Charles S. Maier, "'Malaise': The Crisis of Capitalism in the 1970s", in Niall Ferguson, Charles S. Maier, Erez Manela, and Daniel J. Sargent eds., *The Shock of the Global: The 1970s in Perspective* (Cambridge: Harvard University Press, 2011), pp. 25-48.

47. Paul W. McCracken, "Economic Policy in the Nixon Years", *Presidential Studies Quarterly* 26, no. 1 (1996), p. 174.

48. Daniel J. Sargent, "The United States and Globalization in the 1970s", in Niall Ferguson, Charles S. Maier, Erez Manela, and Daniel J. Sargent eds., *The Shock of the Global: The 1970s in Perspective* (Cambridge: Harvard University Press, 2011), pp. 49-64.

49. "District of Columbia Appropriations for 1973", *Hearings Before a Subcommittee of the Committee on Appropriations, House of Representatives, Ninety-second Congress, Volume 61*, Part 2 (1972), pp. 739-740.

50. "Appropriations 1973: Overview", An Article from CQ Almanac 1973, accessed February 21, 2023.

51. US Agency for International Development (USAID), "Foreign Assistance Data", ForeignAssistance.gov, accessed February 26, 2023; Emily M. Morgenstern and Nick M. Brown, "Foreign Assistance: An Introduction to

U.S. Programs and Policy," CRS Report R40213, Congressional Research Service, last updated January 10, 2022.

52. "Draft Amendments to the Constitution of the Republic of Korea", Korean Overseas Information Service (October 1972), 45.

53. "Human Rights in South Korea: Implications for U.S. Policy", p. 2.

54. "Foreign Assistance Act", Public Law 93-449, December 30, 1974, 1802.

55. "Minutes of the Secretary of State's Staff Meeting, Washington, January 25, 1974", in *Foreign Relations of the United States, 1969-1976, Volume E-12*, Documents on East and Southeast Asia, 1973-1976 (Washington: Government Printing Office, 2010).

56. "National Security Decision Memorandum 282, Washington, January 9, 1975", in *Foreign Relations of the United States, 1969-1976, Volume E-12*, Documents on East and Southeast Asia, 1973-1976 (Washington: Government Printing Office, 2010); "Memorandum From the President's Assistant for National Security Affairs (Kissinger) to President Ford, Washington, January 3, 1975", in *Foreign Relations of the United States, 1969-1976, Volume E-12*, Documents on East and Southeast Asia, 1973-1976 (Washington: Government Printing Office, 2010).

57. Chae-Jin Lee, *A Troubled Peace: US Policy and the Two Koreas* (Baltimore: Johns Hopkins University Press, 2006), p. 68.

58. "National Security Decision Memorandum 48, March 20, 1970".

59. "Backchannel Telegram from the Ambassador to Korea (Porter) to the President's Assistant for National Security Affairs (Kissinger), August 25, 1970".

60. James M. Naughton, "Agnew Says U.S. Aims At Full Pullout in Korea", *New York Times*, August 27, 1970.

61. "Memorandum From Secretary of Defense Laird to President Nixon, July 19, 1971", in *Foreign Relations of the United States, 1969-1976, Volume XIX*, Part 1, Korea, 1969-1972 (Washington: Government Printing Office, 2009).

62. Se Young Jang, "The Evolution of US Extended Deterrence and South Korea's Nuclear Ambitions", *Journal of Strategic Studies* 39, no. 4

(2016), p. 153.

63. Peter Hayes and Chung-in Moon, "Park Chung Hee, the CIA, and the Bomb", *NAPSNet Special Reports*, September 23, 2011.

64. "Interview with Kim Jong-phil", *JoongAng Ilbo*, July 10, 2015, quoted in Jang, "The Evolution of US Extended Deterrence and South Korea's Nuclear Ambitions", p. 514.

65. Ibid.

66. Hayes and Moon, "Park Chung Hee, the CIA, and the Bomb".

67. John W. Finney, "Nuclear Club Could Add 24 Nations in 10 Years", *New York Times*, July 5, 1974.

68. "Memorandum of Conversation, Washington, March 27, 1975", in *Foreign Relations of the United States, 1969-1976, Volume E-12*, Documents on East and Southeast Asia, 1973-1976 (Washington: Government Printing Office, 2010).

69. Seung Young Kim, "Security, Nationalism and The Pursuit of Nuclear Weapons and Missiles: The South Korean Case, 1970-82", Diplomacy and Statecraft 12, no. 4 (2001), p. 66.

70. Hayes and Moon, "Park Chung Hee, the CIA, and the Bomb".

제4장 한미동맹의 회복

1. "Minutes of National Security Council Meeting, March 28, 1975", in *Foreign Relations of the United States, 1969-1976, Volume X*, Vietnam, January 1973-July 1975 (Washington: Government Printing Office, 2010).

2. "Minutes of National Security Council Meeting, April 9, 1975," in Foreign Relations of the United States, 1969-1976, Volume X, Vietnam, January 1973-July 1975 (Washington: Government Printing Office, 2010).

3. Ibid.

4. Ibid.

5. "Memorandum for Secretary Kissinger, July 15, 1975", in Box 1, Na-

tional Security Adviser, Presidential Country Files for East Asia and the Pacific, Gerald R. Ford Presidential Library.

6. Ang Cheng Guan and Joseph Chinyong Liow, "The Fall of Saigon: Southeast Asian Perspectives", Brookings, April 21, 2015.

7. "Memorandum of Conversation, 23 September 1975", DNSA, Kissinger Transcripts, KT01790, quoted in Guan and Liow, "The Fall of Saigon".

8. 더욱 자세한 현황과 내용은 아세안 공식 홈페이지(asean.org)를 참조하기 바란다.

9. "Address by President Gerald R. Ford at the University of Hawaii, December 7, 1975", Selected Gerald R. Ford Presidential Speeches and Writings, Gerald R. Ford Presidential Library.

10. "Address by President Gerald R. Ford at the University of Hawaii, December 7, 1975".

11. "NSSM 235 - U.S. Interest and Objectives in the Asia-Pacific Region, November 5, 1976", in Box 39, National Security Council, Institutional Files, Gerald R. Ford Presidential Library.

12. Ibid.

13. "Defense - Budget FY1977 (1)", in Box 7, Ron Nessen Papers, Gerald R. Ford Presidential Library.

14. "National Security Decision Memorandum 348, January 20, 1977", in Box 1, National Security Adviser Study Memoranda and Decision Memoranda, Gerald R. Ford Presidential Library.

15. "Memorandum From the President's Assistant for National Security Affairs (Scowcroft) to President Ford, August 31, 1976", in *Foreign Relations of the United States, 1969-1976, Volume XXXV*, National Security Policy, 1973-1976 (Washington: Government Printing Office, 2014).

16. "Telegram 2685 From the Embassy in the Republic of Korea to the Department of State, April 18, 1975", in *Foreign Relations of the United States, 1969-1976, Volume E-12*, Documents on East and Southeast Asia, 19731976 (Washington: Government Printing Office, 2010).

17. Telegram, AmEmbassy Seoul (Sneider) to SecState, "Vietnam Reaction", April 9, 1975, quoted in Leon Perkowski, "Cold War Credibility in the Shadow of Vietnam", Ph.D. Dissertation at Kent State University (2015),

p. 222.

18. Telegram, LTG Hollingsworth to Gen Stilwell, "Discussion with His Excellency Park Chun Hee", March 30, 1975, quoted in Perkowski, "Cold War Credibility in the Shadow of Vietnam", p. 222.

19. "Study Prepared by the Office of International Security Affairs in the Department of Defense, undated", in *Foreign Relations of the United States, 1969-1976, Volume E-12*, Documents on East and Southeast Asia, 1973-1976 (Washington: Government Printing Office, 2010).

20. "Vietnam Reaction", April 9, 1975.

21. "Memorandum From Thomas J. Barnes of the National Security Council Staff to the President's Deputy Assistant for National Security Affairs (Scowcroft), Washington, September 29, 1975", in *Foreign Relations of the United States, 1969-1976, Volume E-12*, Documents on East and Southeast Asia, 1973-1976 (Washington: Government Printing Office, 2010).

22. "Memorandum of Conversation, Seoul, August 27, 1975", in *Foreign Relations of the United States, 1969-1976, Volume E-12*, Documents on East and Southeast Asia, 1973-1976 (Washington: Government Printing Office, 2010).

23. Ibid.

24. Ibid.

25. Ibid.

26. U.S. Embassy Seoul telegram 6608 to Department of State, "ROK Nuclear Fuel Reprocessing Plans", August 26, 1975, National Security Archive; U.S. Embassy Seoul telegram 6989 to Department of State, "Nuclear Reprocessing Plant", September 8, 1975, National Security Archive.

27. State Department telegram 195214 to U.S. Embassy Seoul, "ROK Nuclear Fuel Reprocessing Plans", August 16, 1975, National Security Archive.

28. State Department telegram 283167 to U.S. Delegation, "Korean Reprocessing", December 2, 1975, National Security Archive.

29. "Address at Commencement Exercises at the University of Notre Dame, May 22, 1977", The American Presidency Project, UC Santa Barbara.

30. Don Oberdorfer, "Carter's Decision on Korea Traced Back to January, 1975", *Washington Post*, June 12, 1977.

31. Oberdorfer, "Carter's Decision on Korea Traced Back to January, 1975".

32. "Review of the Policy Decision to Withdraw United States Ground Forces from Korea", Report of the Investigations Subcommittee of the Committee on Armed Services, House of Representatives, Ninety-fifth Congress (Washington: Government Printing Office, 1978), p. 7.

33. Ibid.

34. "The President's News Conference, March 9, 1977", The American Presidency Project, UC Santa Barbara.

35. Cyrus R. Vance, *Hard Choices: Critical Years in America's Foreign Policy* (New York: Simon & Schuster, 1983), p. 128.

36. "Hearings on Review of the Policy Decision to Withdraw United States Ground Forces from Korea", Before the Investigations Subcommittee, Also the Committee on Armed Services, House of Representatives, Ninety-fifth Congress (Washington: Government Printing Office, 1978), p. 99.

37. "Hearings on Review of the Policy Decision to Withdraw United States Ground Forces from Korea", pp. 79-80.

38. Vance, *Hard Choices*, p. 129.

39. "Presidential Directive/NSC-12, May 5, 1977", Intelligence Resource Program, Federation of American Scientists.

40. John Saar, "U.S. General: Korea Pullout Risks War", *Washington Post*, March 19, 1977.

41 Bernard Weinraub, "Carter Disciplines Gen. Singlaub, Who Attacked His Policy on Korea", *New York Times*, May 22, 1977.

42. Weinraub, "Carter Disciplines Gen. Singlaub, Who Attacked His Policy on Korea".

43. Ok, "President Carter's Korean Withdrawal Policy", pp. 62-63.

44. "Hearings on Review of the Policy Decision to Withdraw United

States Ground Forces from Korea".

45. "Hearings on Review of the Policy Decision to Withdraw United States Ground Forces from Korea", p. 5, 16.

46. "Hearings on Review of the Policy Decision to Withdraw United States Ground Forces from Korea", p. 48.

47. "The President's News Conference, May 26, 1977", The American Presidency Project, UC Santa Barbara.

48. "The President's News Conference, May 26, 1977".

49. Ok, "President Carter's Korean Withdrawal Policy", p. 83.

50. *Chicago Tribune*, June 17, 1977, quoted in Ok, "President Carter's Korean Withdrawal Policy", p. 95.

51. Vance, *Hard Choices*, p. 128.

52. "An Act to authorize fiscal year 1978 appropriations for the Department of State", H.R. 6689, House International Relations Committee and Senate Foreign Relations Committee.

53. "U.S. Reiterates Position on Korea", *New York Times*, June 18, 1977.

54. "Significant Actions, Secretary and Deputy Secretary of Defense, April 28, 1978", Presidential Files, Folder: 5/1/78, Container 73, Jimmy Carter Presidential Library.

55. "Korea: The U.S. Troop Withdrawal Program", Report to the Pacific Study Group, Committee on Armed Services, US Senate (Washington: Government Printing Office, 1979), p. 1.

56. "Korea Ex-President Urges U.S. Pressure", *New York Times*, March 7, 1977.

57. Andrew H. Malcolm, "South Korea Builds a Defense Industry", *New York Times*, October 10, 1977.

58. "Official Hints South Korea Might Build Atom Bomb", *New York Times*, July 1, 1977.

59. Memoranda of Conversation, President Jimmy Carter, South Korean President Park Chung Hee, et al, June 30, 1979, Document 08, National Security Archive.

60. Vance, *Hard Choices*, p. 129.

61. Memoranda of Conversation, President Jimmy Carter, South Korean President Park Chung Hee, et al, June 30, 1979, Document 09, National Security Archive.

62. Memoranda of Conversation, President Jimmy Carter, South Korean President Park Chung Hee, et al, June 30, 1979, Document 08, National Security Archive.

63. James P. Sterba, "Differences with Seoul on Human Rights Put Aside for Carter Visit", *New York Times*, June 30, 1979.

64. Vance, *Hard Choices*, p. 130.

65. 김정렴, 『최빈국에서 선진국 문턱까지: 한국 경제정책 30년사』 (서울: 랜덤하우스중앙, 2006), pp. 464-466.

66. "Seoul, Republic of Korea Toasts at the State Dinner, June 30, 1979", The American Presidency Project, UC Santa Barbara.

67. "U.S. Presses Seoul to Free Dissidents as Carter Departs", *New York Times*, July 2, 1979.

68. "U.S. Welcomed the Release of Prisoners", *Chosun Ilbo*, July 19, 1979.

69. Don Oberdorfer, "U.S. Troop Pullout in Korea Dropped", *Washington Post*, July 21, 1979.

70. "United States Troop Withdrawals From the Republic of Korea Statement by the President", The American Presidency Project, UC Santa Barbara.

제5장 단극의 시대, 포괄적 안보동맹으로 진화한 한미동맹

1. Stephen M. Walt, *The Hell of Good Intentions* (New York: Farrar, Straus and Giroux, 2018), Ch. 2.

2. 예를 들어, 데이비드 칼리너(David Carliner) 국제인권법 그룹 의장은 1983년 의회 청문회에서 레이건 행정부의 정책 우선순위를 다음과 같이 증언한다. "이 행정부

가 인권을 여전히 의제로 상정하고 있다고 밝히지만, … 공산주의를 가장 심각한 인권 침해로 간주하고 있으므로, 공산주의를 막기 위해 또 다른 남용은 용인될 것이다." "Hearing of the House of Representatives Subcommittee on Human Rights and Internatioanl Organizations of the Committee on Foreign Affairs", Review of US Human Rights Policy, First Session, June 28, 1983, p. 48.

3. 이대우, 『국제 안보환경 변화와 한미동맹 재조정』(서울 : 한울 아카데미, 2008), p. 183.

4. 국방부 군사편찬연구소, 『한미동맹 60년사』(서울 : 국방부, 2013), p. 188.

5. 다음을 참고할 것. Joel S. Wit, Daniel B. Poneman, and Robert L. Gallucci, *Going Critical: The First North Korean Nuclear Crisis* (Washington D.C.: Brookings Institution Press, 2004).

6. 이대우, 『국제 안보환경 변화와 한미동맹 재조정』, p. 186.

7. "Report on the Bottom-Up Review", Department of Defense, October 1993.

8. Ibid., p. 1.

9. Robert O. Keohane, *After Hegemony* (Princeton: Princeton University Press, 1984).

10. Stephen M. Walt, *The Hell of Good Intentions* (New York: Farrar, Straus and Giroux, 2018), Ch. 2.

11. "A National Security Strategy of Engagement and Enlargement", White House, July 1994.

12. "United States Security Strategy for the East Asia-Pacific Region", Department of Defense, Office of International Security Affairs, February 1995.

13. Brian R. Sullivan, "The Reshaping of the US Armed Forces", *Korean Journal of Defense Analysis*, Vol. 7, No. 1 (1996), p. 137.

14. "The National Security Strategy of the United States of America", The White House, September 2002.

15. "Korean and U.S. Officials Works to Solidify Security Alliance", Washington File, 이대우, 『국제 안보환경 변화와 한미동맹 재조정』, p. 193에서 재인용.

16. "라포트사령관, '인계철선은 파산한 개념'", 《동아일보》 2003년 4월 21일.

17. "라포트 사령관, '서울 주한미군 감축하고 싶다'", 《동아일보》 2003년 4월 22일.

18. 2003년 4월부터 18개월간 운영되었던 '미래한미정책구상' 회의는 미국의 해외 주둔군 재배치계획(GPR)에 따른 주한미군 재배치 및 감축, 용산기지 이전 및 미군기지 반환 등 굵직한 현안들을 타결하는 계기가 되었다. 이후 '미래한미정책구상'은 '안보정책구상(SPI)' 회의로 대체되어, 주한미군 재배치와 감축 이행 문제를 포함해 주한미군의 전략적 유연성과 역할·임무 변화, 미래 한미동맹의 성격 등을 협의하는 창구로 기능하게 되었다.

19. "Remarks at the American and Korean Chambers of Commerce Luncheon in Seoul, January 6, 1992", The American Presidency Project.

20. 이대우, 『국제 안보환경 변화와 한미동맹 재조정』, p. 181.

21. 허욱 · 테렌스 로익 저, 이대희 역, 『한미동맹의 진화』 (서울 : 에코리브르, 2019), p. 151.

22. Ibid., p. 146.

23. "All Information (Except Text) for S.1352 - National Defense Authorization Act for Fiscal Years 1990 and 1991", House of Representatives, 101st Congress (1989-1990), September 6, 1989.

24. "Budget Basics: National Defense", Peterson Foundation, May 2, 2024.

25. United Nationals General Assembly Resolution 3390A/3390B, "Question of Korea", November 18, 1975.

제6장 중국의 부상과 미중 패권 경쟁이 한미동맹에 미친 영향

1. National Security Strategy of the United States of America, (Washington, DC: White House, December 2017), p. 25.

2. "China GDP: how it has changed since 1980", *Guardian*, Datablog, Accessed on July 9, 2024.

3. "China: Aftermath of the Crisis, July 27, 1989", Tiananmen Square Document 35, State Department Bureau of Intelligence and Research, National Archive.

4. "China: Aftermath of the Crisis, July 27, 1989", Tiananmen Square Document 35, State Department Bureau of Intelligence and Research, National Archive.

5. Barry Naughton, "The Impact of the Tiananmen Crisis on China's Economic Transition", in *The Impact of China's 1989 Tiananmen Massacre*, ed. Jean-Philippe Béja (New York: Routledge, 2010), pp. 166-190.

6. Maureen Dowd, "2 U.S. Officials Went to Beijing Secretly in July", *New York Times*, December 19, 1989.

7. A National Security Strategy of Engagement and Enlargement, 1996 (Washington, DC: White House, 1996), p. 40.

8. Ibid.

9. "Foreign direct investment, net inflows (BoP, current US$) - China", World Bank Data, Accessed on July 9, 2024.

10. "Volume of U.S. imports of trade goods from China from 1985 to 2023", Statista, Released on February 2024.

11. 황태성·이만석, "중국 군사전략의 변화에 대한 분석", 『한국군사학논집』 Vol. 77, No. 2 (2021), p. 40.

12. "책임있는 이해 당사자(Responsible Stakeholder)"는 미국이 국제사회에서 중국의 책임있는 행동을 요구할 때 자주 사용하는 말이다. 이 말은 2005년 9월, 로버트 B. 졸릭(Robert B. Zoellick) 미국 국무부 부장관이 중국을 방문했을 때 처음 사용했다. 졸릭 부장관은 중국을 부상하는 강대국으로 정의하면서, 중국이 "책임있는 이해 당사자"로서 수단, 북한, 이란과 같은 국가들이 국제규범을 따르도록 영향력을 행사해야 한다고 강조했다.

13. National Security Strategy, 2002 (Washington, DC: White House, 2002), p. 27.

14. Condoleeza Rice, "Promoting the National Interest", *Foreign Affairs*, Vol. 75, No. 1 (January-February 2000), pp. 45-62.

15. Brantly Womack, "International Crises and China's Rise: Comparing the 2008 Global Financial Crisis and the 2017 Global Political Crisis," The Chinese Journal of International Politics Vol. 10, No. 4 (2017), pp. 383-401.

16. "China GDP Surpasses Japan, Capping Three-Decade Rise," Bloomberg, August 16, 2010.

17. Jeffrey A. Bader, *Obama and China's Rise: An Insider's Account of America's Asia Strategy* (Washington DC: Brookings Institution Press, 2012); Michael D. Swaine, "Perceptions of an Assertive China", China Leadership Monitor Vol. 32 (2010).

18. Michael D. Swaine and M. Taylor Fravel, "China's Assertive Behavior-Part Two: The Maritime Periphery", China Leadership Monitor Vol. 35 (2011);

19. Drew Thompson, "The Rise of Xi Jinping and China's New Era: Implications for the United States and Taiwan", *Issues & Studies* Vol. 56, No. 01 (2020), p. 2040004-5.

20. 윤완준, "'도광양회'서 '분발유위'로… 시진핑, 공격적 외교 시동", 《동아일보》, 2017년 10월 24일.

21. Xuetong Yan, "From Keeping a Low Profile to Striving for Achievement", *The Chinese Journal of International Politics* Vol. 7, No. 2 (2014), p. 166.

22. 차정미, "시진핑 시대 중국의 대전략: '세기의 대변화론-중국몽-일대일로' 연계분석을 중심으로", 『국가안보와 전략』, Vol. 22, No. 2 (2022), pp. 77-108.

23. Alexander Cooley and Daniel Nexon, *Exit from Hegemony: The Unraveling of the American Global Order* (Oxford: Oxford University Press, 2020).

24. 신종호, "미중의 동아시아 세력 경쟁과 한반도", 통일연구원, 연구 동향과 서평 (2015년 봄), pp. 65-66.

25. 중국 인민해방군 현대화와 관련하여 다음을 읽어볼 것을 추천한다. M. Taylor Fravel, *Active Defense: China's Military Strategy since 1949* (Princeton, NJ: Princeton University Press, 2019); Dennis J. Blasko, *The Chinese Army Today: Tradition and Transformation for the 21st Century* (London: Routledge, 2015); Roger Cliff, *China's Military Power: Assessing Current and Future Capabilities* (Cambridge, UK: Cambridge University Press, 2015).

26. Phillip C. Saunders, "China's Global Military-Security Interactions", in *China and the World*, ed. David Shambaugh (Oxford, UK: Oxford University Press, 2020), pp. 181-208.

27. David M. Finkelstein, *China Reconsiders Its National Security: "The Great Peace and Development Debate of 1999"* (Alexandria: CNA Corporation, 2000), pp. 20-22.

28. Edward Cody, "China Boosts Military Spending", *Washington Post*,

March 5, 2007.

29. Caren Bohan, "Cheney raises concerns about China, North Korea", Reuters, August 10, 2007.

30. US Defense Intelligence Agency, China Military Power: Modernizing a Force to Fight and Win (Washington, DC: Defense Intelligence Agency, 2019); US Department of Defense, Military and Security Developments Involving the People's Republic of China 2018 (Washington, DC: Office of the Secretary of Defense, 2018).

31. M. Taylor Fravel, "Shifts in Warfare and Party Unity", *International Security* Vol. 42, No. 3 (2017), pp. 54-55.

32. Ibid., pp. 79-81.

33. 2019년에 발간된 중국 국방백서의 영문판은 중국 인민정부 공식 홈페이지를 참고할 것.

34. Tong Zhao, "Why is China Building Up its Nuclear Arsenal?", *New York Times*, November 15, 2021,

35. Military and Security Developments Involving the People's Republic of China, 2021, Annual Report to Congress, Office of the Secretary of Defense (2021).

36. Missile Defense Project, "Missiles of China", Missile Threat, Center for Strategic and International Studies, June 14, 2018, last modified April 12, 2021.

37. Hans M. Kristensen, Matt Korda, Elaine Johns, and Michael Knight, "Chinese Nuclear Weapons, 2024", *Bulletin of the Atomic Scientists* Vol. 80, No. 1 (2024), pp. 49-72.

38. Ibid.; Missile Defense Project, "Missiles of China", Missile Threat, Center for Strategic and International Studies, June 14, 2018, last modified April 12, 2021.

39. Ashley J. Tellis, "What Are China's Nuclear Weapons For? The Military Value of Beijing's Growing Arsenal", *Foreign Affairs*, June 17, 2024.

40. National Security Strategy (Washington, DC: White House, May 2010).

41. Hillary Clinton, "America's Pacific Century", *Foreign Policy*, October 11, 2011.

42. Mike Allen, "America's first Pacific president", *Politico*, November 13, 2009.

43. National Security Strategy (Washington, DC: White House, May 2010).

44. National Security Strategy (Washington, DC: White House, February 2015), p. 24.

45. Alastair Iain Johnston, *Cultural Realism: Strategic Culture and Grand Strategy in Chinese History* (Princeton: Princeton University Press, 1995).

46. Steven Stashwick, "Pentagon's 'Third Offset' in the US 'Rebalance to Asia'", *The Diplomat*, October 8, 2016.

47. US Department of Defense, "Remarks on the Next Phase of the U.S. Rebalance to the Asia-Pacific", April 6, 2015.

48. "David Ignatius and Pentagon's Robert Work on the Latest Tools in Defense", *Washington Post*, March 30, 2016.

49. National Security Strategy of the United States of America (Washington, DC: White House, December 2017), p. 25.

50. Summary of the 2018 National Defense Strategy of the United States of America: Sharpening the American Military's Competitive Edge (Washington, DC: Department of Defense, 2018).

51. National Security Strategy of the United States of America (Washington, DC: White House, December 2017), pp. 2-3.

52. Ibid., pp. 17, 21.

53. Ana Swanson, "Trump's Trade War With China Is Officially Underway", *New York Times*, July 5, 2018.

54. Ryan Hass and Abraham Denmark, "More Pain than Gain: How the US-China Trade War Hurt America", Brookings Institute, August 7, 2020.

55. Stockholm International Peace Research Institute, "SIPRI Military Expenditure Database. 1949-2020".

56. 2018 Nuclear Posture Review (Washington D.C.: US Department of Defense, February 2018).

57. National Security Strategy of the United States of America (Washington, DC: White House, December 2017), pp. 1, 17.

58. Peter Navarro, *Crouching Tiger: What China's Militarism Means for the World* (New York: Prometheus Books, 2015).

제7장 대만 문제가 미국 동아시아 확장억제의 초점이 된 이유

1. "PLA conducts joint military drills surrounding Taiwan Island", Ministry of National Defense, The People's Republic of China, May 23, 2024.

2. Steven M. Goldstein, "Understanding the One China policy", Brookings, August 31, 2023.

3. "President Tsai issues statement on China's President Xi's 'Message to Compatriots in Taiwan'", Office of the President, Republich of China, January 2, 2019.

4. "President Tsai issues statement regarding the situation in Hong Kong", Office of the President, Republich of China, June 13, 2019.

5. "How Is China Responding to the Inauguration of Taiwan's President William Lai?", China Power, CSIS, May 24, 2024.

6. 여유경, "2023년 중국 정치의 연속성 속의 변화", 「2023 중국정세보고」, 국립외교원 외교안보연구소, 중국연구센터 (2023).

7. "Full Text of Xi Jinping's Speech on the CCP's 100th Anniversary", Nikkei Asia, July 1, 2021.

8. Ibid.

9. Barry Naughton, "The Third Front: Defence Industrialization in the Chinese Interior", China Quarterly, No. 115 (September 1988), pp. 351-386.

10. Henry R. Zheng, "Law and Policy of China's Special Economic Zones and Coastal Cities", New York Law School Journal of International and Comparative Law, Vol. 8, No. 2 (1987), pp. 193-296,

11. Damen Cook, "China's Most Important South China Sea Military Base", The *Diplomat*, March 9, 2017.

12. "Taiwan Shipbuilding Industry Revenue Rises over 25 Percent", *Taiwan Today*, March 18, 2020.

13. "World Steel in Figures 2023", World Steel Association, Accessed on July 16, 2024.

14. Michael Herh, "TSMC's Foundry Market Share Crosses 60%, Further Widening Its Lead over Samsung Electronics", *Business Korea*, March 13, 2024.

15. Lonnie Henley, "PLA Operational Concepts and Centers of Gravity in a Taiwan Conflict", Testimony before the U.S.-China Economic and Security Review Commission, 117th Cong. (2021).

16. Alexander Cooley and Daniel Nexon, *Exit from Hegemony: The Unraveling of the American Global Order* (Oxford: Oxford University Press, 2020).

17. Alexander Palmer, Henry H. Carroll, and Nicholas Velazquez, "Unpacking China's Naval Buildup", CSIS, June 5, 2024.

18. "China's Navy is Using Quantity to Build Quality", *Maritime Executive*, February 18, 2024.

19. The United States Seventh Fleet, Accessed on July 20, 2024.

20. J. Stapleton Roy, "Trump's Incredibly Risky Taiwan Policy", ChinaFile, April 19, 2018.

21. U.S. Department of Defense, "2022 National Defense Strategy of the United States of America", October 2022, p. III.

22. Ely Ratner, "The Future of U.S. Policy on Taiwan", Testimony before the Senate Commission on Foreign Relations, 117th Congress (2021).

23. "U.S.-Japan Joint Leaders' Statement: 'U.S.-Japan Global Partnership for a New Era'", White House, April 16, 2021.

24. Ben Blanchard, "Former PM Abe Says Japan, U.S. Could Not Stand by if China Attacked Taiwan", Reuters, November 30, 2021.

25. Peter Landers, "Japan Prime Minister Contender Takes Harder Line on Missile-Strike Ability", *Wall Street Journal*, September 7, 2021.

26. "Shigeru Ishiba on Japan's New Security Era: The Future of Japan's Foreign Policy", Hudson Institute, September 25, 2024.

27. "National Security Strategy of Japan", Cabinet Secretariat of Japan, December 2022, p. 2.

28. Andrew Forrest, "Why China is a national security threat to Australia", The Strategist, June 1, 2023.

29. History of Mateship, Embassy of Australia.

30. Lidia Kelly, "'Inconceivable' Australia Would Not Join U.S. to Defend Taiwan-Australian Defence Minister", Reuters, November 12, 2021.

31. "Remarks by President Biden and Prime Minister Anthony Albanese of Australia in Joint Press Conference", White House, October 25, 2023.

32. Kirsty Needham, "Australians say they would support Taiwan if China attacked, with limits, poll shows", Reuters, June 20, 2023.

33. "Australia Welcomes United Sates Marines Back to Darwin", Office of the Deputy Prime Minister of Australia, March 22, 2023.

34. "FACT SHEET: Trilateral Australia-UK-US Partnership on Nuclear-Powered Submarines", White House, Marc h 13, 2023.

35. "필리핀, 미군이 추가 사용할 기지 4곳 공개," 《경향신문》, 2023년 4월 4일.

36. "Joint Statement of the Leaders of the United States and the Philippines", White House, May 1, 2023.

37. Michael Martina, Don Durfee, and David Brunnstrom, "Marcos Says Philippines Bases Could Be 'Useful' if Taiwan Attacked", Reuters, May 5, 2023.

38. Mike Mullen, "Taiwan is the most 'significant' and 'dangerous' issue for US, China", Interview with ABC News, November 20, 2023.

39. Choe Sang-Hun, "Why the Seoul-Tokyo Détente Is Crucial to U.S. Strategy", April 25, 2023.

제8장 복잡해지는 한반도 확장억제

1. "South Korean President: North Korea remains an imminent threat", CNN, September 25, 2022

2. 『2022 국방백서』, 국방부, p. 27

3. "북 MIG-29 개량해도 한국 하늘엔 KF-16V 있다", 자유아시아방송, 2024년 3월 31일.

4. 『2022 국방백서』, 국방부, p. 49

5. 함형필, "북한의 핵전략 변화 고찰: 전술핵 개발의 전략적 함의", 『국방정책연구』 제37권 3호 (2021).

6. "김정은, 대남 전술핵탄두 대거 공개", 《동아일보》, 2023년 3월 29일.

7. "[사드보복 1년]①생각보다 더 가혹했다", 《Biz Watch》, 2018년 3월 28일.

8. "중국 · 러시아 군용기 카디즈 진입…합참 '대응조치'", 《일요신문》, 2023년 12월 14일.

9. "백령도 40km 앞까지 왔다, 中군함 대놓고 서해 위협", 《중앙일보》, 2021년 1월 7일.

10. "中 서해 124도에 멋대로 경계선… 올 100여차례 군사훈련, 영해화 노려", 《조선일보》, 2023년 12월 11일.

11. "South Korea-China Economic Relations: A Comprehensive Approach to Markets, Factories and Supply Chains", EAF Policy Debates, March 26, 2024.

12. "China and South Korea to sign free trade deal", BBC, November 10, 2014.

13. "South Korea Says It Will Join China-Led Investment Bank", *Wall Street Journal*, March 26, 2015.

14. "South Korea's 'three no's' announcement key to restoring relations with China", *Hankyoreh*, November 2, 2017.

15. "Korea's New Southern Policy: Motivations of 'Peace Cooperation' and Implications for the Korean Peninsula", *Issue Brief*, Asan Institute for Policy Studies, June 21, 2019.

16. "Official Says Integrated Deterrence Key to National Defense Strategy", DOD News, December 6, 2022.

17. Anna Pederson and Michael Akopian, "Sharper: Integrated Deterrence", CNAS, January 11, 2023; Stacie Pettyjohn and Becca Wasser, "No I in Team", CNAS, December 14, 2022.

18. "Joint Statement of the Security Consultative Committee ("2+2")", US Department of Defense, July 28, 2024.

19. "중위협 의식한 주일미군 통합군사령부… 아시아 안보 지형 바꿀까", 연합뉴스, 2024.7.29.

20. Ibid.

21. "강경화, 美의 쿼드에 '좋은 아이디어 아니다'", 《조선일보》, 2020년 9월 26일.

22. "文·바이든 회담 끝나자마자, 美 아시아차르 '쿼드 문 열려있다'", 《중앙일보》, 2021년 5월 27일.

23. "문정인 "韓, 美의 반중훈련 참여시 중국이 적으로 간주할 것", 《동아일보》, 2020년 10월 28일.

24. "中 관영매체 "韓 '쿼드+' 가입시 막 회복한 양국 간 신뢰 물거품", 《뉴스1》, 2021년 3월 12일.

25. "대만 문제 불장난하면 타 죽을 것", 《한국경제》, 2023.04.22.

26. "Statement of ROK Ministry of Foreign Affairs", Ministry of Foreign Affairs, May 16, 2022.

27. IPEF는 바이든 행정부가 2021년 10월 27일 구상을 발표하고, 2022년 5월 23일 공식 출범한 포괄적 경제협력제이다. 표면적으로는 어느 국가나 가입할 수 있지만, 사실상 중국을 겨냥한 블록 경제 협의체로, 미국은 이 협의체를 통해 중국이 배제된 기술 표준을 정립하고 첨단 산업에 필요한 공급망을 구축하고자 하는 것으로 평가된다.

28. Eric Heginbotham and Richard J. Samuels, "Vulnerable US Alliances in Northeast Asia: The Nuclear Implications", *The Washington Quarterly 44*, no. 1 (2021): 167.

29. Voice of America, "Washington Talks", YouTube video, 25:00, August 5, 2022.

30. Eric Heginbotham and Richard J. Samuels, "Vulnerable US Alliances in Northeast Asia: The Nuclear Implications", *The Washington Quarterly 44*, no. 1 (2021), p. 157.

31. "National Security Strategy", The White House, October 2010.

32. 예를 들어, 2009년에 열린 제41차 한미안보협의회의(SCM)에서 로버트 게이츠(Robert Gates) 미 국방장관은 미국의 확장억제가 핵우산뿐만 아니라 한반도에 주

둔한 모든 미군 병력과 자산을 포함한다고 확인했다. 그는 "미국은 전 범위의 군사 능력을 사용해 한국에 확장억제를 제공할 것"이라고 약속하며, 여기서 "전 범위의 군사 능력"에는 미국의 재래식 및 핵 능력이 모두 포함됨을 강조했다. 가장 중요한 것은 두 나라가 북한의 증가하는 핵무기 위협에 대응하기 위해 "맞춤형 억제 전략(Tailored Deterrence Strategy)"을 공동으로 개발하기로 합의했다는 점이다. 이 전략은 2013년에 양국 국방장관에 의해 승인되었으며, 북한 지도부의 손익계산에 결정적 영향을 미치는 표적을 지정해 도발 행위를 단념시키기 위한 맞춤형 억제 작전을 수행하는 것을 목표로 한다. "Joint Communique: The 41s tROK-U.S. Security Consultative Meeting", 2010 Defense White Paper, Ministry of National Defense, Republic of Korea, December 31, 2010.

33. Hal Brands, "The Overstretched Superpower", *Foreign Affairs*, January 18, 2022.

34. "Public Uncertain, Divided Over America's Place in the World", Pew Research Center, May 5, 2016.

35. "Americans Grow Less Enthusiastic about Active US Engagement Abroad", The Chicago Council on Global Affairs, October 12, 2023.

36. "Economic Costs", Cost of War Project, Brown University.

37. 예를 들어, 김성한 전 국가안보실장은 "미국의 핵억제 능력을 동맹국인 한국으로까지 확장해 잠재적·현재적 적국의 핵공격으로부터 동맹국을 보호하는 확장억제는 능력과 의지 면에서 높은 신뢰도를 보여주지 못한다. '응징'에 의한 억제능력은 높으나, '거부' 능력은 부족해 보이고, '의지' 면에서도 충분치 않다"고 평가했다. 김성한, "미국의 한반도 확장억제 평가", 국제관계연구, 제25권, 2호(2020), p. 33; 조동준, "북한의 핵능력 증가가 미국의 확장억제에 주는 함의와 대처방안", 제5회 한국국가전략연구원-미국 브루킹스연구소 국제회의 발표논문; 박휘락, "북핵 고도화 상황에서 미 확장억제의 이행 가능성 평가", 국제관계연구, 제22권 2호(2017), pp. 85-114; 신범철, "북핵 위협에 대응하기 위한 한미의 억제정책 방향", 한국전략연구, 통권 제15호(2021), pp. 97-119; 김정섭, "한반도 확장억제의 재조명", 국가전략, 제21권 2호 (2015), pp. 5-40; 황일도, "동맹과 핵공유", 국가전략, 제23권 1호(2017), pp. 5-33.

38. "What if South Korea got a nuclear bomb?", *The Economist*, August 15, 2024.

39. "尹 '자체 핵보유' 언급하며 '한미 핵공유 실행 논의'", TV조선 뉴스, 2023년 1월 11일.

40. Tristan Volpe, "Playing With Proliferation: How South Korea and Saudi

Arabia Leverage the Prospect of Going Nuclear", Carnegie Endowment for International Peace, March 19, 2024.

41. 민주당의 글렌(John Glenn) 상원의원이 발의하여 1977년 제정된 글렌 개정안(the Glenn Amendment)은 무기수출통제법(the Arms Export Control Act) 제102조의 일부로, 핵무기를 개발하거나 시험하는 국가에 대해 미국이 경제적·군사적 지원을 중단하거나 제한해야 한다고 명시하고 있다.

42. "Washington Declaration", The White House, April 26, 2023.

43. Shaun R. Gregory, *Nuclear Command and Control in NATO* (London, UK: Palgrave Macmillan, 1996), 26-27.

44. "Washington-Seoul alliance is a 'nuclear alliance,' US official says", VOA, July 17, 2024.

45. "A Conversation with Acting Assistant Secretary Vipin Narang", Center for Strategic and International Studies, August 1, 2024.

제9장 트럼프 2기 시대, 한미동맹의 위기에 어떻게 대응해야 하는가

1. 그로버 클린블랜드 대통령은 1885년부터 1889년까지 대통령직을 수행했으며, 현직에 있던 1888년 대선에서 벤저민 해리슨(Benjamin Harrison)에게 져 낙선했으나 4년 뒤 1892년 다시 대선에 도전해 제24대 미국 대통령에 당선되었다. Caitlin Doornbos, "Has a president ever won two non-consecutive White House elections?", *New York Post*, November 6, 2024.

2. Leslie Vinjamuri, "The Election Shows That Trumpism Is Here to Stay", Chatham House, November 7, 2024.

3. 탈냉전기 미국의 대전략 변화를 이해하고 싶다면 다음 책을 반드시 읽어볼 것을 추천한다. 차태서, 『30년의 위기』 (서울: 성균관 대학교 출판부, 2024).

4. "미국서 이스라엘-UAE·바레인 관계정상화 협정…트럼프 중재(종합)", 연합뉴스, 2020.9.16.

5. Graham Allison, "The Great Rivalry: China vs. the U.S. in the 21st Century", Harvard Belfer Center, December 7, 2021.

6. John J. Mearsheimer, *Great Delusion: Liberal Dreams and International Realities* (New Haven: Yale University Press, 2018).

7. Stephen Walt, *The Hell of Good Intentions: America's Foreign Policy Elite and the Decline of U.S. Primacy* (New York: Farrar, Straus and Giroux, 2018).

8. 제성훈 외, 『러시아-우크라이나 전쟁과 세계질서의 변화』 (서울: 코리아컨센서스, 2023), p. 33.

9. Cost of War Project, Watson Institute for International and Public Affairs, Brown University, accessed on November 9, 2024.

10. Congressional Budget Office, "The Long-term Budget Outlook", March 20, 2024.

11. "Full Text: Donald Trump's 2016 Republican National Convention Speech", ABC News, July 22, 2016.

12. Donald Trump, "The Inaugural Address", White House, January 20, 2017.

13. Charles Kupchan, "America's Pullback Must Continue No Matter Who Is President", *Foreign Policy*, October 21, 2020.

14. Mandate for Leadership: The Conservative Promise, Heritage Foundation, April 15, 2023.

15. Donald Trump, 「Agenda 47」.

16. Mandate for Leadership: The Conservative Promise, Heritage Foundation, April 15, 2023, pp. 93-94.

17. Donald Trump, President Trump Will Stop China From Owning America, 「Agenda 47」.

18. Mark Esper, *A Sacred Oath* (New York: Harper & Collins, 2022), pp. 548-549.

19. Mandate for Leadership: The Conservative Promise, Heritage Foundation, April 15, 2023, p. 94.

20. "[크리스토퍼 밀러 인터뷰] 주한미군 2만 8,500명이 필요한가", 《동아일보》, 2024년 3월 18일.

21. "'트럼프 최측근' 오브라이언 '美전력, 中억제에 초점'… 주한미군 조정 시사", 《동아일보》, 2024년 2월 7일.

22. "트럼프 안보보좌관후보 '미군 韓주둔 불필요…인질로 둬선 안돼'", 연합뉴스,

2024년 5월 8일.

23. Mandate for Leadership: The Conservative Promise, Heritage Foundation, April 15, 2023, p. 94.

24. Bob Woodward, *Rage* (New York: Simon and Schuster, 2020), pp. 41-43.

25. Bob Woodward, *Fear* (New York: Simon and Schuster, 2018), pp. 177-178.

26. "트럼프 '김정은과 잘 지냈다…핵 가진자와 잘 지내면 좋아'", 연합뉴스, 2024년 7월 19일.

27. "제12차 한미 방위비분담특별협정(SMA) 타결", 외교부 보도자료, 2024년 10월 4일.

28. "햄리 '주한미군, 용병 아니다…분담금 10억달러 괜찮은 금액'", 《중앙일보》, 2019년 11월 17일.

29. Peter Baker and Susan Glasser, *The Divider: The Divider: Trump in the White House, 2017-2021* (New York: Knopf Doubleday Publishing Group, 2022), p. 646.

30. "美 상원의원, 북러 정상회담에 '韓과 핵공유·핵재배치 논의해야'", 연합뉴스, 2024년 6월 21일.

31. "미 상원 외교위 공화 간사 '태평양 전구에 핵무기 재배치 방안 모색해야'", VOA, 2024년 8월 31일.

32. Fred Fleitz ed., *An America First Approach to U.S. National Security* (Washington D.C.: American First Policy Institute, 2024), p. 105.

33. "전략사 창설…미사일 잠수함 스텔스기 지휘", 《중앙일보》, 2024년 9월 30일.

34. "한국의 나라별 수출 비중, 중국은 줄고 미국은 늘었다", 《한겨레》, 2023년 1월 2일.

35. "외교부 '북핵 문제 해결 위해 중국의 건설적 역할 견인 노력'", 연합뉴스, 2024년 3월 7일.

36. "트럼프, 재임 첫해 시진핑에게 '한국·일본도 핵 원하면 어떡하나' 발언", 《한국일보》, 2024년 8월 28일.

37. "다시 돌아온 트럼프…한국 자체 핵무장 '통 큰 거래' 가능할까?", 서울En, 2024년 11월 9일.

38. "볼턴 '트럼프는 부동산업자, 한국은 투자자산일 뿐'", 《조선일보》, 2024년 4월 3일.

39. "트럼프 외교안보 최측근 '한국 자체 핵무장 고려해야'", 《중앙일보》, 2024년 4월 25일.

40. "'핵에는 핵'…미국서 커지는 '한국 핵무장론'", 《국민일보》, 2024년 6월 22일.

41. Kyle Beardsley and Victor Asal, "Nuclear Weapons as Shields", *Conflict Management and Peace Science Vol. 26*, No.3 (2009), pp. 235-255.

한국국방안보포럼(KODEF)은 21세기 국방정론을 발전시키고 국가안보에 대한 미래 전략적 대안을 제시하기 위해 뜻있는 군·정치·언론·법조·경제·문화 마니아 집단이 만든 사단법인입니다. 온·오프라인을 통해 국방정책을 논의하고, 국방정책에 관한 조사·연구·자문·지원 활동을 하고 있으며, 국방 관련 단체 및 기관과 공조하여 국방 교육 자료를 개발하고 안보의식을 고양하는 사업을 하고 있습니다. http://www.kodef.net

KODEF 안보총서 123

초판 1쇄 인쇄 | 2024년 11월 19일
초판 1쇄 발행 | 2024년 11월 25일

지은이 | 이만석
펴낸이 | 김세영

펴낸곳 | 도서출판 플래닛미디어
주소 | 04044 서울시 마포구 양화로6길 9-14, 102호
전화 | 02-3143-3366
팩스 | 02-3143-3360
블로그 | http://blog.naver.com/planetmedia7
이메일 | webmaster@planetmedia.co.kr
출판등록 | 2005년 9월 12일 제313-2005-000197호

ISBN | 979-11-87822-90-5 93390